中国城市更新

秦　虹　柴志坤　主编

边兰春　杨　瑛　张险峰　吴　晨　范冬梅　夏子清　副主编

U0207359

中国城市出版社

图书在版编目（CIP）数据

中国城市更新 / 秦虹，柴志坤主编；边兰春等副主编 . —北京：中国城市出版社，2024.3
ISBN 978-7-5074-3671-6

Ⅰ. ①中…　Ⅱ. ①秦…　②柴…　③边…　Ⅲ. ①城市规划—研究—中国　Ⅳ. ①TU984.2

中国国家版本馆 CIP 数据核字（2023）第 254081 号

责任编辑：张智芊　宋　凯
责任校对：张　颖

中国城市更新

秦　虹　柴志坤　主编

边兰春　杨　瑛　张险峰　吴　晨　范冬梅　夏子清　副主编

*

中国城市出版社出版、发行（北京海淀三里河路 9 号）
各地新华书店、建筑书店经销
华之逸品书装设计制版
北京市密东印刷有限公司印刷

*

开本：787 毫米 ×1092 毫米　1/16　印张：14¾　字数：249 千字
2024 年 6 月第一版　2024 年 6 月第一次印刷
定价：**68.00** 元
ISBN 978-7-5074-3671-6
（904675）

《中国城市更新》
编委会

前言

FOREWORD

我国城市发展已经进入城市更新的重要时期，由大规模增量建设转为存量提质改造和增量结构调整并重，从"有没有"转向"好不好"。城市更新是适应城市发展新形势，推动城市高质量发展的必然要求。习近平总书记在党的二十大报告中提出：坚持人民城市人民建、人民城市为人民，提高城市规划、建设、治理水平，加快转变超大特大城市发展方式，实施城市更新行动，加强城市基础设施建设，打造宜居、韧性、智慧城市。

为加强城市更新政策及实践研究和总结，中国人民大学、全联房地产商会等单位于2021年申请并承担了住房和城乡建设部科技示范工程（城市更新和品质提升）"城市更新制度机制、支持性政策研究"（2021-R-016），并于2023年通过项目验收。

本书在"城市更新制度机制、支持性政策研究"项目成果基础上修订整理而成，采取"总—分"形式，共分为六章，聚焦历史文化街区、老旧工业（厂房）区、老旧商业商务区、城中村、老旧小区五大类型，以问题为导向，对我国各类型更新存在的现实困境、机制瓶颈、更新探索、实践经验等进行系统分析，研究并提出适合我国各类城市更新发展的支持性政策，以期为各地政府、投资者、专业化运营公司、城市更新的理论政策研究者提供参考。

本书在编写过程中，中国建筑第五工程局有限公司、清华大学、北京清华同衡规划设计研究院有限公司、北京市建筑设计研究院有限公司、上海市城市规划设计研究院等单位在报告编制方面给予了宝贵的帮助；中冶赛迪工程技术股份有限公司、中交房地产集团有限公司、北京首开城市更新研究院有限公司、中国建筑第二工程局有限公司、中建东方装饰有限公司、中国中建设计研究院有限公司、全联城市更新有限公司、中国城市发展研究院有限公司、深圳卓越城市更新集团有限公司、中铁（上海）城市规划咨询有限公司、北京城建亚泰建设集团有限公司、北京天鸿控股（集团）有限公司、广东省旧城镇旧厂房旧村庄改造协会等单位在资料收集、案例调研等方面给予了大力支持。在此表示衷心感谢！

鉴于调查研究能力有限，本书编写存在的遗漏或不足之处恳请广大读者批评指正。

《中国城市更新》编委会

2023 年 11 月

目 录

CONTENTS

第一章 | 总 论

摘　要

城市更新是推动城市发展方式转变的重要战略举措。从宏观层面看，城市更新是城市高质量发展的重要推动力，将有助于构建国内大循环格局，是落实中央提出坚持扩大内需战略基点的重要支撑；从中观层面看，城市更新是转变城市发展模式、提升城市品质、提高城市势能的重要抓手，各地政府将高度重视；从微观层面看，城市更新是传统企业转型发展的重要方向，对企业获取新的发展资源、探索新的盈利模式、积累可持续发展经验具有重要意义。由于过去我国城市发展主要是外延扩张式，所以有关城市建设方面的法规政策、标准规范等基本是针对新建建筑的，而城市更新则着眼于城市内涵提升，与之相关的制度机制、支持性政策还有待完善，甚至缺乏，因而需要开展系统性研究。

城市更新分为拆除重建、有机更新、综合整治三种类型。按照2021年8月30日《住房和城乡建设部关于在实施城市更新行动中防止大拆大建问题的通知》（建科〔2021〕63号）文件的要求，以保留为主的城市有机更新和综合整治是本书关于城市更新制度机制和支持政策探索的重点。

从具体内容看，本书所研究的城市更新制度机制及支持政策，主要针对建成区内三大空间的更新：一是公共空间的更新，二是产业空间的更新，三是居住空间的更新。其中，公共空间的更新主要聚焦历史文化街区的更新；产业空间的更新包括老旧工业（厂房）更新、老旧商业商务区更新；居住空间的更新包括城中村改造、老旧小区改造。三大空间的更新都面临着诸多共性问题和挑战，例如，政府管理创新的挑战、建立统筹机制的挑战、多元主体协同共治的挑战、城市更新金融支持创新的挑战等。本书着重针对以上问题和挑战，梳理总结国内外的更新经验，提出应采取的措施及建议。

第一节　我国城市更新面临的问题及发展趋势

在中央提出"实施城市更新行动"之后，各地推动城市更新工作的热情很高，城市更新改造项目持续增加、规模不断扩大，但与之配套的体制机制、规划编制、项目审批和实施管理等法规及政策缺失，影响了相关工作的有效推进。由于缺乏系统有效的制度设计，城市更新工作开展时常受阻。

一、城市更新面临的主要问题

城市更新针对存量建筑，要满足存量空间既定详规的要求，既要补短板，又要求发展；既要保留历史和文化，又要提升功能和品质，是一项综合性、全局性、政策性和战略性很强的系统工程，更新过程涉及众多产权人的利益，复杂度高、矛盾众多。

（一）城市更新需要解决的现实问题

1.现有空间品质有待提升

传统风貌与环境品质亟待"由表及里"。很多历史文化街区通过街巷环境和公共空间整治行动提升了环境品质，但大多采取的是"点""线"方式的整治方式，成片传统建筑的质量风貌仍然"杂脏乱差"，私搭乱建现象较为严重，监管难度大。违规停车、占用公共空间现象突出，步行环境较差，对街巷胡同环境产生了较大负面影响。

老城区商务区地上和地下空间开发均受制约。待更新的商务区往往位于老城区核心位置，空间发展结构基本成形，可供开发的地块稀缺。有些商务区由于特殊的区位，有限高要求，限制了商业商务楼宇建筑体量。此外，商务区地下空间涉及业主较多，沟通协调难，开发难度大。

城中村环境品质低下。有些区位价值较高的城中村往往拥挤杂乱、人居环境品质低下，造成土地资源的浪费与低效配置。此外，城中村往往存在大量的违章建筑，难以根治。

2.现有功能无法满足民生及经济社会发展的诉求

功能业态与历史文化内涵存在冲突，城市特色难以彰显。历史文化街区与城市其他地区功能互补、相互促进的资源优势没有得到充分利用。部分旅游导向的历史文化街区中商业聚集，其从业人员和消费群体与本地居民的关联度和文化价值内涵的匹配度低，过多聚集了面向旅游消费的餐饮、饰品零售业态，较少关注传统文化活动和地区特质，与核心保护价值存在矛盾，城市特色不足。

老旧厂区商业配套面积限制严格，难以满足产业升级的需求。原有老旧厂区的土地性质在不变更的情况下，空间难以满足新的产业服务需要。现行标准中15% ～ 30%的配套用房设施比例，难以满足部分项目的配套建设需求。

商务区功能单一，无法聚集活力。一是商务配套设施分布较为分散，同时业态较为单一，娱乐餐饮和健康休闲设施相对不足。二是缺乏多元选择的商务区配套住房。目前商务区配套住房服务人群较为单一，过高的房价和过少的住房选择使得商务区居住成为富人的特权，不能满足在此工作的普通人群的需求。三是商务区装饰性绿地功能单一。国内现行的规划法规对于建设用地范围内的绿化规定多是以绿地率而非绿化覆盖率作为衡量标准，且未对绿化在建设用地中的布局、绿化植物的种类及配比等提出要求。目前，商务区内各建设用地的绿化普遍以草坪及低矮的灌木等作为主要的绿化植物，对于提升城市空间环境的舒适度帮助较少。

3.公共服务与市政基础设施的历史欠账多

老城区基础设施欠账多。由于历史原因，部分老旧小区和平房区基础设施薄弱，存在排水设施陈旧、供暖设施不足、架空线缆无序等问题，对居民生活水平的影响较大。近年来的工作较多集中在历史地区环境的美化方面，针对基础设施的完善提升方面有所不足，特别是突破现有基础设施技术规范、探寻适用于历史地区特有空间环境的创新途径等方面仍然不足。

商业区建设与交通规划脱节，交通资源利用效率低。随着城市发展，企业、人流、物流的增加，大运量公共交通、静态交通、慢行交通需求日益增加，商务区内和周边的交通均会面临很大压力，很多商务区均出现各类交通问题并发现象，例如，高峰期堵车、停车困难、步行体验差等。初期的交通网络规划已不能满足现代商务区的发展需求。

（二）既有规划不适应城市更新需求的问题

1.现有规划体系无法指导城市更新，规划条件与更新发展需求存在矛盾

《中华人民共和国城乡规划法》赋予了控制性详细规划作为规划管理依据的法律地位，既有的控制性详细规划重点表现出落实上位总体规划的空间管制意图，计划性色彩较强。要实现项目的功能和目标，必须对控制性详细规划进行修编，但相关的流程十分复杂、繁琐。新建项目注重通过规划设计来引导城市建设，进入以存量提质为主的城市更新阶段以后，城市发展需求与既有项目管理制度不相适应的问题愈发突出，项目推进过程中上下拥堵不畅，不同项目间管理缺乏系统性和连贯性，单独编制的规划计划与项目的实施落地容易脱节，形成"两张皮"。

历史文化街区保护更新政策法规顶层设计相对滞后，如"国家—省—市"的历史文化名城保护法规体系尚不健全，一些省级历史文化名城保护条例缺失或发布于10余年前，存在动态完善修订的需要。另外，一系列配套法规政策，如古树名木管理、机动车停车、消防等与历史文化街区保护密切相关的法规条例尚不完善，需要针对历史文化街区的特殊之处，加大支持力度，提高政策法规的针对性。

商业区各类空间缺乏整体规划设计。当前，商业建筑更新多以单独的商场、个体项目为主，在更新过程中对商业区整体的空间规划设计不足：一方面，缺乏空间整体设计，建筑风格不协调；另一方面，更新后的环境品质较差，人文关怀不足。部分城市商业区室外开敞空间缺乏必要的绿化、美化以及可进行社交活动的休闲广场等场所，也未设置任何座椅等休憩设施，使得人们难以驻足停留。

2.编制审批流程不完整，审批手续复杂

城市更新规划计划的编制审批流程尚不完整和清晰。尽管大多数城市都明确了城市更新规划、策划、计划的编制审批主体，但是对更新具体流程，尤其对其修改程序的规定较少。城市更新的主要对象是存量资源，不同类型的更新对象，更新方式也不相同，在项目实施过程中，与既有规划计划、技术标准相冲突的情况常有发生。例如，部分旧厂房更新方案的建设开发强度、用地性质等规划控制指标与已经批准的控制性详细规划存在一定的矛盾与冲突，在缺乏相关配套政策进行衔接和指导的前提下，导致规划部门难以进行项目审批，使得建设施工许可、消防、土地、环保等相关手续均无法办理。

项目申报手续繁杂、周期长，削减改造实施主体积极性。工业用地更新过程中，变更土地性质需经过规划策划、国有土地收储、土地招拍挂、项目立项、规划许可、办理土地证等程序，操作流程复杂，时间跨度较长。项目报备时间较长、手续办理难度较大，审批效率偏低，直接影响业主的改造动力。在商务区更新中，大型传统商务设施大部分为建成20年以上的地标性建筑，位置相对敏感，外立面改造方案需要市级层面决策，审批手续难度较大，从而拉长了改造周期。

3.存量资源更新难以达到现行技术标准规范要求

现行有关小区的规划建设标准主要针对新建项目，在城市更新领域需要有针对性的弹性空间。老旧小区建成年代久远，建造时很多方面没有标准规范的强制要求，或者要求比现行标准规范低。如果直接套用新建建筑标准对老旧小区进行改造，在消防、绿化、日照、通风等方面均无法满足要求，加装电梯、增建配套设施等项目也无法进行。虽然，目前在一些规划指标上明确可以有所放宽或者只要不低于原先水平即可，但在具体操作过程中还是会遇到阻碍。

复杂的产权状况导致历史资源腾退后缺乏统一性管理利用，对现有历史文化资源的针对性管理标准尚待进一步明确。复杂的产权现状使得同类别的历史文化资源分属不同层级管理部门审批，不同部门的不同标准使得在同一地区的同类资源呈现出不同的维护更新状况。与之类似，不同类别文物建筑的合理利用标准、历史文化街区公共空间的标识系统、基础设施建设标准等都有待探讨和明确。

适用于历史文化街区这类特定空间特征的技术标准滞后。在实践过程中，技术标准、技术手段尚未体现空间特征的针对性，在修缮利用、业态管理、市政基础设施完善和生态修复等方面制约了历史文化街区更新工作。在历史文化街区中，不仅有6.7万处历史建筑，还存在更加大量的未列入保护类范围、具有一定风貌特征的破旧房屋，亟待保护修缮或整治改造，目前，针对这些房屋的技术标准和技术手段不清晰、不完善。

老旧厂房现有规划编制指南多为原则性、指导性的描述，缺乏具有操作性的规定。关于老厂房改加建的规划布局、面积控制、内容范围等方面，缺少明确的、具有操作性的规定。老旧厂房涉及多种类别，不同类别建筑及构筑物的拆除、加固、消防等改造技术仍在探索中，尚未形成标准的技术规范，影响了旧厂区改造的推进速度。

商务楼宇改造技术标准滞后于评价标准，实施过程中缺乏技术指导。由于商务楼宇改造技术标准的缺失，导致商务楼宇改造实施过程中缺乏技术指导，影响改造效果。现有建筑已经远远不能满足《商业办公建筑综合评价标准》T/CRECC 12—2021中各项指标的要求，同时，《既有建筑维护与改造通用规范》GB 55022—2021也无法规范商务楼宇在推动楼宇经济的更新背景下面临的智慧化、绿色化、公共设施改造、物业管理、资产管理等实际技术问题。

（三）城市更新中各主体利益协调的问题

1.多方参与和协同不足

历史文化街区中社区治理与居民参与不足。主要表现在社区治理与居民参与的广度及深度不足。居民在征询意见、规划决策、实施监督等环节参与度较高、成效较好，但参与内容局限在公共空间改善方面，在功能调控、居住改善、住房修缮等方面的参与度不高，尤其在立项决策、实施评估阶段的参与程度明显不足。

商业区改造多产权主体协同难。传统商业区改造常常面临周边利害关系人比较复杂的情况，需要相关人员付出大量的沟通成本，一定程度上阻碍了商业区整体更新的实施推进。此外，部分商业街区内各项目分属于不同业主，不同业主的背景与利益诉求不同，可能存在信息不对等、对整体规划理解不同的客观差异，如果缺乏统一的沟通平台与合作机制，很可能会产生利益冲突，导致街区内各项目间协同困难。

2.社会主体/物业权利人/土地使用权人改造动力不足

城市更新项目以财政资金为主的投资特征突出，社会资本参与积极性不高，项目资金来源渠道有限，资金供需矛盾突出。老旧小区综合整治、危旧楼房改建的社会资本参与渠道不畅通，居民出资意识不强。老旧楼宇、老旧厂房和低效产业园区的产权主体自主更新能力弱、意愿低，激励社会资本的参与机制和利益分配机制尚未完善。

城中村改造村民利益诉求复杂。村民、村集体等城中村主体，对城中村改造的种种思想疑虑，直接或间接地形成了一定的改造阻力。村民怕变求安的心态导致集体经济发展缺乏后劲，在短期内无法快速实现观念和知识更新，无法参与市场竞争。很多村民希望通过城中村改造发家致富，当城中村改造趋势尚未明了时，村民不会轻易同意拆迁，也不会随便同意征地。城中村居民的内部社会联系复杂而紧密，此外，居民的生活习惯、交际需求、心理感受等因素也可能导致对城中村更新改造的抵制。

土地价款补缴导致工业用地再开发动力不足。工业用地更新相比新增用地建设而言，具有成本高、环节多、时间长等特点，仅依靠政府来推动难度很大，需采取有效措施激励各方参与，但是，对于市场主体的相关激励机制尚未形成。例如，目前提高容积率仍需全额补缴土地价款，磨灭了不少土地权利人的积极性。相较于"工改商""工改居"等收益可观而实践较多的更新类型，"工改工"项目盈利较低，缺少市场驱动力，社会资本参与改造的意愿不强；现阶段"工改工"项目的支持政策及保障机制仍有待完善，推动较为缓慢。

由于工业用地内经营性用地受让主体不明确，降低了原土地使用权人的改造意愿。按照现行政策规定，工业用地转为其他经营性用地必须采取"招拍挂"方式出让，对于存量建设用地的老工业区改造项目，除由政府收购储备后重新供地的之外，若要求由原土地使用权人自行改造也必须采用"招拍挂"方式办理，将不能保证原土地使用权人获得土地使用权，也无法保证其前期投资收益，且可能增加改造成本，降低原土地使用权人的改造意愿。

3. 多方利益权衡分配难度大

城中村改造利益再分配的矛盾。城中村改造需要调节、平衡政府、村民和改造单位三者利益关系，存在的一大主要困难是利益再分配上的矛盾，即政府、村集体和村民利益的再分配和调整之间的矛盾，包括三个方面：一是如何分配原有级差地租；二是如何将村级土地转为国家所有土地所带来的可观的收入进行分配；三是集体所有土地和宅基地用于自建商业和自建房屋，一旦转化为国有土地，房地产就成为可以流通的商品，不可避免地会升值。城中村改造之后，居民就会失去这一经济来源。能否处理好这个出租利益，也是城中村改造能否顺利推进的关键。

对于存量工业用地而言，在进行二次开发过程中会涉及较多的主体，多元利益的存在不利于再开发的有效开展，需要政府的协调。由于利益分配的机制仍未建立，对企业长期利益考虑不够，导致用地主体对土地的二次开发动力不足。区县政府及园区经营者希望拥有持续的土地收益。在由政府实施改造的单一模式下，改造的土地增值收益主要成为政府的出让收入和开发商的利润，被改造地块单位和个人仅能依照法律规定获取房屋和土地的相应补偿，无缘分享改造产生的土地增值收益，致使改造困难重重。

（四）城市更新实施保障的制度问题

1. 现行政策法规制约城市更新的实施

城中村改造存在政策之间的衔接，以及政策与上位法律法规的协调问题。政策之间不平衡，使权利主体无所适从；政策中出现的真空地带未及时"打补丁"，一些问题长期无法解决；政策与市场的调节作用无法有机契合，在更新改造的同时带来一些社会问题等。

历史文化街区等受保护用地缺少专门法规政策支持，管理制度设计和保障环境有待加强。疏解腾退工作的司法保障依据不足，腾退周期长，进展缓慢。实施过程中存在政策法规空白区，缺乏针对人口与功能疏解工作的整合管理流程，房屋再利用的手续繁杂，限制过多，利用途径少。在停车、排水等基础设施改善过程中，历史文化街区面临的实际困难要比一般城市地区更为复杂，在各类设施改造过程中，缺乏相应的管理办法支持。

对于存量工业用地再开发缺乏针对性的、有效的政策措施。现有土地管理政策下，土地剩余使用年限不足。根据我国的土地管理政策法规，工业用地出让的最高年限为50年，各地在出让工业用地时一般按照最高年限出让。工业用地的二次开发过程中，通常使用期限有所缩短，在改造过程中容易形成土地年限到期后园区仍处于初步建设期或初始运营期。"工改项目"盈利需要通过持续的产业培育和资产运营形成的区级新增税收收入来平衡。企业对更新后土地能否办理续期、如何评估确定应缴土地价款、能否取得土地使用权以及土地使用税等政策优惠尚不明晰。

2. 资金可持续运行机制尚未形成

城中村改造资金筹集渠道不畅。项目融资是城中村更新改造实施的关键因素，一方面，当前城中村改造以政府引导、市场化运作为主，政府难以有资金直接对城中村项目提供支持，关于城中村改造的资金支持政策有待进一步完善。另一方面，城中村的拆迁和补偿费用是一笔巨大的开支，高昂的拆迁安置成本、巨额的投资、回迁安置面积大、可用于销售的面积小导致的投资回报小等原因，常常导致建设主体不愿涉足城中村改造。同时，由于城中村更新谈判过程长、项目运行周期长等原因，使得投资者在资金募集、投入和收益、回收阶段都存在不同程度的难题，因而市场对城中村更新改造的融资方面常常抱审慎态度。

历史文化街区保护更新中普遍依赖公共财政投入。由于历史文化街区需要投入的费用数额巨大，现有投入资金面临着巨大的缺口，仅靠政府投入和国有企业直接融资的方式，难以形成资金保障。另外，公共财政投入的可持续性弱，除基础市政设施的配套资金以外，腾退资金、建设资金的再融资、再盈利渠道窄，大量公共财政资金沉淀成固定资产，未能形成良好循环。由于产权确认和流转缺乏有效的政策支持，通过腾退获得的资产难以形成稳定盈利。同时，腾退出的资产没能引入市场化机制盘活，变现率低，未能疏解腾退资金不足的困境。

旧工业建筑公益性再利用项目政府财政负担大。政府的投资远不足以承担公益性再利用项目建设的资金需求，投资不足严重阻碍着这类项目的发展。因此，往往需要采用政府为开发商提供资金补贴、鼓励开发商参与项目投资改造与运营的模式。然而，过高的补贴会导致政府的财政负担过重，并且带来社会资源配置效率降低等一系列社会问题；而过低的政府补贴会使开发商入不敷出，无法收回投资亦无法支付运营成本，不利于项目的持续运营。

3.产权复杂或产权不清制约改造工作的推进

在老旧小区改造方面，产权关系和业主（承租人）责任界定并不严谨和清晰，甚至有产权不清的情况。除此之外，还有大量小区存在公房、售后房、系统房、商品房混合的情况，在改造必须取得产权房业主100%同意才能推进的情况下，成为制约混合小区改造推进的一大因素，进一步增加了更新改造的难度。

针对历史文化街区复杂产权状况的修缮利用和管理政策体系不足。历史原因形成的复杂产权状况，加大了历史文化街区投资改造和房产利用的困难。在文物保护工作中，单位占用具有严重安全隐患文物的问题长期得不到解决，地方政府难以主导这些文物的腾退利用。在历史文化街区住房改善工作中，由于产权复杂，在产权划转变更过程中存在很多卡点堵点。

老旧厂房产权关系复杂。老旧厂房产权关系错综复杂，利益协调牵涉面广，处理难度大。由于历史遗留原因，较多无产权的建筑，在更新再利用过程中，无法办理经营许可证，无法进行消防检查，影响到更新建筑的使用。

商业商务区内产权分散难统筹，拖延改造实施。商务楼宇内部不同办公单位或楼层的产权往往由不同业主持有，即分散产权。在楼宇需要更新时，楼宇多业主间矛盾尤其突出。由于产权单位多，缺乏沟通协商机制，导致小业主为了维护自身利益意见不统一、实施和管理主体责任难以明确、整改资金难以落实等问题，造成很多更新项目因产权矛盾，致使改造实施拖延。

4.长效管理机制的有效落实机制尚待完善

老旧小区物业管理的基础格局不变，长效管理机制尚待完善。虽然目前老旧小区改造前会提出后期的管理要求，但由于物业管理制度的基本格局不变，区分所有权的责任若无法强制性地落地，这些前期约定的管理要求能否实现是不确定的。需要实现物业管理制度上的突破，明确业主的责任，提升业主自治能力。

老旧厂房厂区更新改造方面缺少有效的产业引导，导致项目产业空置。一些"工改工"项目过度关注物理空间的改造，忽略了产业自身的发展逻辑与需求。此外，部分新型产业园区没有与城市建立密切联系，产业与城市之间的人、物、信息等要素的联系和互动在一定程度上存在阻碍。这都会使产业空间使用效率降低，以致无法完全契合产业发展需求。开发商在"工改工"项目中面临最严峻的问题就是定位失准，主要体现在区位定位不准、产业定位不准、客群定位不准等方面。

商业商务区内由于公共空间管理粗放，管理层面的冲突影响空间活力。商务、住建、城管等不同部门因工作重心不同，对公共空间管理标准、管理要求不一，各部门标准之间以及与实际需求之间潜藏矛盾有待沟通协调。当前对于公共空间管理，特别是在商业街区外摆空间建设上，大部分城市的城管部门对于外摆等户外商业行为采取"管进来"甚至"赶出去"的做法，导致商业街区公共空间未能得到充分有效的利用。

二、城市更新未来趋势展望

要解决城市更新面临的以上问题，必须优化目前城市更新的实施路径，包括提升城市治理理念、实施片区统筹更新、鼓励多元主体参与和吸引市场化投资投入等方面。

（一）城市更新目标向产业升级、历史文化保护、公共设施保障、城市功能提升等多目标转变

城市更新国家战略目标是提升城市人居环境质量和城市竞争力。实施城市更新行动，总体目标是建设宜居城市、绿色城市、韧性城市、智慧城市、人文城市，不断提升城市人居环境质量、人民生活质量、城市竞争力，走出一条中国特色城市发展道路。城市更新要符合《中华人民共和国国民经济和社会发展第十四个五年规划和2035年远景目标纲要》《住房城乡建设部关于扎实有序推进城市更新工作的通知》(建科〔2023〕30号)、《住房和城乡建设部关于在实施城市更新行动中防止大拆大建问题的通知》(建科〔2021〕63号)、《中共中央办公厅 国务院办公厅关于在城乡建设中加强历史文化保护传承的意见》等政策文件的原则性要求，要坚持以人民为中心、坚持新的发展理念、坚持系统观念、坚持划定底线，防止城市更新变形走样，坚持价值导向、应保尽保。

（二）规划由"管理工具"变为"治理工具"

城市更新中的规划站在实施方案角度——除具备定位策划、空间场景、"三生内容"等基础要素外，还要整合包括金融统筹力量、产业统筹力量、资产管理运营力量和文化力量等正向要素，集思广益，共同搭建多规一体的"规

划治理平台"，让城市更新专项规划从技术控制导向的"管理工具"变为新型"治理工具"。纵观国内各地出台的相关政策，无一例外都强化了"规划引领"。然而，城市更新的存量挖潜不同于增量新区的技术控制性规划，在国土空间规划五级三类的层级衔接基础上，城市更新专项规划与更新单元规划应该有更前置的站位。

（三）更新项目由"碎片化点状更新"转变为"片区综合统筹更新"

片区更新统筹能有效协调更新项目碎片化趋势带来的一系列问题。很多城市在历经多年实践后，饱受因碎片化更新带来的城市肌理分割、城市风貌缺乏统一控制、公共配套设施难以落地实施、更新项目"挑肥拣瘦"等问题的困扰，因而纷纷开始完善优化更新统筹政策，例如北京、深圳、广州、唐山等，依托成片连片综合项目补齐组团或片区级设施，维持公共利益与市场规律的长期平衡。

（四）更新主体由政府主导转向多元主体参与

由政府主导的更新模式逐渐转变为以政府为核心的多元主体参与机制，向相互制衡的"政府——市场主体——权利主体——公众"等多元主体协同合作方向演进。纵观国内外城市更新实践，从规划开始就需要行政主体、产权主体、实施主体三方的协同配合，需要注重平衡多元主体利益需求、多元主体合作开发、横向协同组织领导，形成"共建、共治、共享"效应，满足以人为本的发展要求。以往地方政府主要单一地通过提供补贴和税收减免等优惠政策吸引，现在逐步尝试通过公私合作PPP/BOT等更加多元的方式吸引社会资本参与。

（五）投融资模式由政府投入为主转变为多元创新的金融产品和服务

我国城市更新投资过去以政府补贴为主，用于民生类、生态类和公共基础设施类更新。未来融资模式更需多元化，增加市场化主体的投资。目前一线城市均鼓励金融机构开展多样化金融产品和服务创新。私人融资渠道主要包括物权人自筹与市场主体自筹两类。国内各地政府在已出台的条例或办法中主要通过政策性贷款、政府债券、政府支持评级增信、竞争评选奖补等方式支持城市更新项目融资。商业收益增值方式主要包括销售收益和增值收益。上海、北京、成都等城市在其政策法规中均鼓励金融机构开展多样化金融产品和服务创新。实践证明，REITs（不动产投资信托基金）等金融创新不仅能有效提高城市更新项目的资产质量，而且还能提高资金再投入的效率。城市更新项目三分在建、七分在管。REITs等金融创新通过引入专业化的运营服务管理机构对存量不动产进行改造，提升其资产质量，并在金融市场上以证券投资的方式实现前期投资开发与后期持有运营的顺利转换。针对性的金融创新在为投资者实现收益的同时，也为城市更新项目开辟了新的金融支持方式。

三、创新城市更新机制面临的挑战

要实施全新的城市更新机制，需要应对以下挑战。

（一）政府管理创新的挑战

当前，城市更新规划计划制度建设统筹性和系统性不够，且顶层价值传导路径尚不明确的情况下，政府创新管理显得尤为重要。进入当下存量资源城市更新，产权所有者更加多元复杂，政府已经无法仅依托自上而下的统筹建设模式全方位把控，只能作为引导者，通过协调业主方、投资方和周边相关利益群体，理顺多方利益与城市整体利益的关系。政府从原来的资源拥有和经营者，转变为多种利益人中的一方及协调人，无法继续单一地沿用现行的自上而下的强制性规划。而存量建设用地上面临着土地资源紧张、混合用地、设施配给不足、老龄化等诸多问题，涉及空间、社会、经济、文化、生态环境等各个方面，对城市更新领域有着更加完善的规划体系建设需求。

城市更新改造项目不断增多，但缺乏系统有效的制度设计。一方面，受传统规划和土地管理等体制的制约，城市更新过程中涉及资金来源、产权问题、拆迁补偿、功能和容量变更、消防等建设标准多方面问题，时常遇到各种困难。而多部门之间、市区两级的统筹协调机制尚未完全建立，导致更新项目的推进和政策实施存在难度。

（二）建立统筹机制的挑战

目前，更新项目在实施阶段一般缺少明晰的统筹机制和相关主体的具体责权分配标准，导致项目前期推进困难、实施效率较低。当前制度供给瓶颈主要表现在"需求多样、现状复杂、统筹缺位"。实施统筹的挑战主要包括以下几个方面：既有规划缺乏对更新区域的统筹考虑，多方权责部门的上位统筹力量缺位，产权情况复杂导致难以统筹权利人利益，相邻更新主体间更新利益难以统筹，多家市场主体提前介入更新单元导致开发时序难以统筹，以及各用地出让年限及出让方式不一致导致开发建设时序难以统筹等。对于老旧小区更新，跨小区更新资源统筹机制尚未成熟，可复制的模式正在探索；公有非居住房屋资源在区域资源统筹上的作用有待提升。历史文化街区更新、商业商务区更新均存在系统谋划与全面实施所面临的统筹问题。

（三）多元主体协同共治的挑战

在产权关系和多元主体参与的复杂性下，多元主体的协同合作需要直面利益平衡症结，以更为精细化的参与和制衡机制来支撑，并通过城市更新制度的构建和完善来保障。

多元主体参与更新的协同机制尚未建立。城市更新权益主体众多，矛盾交错复杂，但目前多元主体参与城市更新的协同机制仍在建立过程中，尚不完善。例如，缺乏本社区居民自身参与的社区单元自治管理机构。有些地区老旧小区改造以政府推动为主，居民自主参与更新意愿弱。责任规划师、社会组织等第三方参与城市更新的制度需完善。

更新过程中的公民权利和弱势群体的利益还需要加强保障。城市中的老旧城区，通常也是老龄化和低端产业聚集较为显著的地区。城市物质环境的衰败和弱势群体的聚集使得这一类地区的更新面临更复杂的社会问题和空间问题相交织的状况，应建构识别机制和保护机制，以保护弱势群体的利益，促进社会和谐发展。

（四）城市更新金融支持创新的挑战

对金融机构的导引不强，融资路径尚不清晰。目前，各地更新条例中仅提出鼓励金融机构依法开展多样化金融产品和服务创新，满足城市更新融资需求。但具体如何鼓励金融机构的配套政策并不完善，对金融机构的激励措施和考核要求也不明确，导致金融机构参与城市更新融资的主动性和积极性不足，尤其是"工改工"项目融资困难。"工改工"是城市更新中公认的最难融资的项目类型，金融机构对于"工改工"项目投资可谓慎之又慎。在商业商务区更新中，更新资金主要来自业主自有资金，资金筹集渠道更多依赖贷款，而贷款门槛高；银行和基金合作打通低效楼宇更新项目的全链条融资路径尚不清晰。

对参与城市更新融资的企业门槛界定不清。现有地方性法规中提出支持符合条件的企业在多层次资本市场中开展融资活动，但具体的支持标准、路径等在条例层面尚不明确。

有偿使用机制尚未建立，缺少投入产出良性循环。城市更新活动需要考虑与当地物权人、空间的相互影响，需要收费机制以实现利益平衡。如果更新活动承担了过多缺乏受益者付费的"公共利益"项目会导致难以统筹实施，也会出现搭便车的情况；收益类的更新项目如经营性改造将带来片区经济的增长，地产居住类的更新项目将要求政府提供更多的公共服务，这些都需要收费机制来实现平衡。在公共领域，政府任何缺乏收益考量的单方面投融资都是不可持续的，现有制度缺乏资金回收机制，有待补充完善。

第二节　国外城市更新制度机制、支持性政策经验借鉴

一、国外城市更新机制政策综述

西方国家与我国的城市更新背景不同。西方大规模更新发生于城市化后期，主要是针对20世纪60年代后郊区化带来的内城衰败问题。中国的城市更新则是与城市扩张同步，来自新增用地管控、逐利、打造城市形象等多方面原因。中国城市更新的环境远比西方复杂，目标价值取向也更加多元。

因此，国外城市更新政策机制的借鉴不能简单地采取"拿来主义"，在研究其他国家城市更新政策时要了解其产生的背景，再对照我国各城市各地区的具体问题，才能甄别出其中具有借鉴意义的经验。

（一）国外城市更新发展历程

近现代意义上的城市更新起源于产业革命，迄今已有200余年的历史。从19世纪末开始，伴随工业快速发展、人口急剧膨胀、城市环境日益恶化，欧美发达国家不约而同致力于对大城市发展中出现的问题进行改造，涌现出田园城市理论、有机疏散理论、卫星城市理论等诸多学术见解，也开展了城市美化运动、绿带城等多种实践活动。20世纪，随着后工业时代的来临，旧城改造、新城建设、城市结构性调整等活动更是频繁出现，城市更新运动也正式从这个时期发展起来[①]。正因为城市更新最先发生在进入城市化发展高潮期的欧美发达国家，国外城市更新发展历程研究的相关文献也主要是针对以英美两国为代表的西方。尽管不同国家社会经济条件和历史背景不同，在城市更新实践中遇到的问题各异，但其城市更新的基本发展趋势却大致相同，从而可以对西方城市更新发展进行阶段划分，总结出各阶段背景、对象、途径

---

① 崔珩.西方大城市空间结构发展的经验与启示[J].西南交通大学学报（社会科学版），2011（12）3：111-116.

和结果的特性①。在这些综述性研究中，对于英美城市更新最基本的演变历程大体能够达成这样一种共识，即：大规模推倒重建式的贫民窟清理与城市美化运动——以追逐城市房地产开发利润为动力的经济导向型城市更新——以社区为单位多元主体、参与式的城市更新或称社区更新②。较为详尽的是董玛力等（2009）所作的阶段划分，直观和全面地展现了西方城市更新的发展。

1.第一阶段：20世纪60年代之前以清除贫民窟为主

第二次世界大战之后，后工业化时期经济快速增长的背景下，人们越来越不满足于残败、破旧的居住环境，出于对改善城市形象和更好利用市中心土地的愿望，西方许多城市开始大规模清理贫民窟，取而代之以新建购物中心、高档宾馆和办公室。英国是世界上最早开始关注城市更新的国家，其大规模的清除贫民窟运动始于1930年的格林伍德住宅法（Greenwood Act）。美国的城市更新运动也始于大规模清除贫民窟。1937年出台的住宅法（Housing Law）目标就是改善住房。总体而言，这一阶段城市更新的特点是推土机式推倒重建，通过大面积拆除城市中的破败建筑，全面提高城市物质形象。虽然在某些地区有一部分私有企业资金参与，但更新资金大部分来源于政府公共部门，政府对搬迁者提供补贴，对更新区域和更新过程有很高的决定权。

2.第二阶段：20世纪60年代至20世纪70年代为福利色彩的邻里重建

20世纪60年代，福利色彩的社区更新逐渐取代了推土机式的重建，这是由当时西方的社会经济背景变化决定的。首先，20世纪60年代是西方国家经济快速发展和社会普遍富足的黄金时期，人们希望"在富足社会重新发现和消除贫穷"。

其次，在凯恩斯主义的影响下，人们认为政府有能力也有责任为居民提供更好的公共服务，社会公平和福利受到广泛关注。于是，这种背景下催生的城市更新制度注重对弱势群体的关注，强调被改造社区的原居民能够享受到更新带来的社会福利和公共服务。

20世纪60年代中期，美国现代城市计划（Model Cities Program）在大城市几个特定地区制定了一套综合方案来解决贫穷问题。英国政府在20世纪60年代中后期也开始实施以内城复兴、社会福利提高及物质环境更新为目标的城

---

① 周显坤.城市更新区规划制度之研究[D].北京：清华大学，2017.
② 张汉，宋林飞.英美城市更新之国内学者研究综述[J].城市问题，2008（2）：78-89.

市更新政策。

福利色彩的社区更新在欧洲其他国家，如瑞士、荷兰和德国等国也得到广泛开展，加拿大、法国和以色列等国家，甚至照搬了美国的综合改造模式。

3. 第三阶段：20世纪80年代至20世纪90年代是市场导向的旧城再开发

进入20世纪80年代，西方城市更新政策出现明显转变，从政府导向的福利主义社区重建，迅速转变为市场导向的以地产开发为主要形式的旧城再开发。究其原因，首先，从20世纪70年代开始全球范围的经济下滑和全球化经济调整，对西方国家的经济增长造成极大冲击，政府工作重点转移到如何刺激地方经济增长上来；其次，政权更替是城市更新政策转变的催化剂。强调自由市场作用的新古典主义发展模式成为英国政府的重要支柱，这恰恰与美国的自由市场政策体系遥相呼应，构成20世纪80年代西方城市更新政策体系的基石。

20世纪80年代，整个英国充斥着各种地产开发项目，商业、办公及会展中心、贸易中心等旗舰项目成为地方主要更新模式。私有部门被奉为拯救城市衰退区经济的首要力量，公共部门首次在城市更新中变为次要角色，其主要任务是为私有部门的投资活动和经济增长创造良好宽松的环境。在美国，联邦政府实施"城市复兴"政策，取消或减少对"现代城市计划"的资助，让州和地方政府对城市计划负责。市场导向城市更新的显著特点是政府与私有部门的深入合作，政府出台激励政策为私人投资提供宽松和良好环境，私有部门提供资金在市中心修建标志性建筑、豪华娱乐设施，借以吸引中产阶级回归市中心，并作为催化剂刺激旧城经济增长。因此，市场导向的旧城再开发项目大多能够获得商业上的成功，直至今日仍然是大多数城市广泛采用的更新模式。

4. 第四阶段：20世纪90年代至今注重人居环境的综合复兴

进入20世纪90年代，人本主义思想和可持续发展观逐渐深入人心，高度注重人居环境，强调从社会、经济、物质环境多维度综合治理城市问题和社区角色参与，成为城市更新的重要指导思想。人们越来越清晰地认识到：城市更新应该是对社区的更新，而不仅仅是房地产的开发和物质环境的更新。社区历史建筑的保护、邻里社会肌理的保持，与消除衰退、破败现象同样重要。这种城市更新理念最早体现于1991年英国的"城市挑战"计划中，英国中央政府将20个与城市更新有关的基金合并为"综合更新预算"。

强调居民参与是社区综合复兴的重要特点，其关键是设定那些拥有产权的居民愿意将他们的所有权联合，以在所有开发收益中按比例分享利润。Robert（2000）概括当前西方城市更新的特点："城市更新是用一种综合的、整体性的观念和行为来解决各种各样的城市问题；致力于经济、社会、物质环境等各个方面，推动变化中的城市地区进行长远的、持续性的改善和提高。"

（二）西方发达国家城市更新机制演变取向及其内涵

城市更新制度发展本身是高度复杂和特化的，不同的城市更新政策与特定时期、特定党派的政府行为、当地发展背景和地方区域特色密切相关。城市更新的机制是政策制定者价值观的一种体现，城市更新机制的演变也是价值取向演变的反映。

城市更新的实践相对滞后于其理论研究。20世纪60年代以后，城市更新理论进入以人为本的可持续发展阶段。人们受凯恩斯主义、简·雅各布斯、克里斯托弗·亚历山大等学术观点学者的影响，更关注可持续发展理念与人本思想相结合，开始关注街道生活的多样性，城市历史文化、城市历史建筑的保护与传承，成为新的城市更新的主要思想。随着观念的转变，城市更新的实践也逐渐发生转变。

1. 理念转变：从追求经济增长到更加注重以人为本、目标综合

美国纽约市住房恢复运行办公室的住房恢复报告（One City, Rebuilding Together）指出在对受灾的住房所有者救济和加快恢复进程中，要注意让住房所有者提前知道未来的建造过程，以便更好地推动房屋征收工作，并提供有利于每个人选择适合自己的合同方式。取消项目批准的优先等级，确保没有人会因为收入原因而被取消重建、征收赔偿等救济资格，以便更多的家庭可以得到救济。

英国伦敦规划指出城市更新主要的实施工具是社区战略和规划，以及地方层面的其他政策；更新项目应该考虑居民及更广泛利益相关者的需求；鼓励允许社区和居民参与更新项目的咨询活动，使城市更新规划和项目对社区发展和商业发展产生的影响最小。

新加坡城市更新治理自21世纪初就逐渐走向"以人为本的更新治理"。为集中力量尽快减缓社会住房、经济就业和环境卫生压力，克服土地和安置的重大更新障碍，新加坡早期的城市更新实行了"自上而下"的决策机制。政府占据绝对的话语权，并通过法定机构直接参与更新管理，市场和社会则分

别扮演合作伙伴和更新福利接受者的角色[①]。受20世纪80年代末可持续发展观的影响，城市更新由最开始的以经济增长为目标的物质环境更新转变为经济、社会、环境等多目标的综合更新。[②]

2.对象转变：从大规模单一物质环境更新到层次丰富、内容广泛的可持续更新

西方早期的城市更新曾经历过以大规模重建为主的一段过程，城市规划学者称之为"第二次破坏"（第一次破坏是第二次世界大战）。从过去的城市更新经验来看，大规模城市重建的问题在于对现状采取完全否定的态度，忽略和摧毁了城市历史环境中存在的诸多有价值的东西[③]；同时因为缺少弹性和选择性，排斥中小商业必然会对城市的多样性产生破坏[④]。斥巨资进行的大规模改造，呈现出一种单调乏味和缺乏人性的城市面貌。破坏了当地居民的社会邻里关系，被迫从原居住地搬走的居民贫困问题没有得到改善，没有解决城市细微复杂的社会、经济、文化问题，甚至产生了更多矛盾。

例如，第二次世界大战后英国城市的旧城更新实践也是沿着清除贫民窟、邻里重建、社区更新的走向发展，城市更新理念也由单一目标的物质环境更新逐渐转变为层次丰富、内容广泛的综合可持续更新[⑤]。20世纪30年代开始的城市更新，致力于提升旧城改造中贫困阶级的住房条件，共建27万套住房用于贫民窟改造。1980年，英国颁布了《地方政府、规划和土地法案》，城市更新政策有了重大转变。在立法上确定了城市开发公司的目的是通过有效地使用土地和建筑物，鼓励现有的和新的工商业发展，创造优美宜人的城市环境，提供住宅和社会设施以鼓励人们生活、工作在这些地区。进入21世纪以后，英国颁布了"城市复兴"政策。"城市复兴是致力于经济、社会和环境综合社会问题的长期思考""城市复兴的焦点层面在社区，鼓励社区与邻里、地方、区域乃至国家各个层面共同行动，探索社区未来的发展之路，希望城市（镇）能够成为经济动力之源，将其能量由核心向外辐射，不仅惠及城区居民，同

① 唐斌.新加坡城市更新制度体系的历史变迁（1960年代—2020年代）[J].国际城市规划，2021（3）：31-41；53.

② 翟斌庆，伍美琴.城市更新理念与中国城市现实[J].城市规划学刊，2009（2）：75-82.

③ 克里斯多夫·亚历山大.俄勒冈校园规划实验[M].北京：知识产权出版社，2002.

④ 简·雅各布斯.美国大城市的死与生[M].南京：译林出版社，2004.

⑤ 唐历敏.英国"城市复兴"的理论与实践对中国城市更新的启示[J].江苏城市规划，2007（12）：23-24.

时更应惠及周边区域，实现社会整体可持续发展"。①

美国1949年通过了《国家住房法案》，开始了为期20多年的大拆大建式的城市更新，1965年成立住房与城市发展部，出台《模范城市计划》，为大城市示范街区发展制定合适方案来解决贫困问题，把对城市的综合治理作为首要工作，从整体上提高居民的生活质量。1974年通过的《住房与社区开发法》，标志着以邻里复兴为主的小规模分期改造方式逐渐取代了原来的大规模改造形式。

3.主体转变：从政府主导的更新管理到多方合作的更新治理

多方合作体现在政府部门之间的合作，也有政府与企业、社会组织、社区团体等的合作。多方合作使多方的利益诉求被综合考虑，使更新成果惠及面更广。仅靠政府财政不足以支持城市更新所需的投资，引导私人投资参与城市更新成为一种选择。社区代表在地团体的利益，社区团队参与其中，使以人为本的更新治理成为趋势，最直接的反映是对本地居民意见的采纳及保护。

在更新过程中，更新的主体可能仅考虑投资价值的最大化，不考虑原住民的利益保障。更新后的空间品质提高，致使土地价值提高，重新进入的人群是中、高收入群体及游客，而原住民由于无力担负上涨的物业及生活成本则迁往他处。这种城市更新带来较明显的社会阶层置换（Social Displacement）即"绅士化"。"回归内城"等美好的城市更新目标在很大程度上存在潜在的社会选择性，它面向特定阶层而排斥其他阶层。更新后城市公共环境的社会控制（Scial Control），在某种程度上，隔绝所谓的"边缘人群"对公共空间的使用。与此同时，由于很多城市更新项目借助私人资本进行城市建设与管理（如公司化城市、商业改善区BID策略等），使许多城市的公共空间带有强烈的私有化特征，其公共性受到较为严格的限制（通过企业自定的使用规定、保安措施等）②。这种现象正是在更新的全过程中，缺失了"以人为本"的考虑，这里的"人"是更广义范围的"人"，不是特定群体的"人"。

1980年，英国以市场为主导，引导私人投资，包括城市开发公司等市场化措施的"城市再生"政策应运而生，政府与私人投资合作是这个时期城

① 曲凌雁.更新、再生与复兴：英国1960年代以来城市政策方向变迁[J].国际城市规划，2011，26（1）：59-66.

② 吴冠岑，牛星，田伟利.我国特大型城市的城市更新机制探讨：全球城市经验比较与借鉴[J].中国软科学，2016（9）：88-98.

市更新的显著特点 ①。例如，伦敦国王十字站域作为伦敦市中心150年来规模最大的区域重建项目，在制定规划后采用了公私合作模式（Private-Public Partnership），多方参与协商，逐步通过综合交通枢纽的联通与改造、公共空间的打造、商业中心的更新、文化艺术的注入、社会住宅建设和办公空间的新建与翻新等，将大量的人口重新导入，彻底改善了该地区的环境，产生了直接的社会效益和经济效益。

20世纪80年代，美国政府在城市更新中的作用逐渐减弱，私人商业团体发挥越来越重要的作用。1990年，政府、私有企业与社区三方面的合作关系加强 ②。纽约时代广场在改造之初也遭遇了公共部门资金缺乏、项目难以实施的情况，但到了20世纪90年代，时代广场最终在公共部门和私人部门的共同努力下得以建成。政府注重吸引有质量的私人投资。例如，迪士尼公司在时代广场的转型过程中发挥了重要的作用。迪士尼在衰败地区的出现，本身就给其他开发商传递出城市政府将大力开发该区域的信号。政府还通过各种方式实现与各方利益集团的协作，例如，政府官员承诺保留地块中央的具有历史意义的剧院，从而获得历史保护主义者、文化团体和艺术家的支持。与此同时，城市政府尝试通过私人投资实现公共基础设施的建设。时代广场改造项目成功地利用7500万元的政府投资带动了25亿元的私人投资，不仅开发了该地块，还为周边的地铁改建和街景改造提供了资金。

纽约市《一个更强大、更有韧性的纽约》（*A Stronger, More Resilient New York*）报告指出，此次纽约市城市恢复计划的成功实施，主要得益于市政府办公室和市议会强有力的合作和领导，特别是长期规划和可持续管理办公室（OLTIPS）对各个部门和利益相关者的集中管理和协调。其中，涉及的部门包括城市规划部（DCP）、环境保护部（DEP）、公园和游憩部（DPR）、交通部（NYCDOT）、纽约经济发展公司（NYCEDC）、建造部（DOB）、住房保护和发展部（HPD）、住房恢复运行办公室（HRO）等。纽约市的住房恢复工作也十分注重市、州和联邦部门的合作，不仅与联邦住房和城市发展部、联邦危机管理局进行合作，还与新泽西州、纽约州等部门共同开展住房恢复行动，分享

① 刘伯霞，刘杰，王田，等.国外城市更新理论与实践及其启示[J].中国名城，2022，36（1）：15-22.

② 张更立.走向三方合作的伙伴关系：西方城市更新政策的演变及其对中国的启示[J].城市发展研究，2004（4）：26-32.

活动经验和推动相关公共服务。纽约市住房保护和发展部的住房十年规划蓝图中指出，要保护和修建20万套可支付住房，不仅需要城市资金的投入，更重要的还是有效地激活私人部门的投资，预计2015—2024年资助这些可支付住房的建设和维护所需的414亿美元中，可以由市政府提供20.4%，州和联邦提供7.02%，私人部门则提供剩下的72.58%。[1]

日本政府为解决城市更新所需的资金问题，充分发掘其社会管理职能，通过制定激励政策，给予项目公共补助金和税收优惠，尤其是容积率奖励，来刺激民间资本进行大规模的城市开发。以东京大丸有（大手町、丸之内、有乐町）地区为例，在成熟地区实施大规模的城市更新难度极大，政府破例追加了更大力度的支持政策，包括放宽土地利用限制、缩短项目审批时间、给予特殊金融支持和税收优惠等，最终促成了政府与民营资本的合作，并以民营资本为主导推进城市更新。实践证明，在利益方众多、权利关系复杂的大型城市更新项目中，政府与民营资本合作的机制不可或缺。[2]

4.方式转变：以标志性场所及城市文化事件为主导的城市更新兴起

从剧烈的推土机式的拆除重建转向分阶段和适时的谨慎渐进式更新，并运用标志性场所和文化事件来推动更新进程。西班牙毕尔巴鄂曾经是一座环境问题严重、经济结构陷入危机的城市，古根海姆博物馆毕尔巴鄂分馆的建设是其城市更新的"触媒"，使之转变为生活、旅游、投资俱佳的理想城市。1993年毕尔巴鄂市政府决定与古根海姆集团合作，由世界著名建筑师弗兰克·盖里（Frank Gehry）主持设计古根海姆博物馆毕尔巴鄂分馆（GMB：Guggenheim Museum Bilbao），从而带动了一系列城市更新举措，使城市面貌焕然一新（表1-2-1）。此后，这种由旗舰博物馆带动产业转型和城市更新的现象即被称作"古根海姆效应"。[3]

城市营销在城市更新领域的发展，与文化导向的城市复兴思潮有密切联系。自20世纪80年代开始，为了复兴衰退工业区，许多西方城市制定了一系列由文化带动城市更新的策略，通过建设大型和标志性文化设施，可以提升

① The City of New York. Housing New York：A Five Borough，Ten-Year Plan[R]. 2014.

② 舟山市住房和城乡建设局.城市更新：日本东京的经验与启示[J].城市开发，2021（17）.

③ 西尔克·哈里奇，比阿特丽斯·普拉萨，焦怡雪.创意毕尔巴鄂：古根海姆效应[J].国际城市规划，2012，27（3）：11-14.

毕尔巴鄂主要更新项目发展列表　　　　　　　　　表 1-2-1

单体项目（完成时间）	局域项目（完成时间）	综合系统
古根海姆博物馆毕尔巴鄂分馆（1997） 尤斯卡尔杜那宫音乐和会议中心（1998） 省图书馆（2002） 德乌斯托大学图书馆（2008） 伊比德罗办公塔（2012）	阿班多尔巴拿滨水区综合开发（2012）	文化旅游，科技创新产业兴起，产业转型升级，达到高等创新国家水平
阿梅索拉联运站（1997） 卡拉特拉瓦白桥（1998） 新机场航站楼（2000）	毕尔巴鄂地铁（1995） 滨水步行系统更新（2000至今）	升级对外交通，完善公交系统，构建慢行体系
圣马梅斯球场（2012）	佐罗扎里半岛综合开发（2004至今）	不断提升城市空间品质，发展创新经济

古根海姆效应　　　　　　　　　　　　　　　　　　　　　　　　毕尔巴鄂效应 ➤

资料来源：王懿宁，陈天，臧鑫宇.城市营销带动城市更新：从"古根海姆效应"到"毕尔巴鄂效应"[J].国际城市规划.2020，35(4).

城市形象，吸引游客，促进周边地区的投资，形成触媒效应 [1]。例如，伦敦碎片大厦、伯明翰的赛弗里奇购物中心、曼彻斯特比瑟姆大厦、卡迪夫歌剧院等都由国际知名建筑师设计，位于城市商业中心或旅游区。

典型案例如金丝雀码头更新，从一个没落的航运码头转变为伦敦重要的金融中心和CBD，整体性城市设计打造"标志性场所"功不可没。20世纪80年代开始，伦敦政府将其重新定义为城市新的CBD，着力发展金融和传媒业，特成立政府主导的城市开发公司推动该项目，聘请美国建筑事务所SOM编制了具有强烈北美特色的城市设计方案。虽然新建的8栋超高层商务楼与伦敦城市风貌格格不入，但广为人知，成为城市的"新名片"。此后，金丝雀码头持续建了30年，目前又在打造二期，名为伍德码头（Wood Wharf）。2020年，金丝雀码头受到新冠疫情的巨大打击，较早开发的金融办公区域几乎没有住宅，当居家办公成了新常态，不得不反思功能业态的调整。金丝雀码头二期目标是打造文化和创造力兼具的综合性社区，不仅业态转型科技和大健康，还配置零售和居住空间，总开发面积约46万平方米，包括3400套新住房（其中25%为经济适用房），18万平方米的商业办公空间和3.5万平方米零售空间。此外，还打造了6.6万平方米的城市公共绿地，规划了中小学等。目前，第一

① 方丹青，陈可石，陈楠.以文化大事件为触媒的城市再生模式初探："欧洲文化之都"的实践和启示[J].国际城市规划，2017，32（2）：101-107，120.DOI：10.22217/upi.2016.410.

阶段工程2020年已完工，2023年将全部落成。

文化艺术为主导的城市更新，以20世纪80年代早期伦敦道克兰码头和利物浦码头（Liverpool docks）的再发展计划为标志。格拉斯哥、曼彻斯特和伯明翰等城市开始制定文化发展策略，一些城市相继成立了文化产业地区，如谢菲尔德的文化产业地区（Cultural Industries Quarter）、伯明翰的媒体地区（Birminghams Media Zone）和卡迪夫的艺术综合体地区（Cardiff's Chapter Arts Complex）等。

利用特定的空间场所来激发"文化事件"也是国外城市更新常见策略。例如，根据奥运会、博览会及其他城市大事件的需求所进行的城市更新，是城市发展的催化剂。英国伦敦借助2012年举办奥运会的契机，大力推进城市更新与复兴运动，为伦敦东区在改善环境和基础设施、吸引投资和发展产业等方面带来了全面复兴的机遇，大大提升了伦敦作为全球城市的竞争力。伦敦政府申办的目标就明确提出，奥运会要与伦敦东区的复兴目标相结合。一是通过奥运会基础设施投资，将斯特拉特福德打造为全球性交通节点，充分体现出其加强与全球层面联系的意图；二是鉴于举办地与附近的金丝雀码头金融区有良好的交通联系，金融业从业者可优先享受奥运设施提供的休闲场所及良好环境，并以此促进金融业发展；三是借助开发东伦敦的战略契机，鼓励私人投资开发废弃的工业用地；四是通过奥运会场馆和配套建设，增加当地就业机会和住房数量。筹备举办过程中，英国政府、企业与全球范围内的投资主体建立了良好的合作伙伴关系，为持续发展奠定了坚实基础。奥运会结束后，奥运村成为当地居民的新居，奥林匹克公园成为周边居民的最大福利，结合新建的生活配套设施，该地区将成为生态宜居型社区。奥运遗产还极大地促进了当地旅游业发展。

还有一些城市利用其历史遗迹举办大型节日活动，也成为标志性城市实践，例如，伦敦"诺丁山嘉年华"、爱丁堡"八月艺术节"等。

二、亚欧各国城市更新机制主要特点

纵览当今国际上开展城市更新较为成功的国家经验，城市更新不仅仅是一项在城市旧城内主体单一、空间独立、问题简单的单体建设项目，还往往涉及多个产权主体，具有以点及面的区域尺度，想以一揽子项目解决土地利用效益、城市职能升级、产业功能完善、社会公平等一系列问题，是一项长期的、多目标的、社会性的、战略性的任务。国际经验在法律法规体系、规划计划制度、实施建设制度和保障制度等各方面给予很多启发。

（一）法律法规

1.国家完善城市更新立法

传统的发达国家在长期实践经验积累下，逐步完善法律政策体系，层层分解任务，指导和管理城市更新工作开展，构建与现有规划、建设等相关法规体系相互衔接的城市更新法规体系。

● 英国：城市更新法规、政策与城市规划和建设管理高度融合

英国城市更新发展历程中，为解决内城衰败困扰，制定了《内城区法》（1978），规范七个城市核心区的城市更新工作；为提升旧城物质空间更新水平，颁布《地方政府、规划和土地法案》（1980），确立开发公司法定地位，鼓励在已开发用地上进一步提高土地和建筑物的使用效率，发展新兴产业，创造优美宜人的城市环境，提供住宅和社会设施。随着更新实践的开展，政府不断进行反思，逐渐认识到城市更新不是单纯的物质环境更新，发现彻底由市场主导的更新模式不能有效地解决社会问题。研究报告《走向城市复兴》（1999）、政策文件《城市白皮书》（2000），相继指出了政府应当更多地关注社会公平，以多元化思维思考综合性更新的模式，应当从生活、社会、经济、环境等各个方面综合施策。

● 日本：城市更新法规、政策独立于城市规划和建设管理

日本国家层面制定城市更新专门法规，如《都市再开发法》（1969）、《都市再生特别措施法》（2002），且后者力度更大。

国家层面相关法规对城市更新的支持性规定，如《城市规划法》（1968）、《建筑基准法》（1971）等，制定特定街区制度（划入特定街区范围的再开发项目的容积率及建筑高度不受上位既定城市规划及建筑法规的限制）、容积率转移制度（再开发项目的容积率奖励通过城市规划审议会的形式公开进行）、综合设计制度（设置公共开发空间的项目可以获得容积率奖励）等。

根据法律，设立都市再生紧急整备区，可以不受既有规划中关于定位、功能、容积率和建筑高度等规划条件限制，有较大的自由度。再开发项目具体规划条件由政府部门根据具体情况确定。

《都市再开发法》明确市街地再生开发事业的城市更新实施模式，整合细分土地，重新规划，并同步实施经营性物业与城市公共设施。此外，还有土

地区划整理事业，与"市街地再生开发事业"类似，都是实现资产的等价交换，差别是"土地区划整理事业"不要求同步实施。①

● 韩国：多维度、持续性立法推进城市更新

韩国的城市更新起步较晚，20世纪90年代末才引入"城市更新"一词，并逐渐取代"城市重建"成为城市再开发阶段的新名词，标志着韩国的城市更新迈入了一个新的阶段。近年来，针对城市更新的政策与立法，韩国已进行了诸多有益的探索，相关立法在不同阶段都对更新活动进行了有效的规定。立法内容涉及更新概念、对象、类型、模式、政府角色、民间组织定位、开发密度、基础设施供应标准、资金赞助、更新制度等方面。针对更新目标、顶层策略、更新机构、开发模式、更新资金而出台的多元政策也起到积极的指导作用。

韩国既有对城市更新的直接立法，也有对特定更新类型的专项立法。如《城市再开发法》(1976)和《促进城市更新特别法》(2005)，为与更新主题直接相关的综合法律；而《住房建设促进法》(1972)和《城市及居住环境整顿法》(2012)，是针对住房建设和居住环境整顿的专项立法。为了适应新时期的管理需求，韩国在2003年对《住房建设促进法》进行了全面的修订，新法详细规定了政府与民间合作开发的操作手段。

2013年，韩国政府制定了以经济和社区为核心的《促进和支持城市更新特别法》，该法试图通过加大国家和地方政府合作的方式，建立更大、更加整合的城市更新政策框架，以克服过去以经济增长和房地产开发为导向而带来的弊端，并综合回应社会包容、创造就业和振兴经济等更为复杂的挑战。

● 新加坡：建立多元参与、多元融资、空间激励的多维政策法律体系

新加坡是城市型国家，且政府较为强势，其城市更新制度体系作为基本国策，并深受国家发展和治理水平的影响。以行动为导向，新加坡从一开始就努力建构一套多元主体参与、公共与社会多元融资且空间发展激励相互支撑的多维政策法律体系，强调"主体、空间、资金"要素的多维支撑、高效整合和全面拓展。

依托《规划法》及其修正案、《土地征用法》等相关法规，为其余各体系提供强制性的执行依据。作为《规划法》的实施细则、规划条例等从属法规，主

---

① 周显坤.城市更新区规划制度之研究[D].北京：清华大学，2017：204-220.

要是规划编制、实施开发控制和保护的规则和程序，而《物业税令》等专项法规则是对更新有重要影响的立法。

2.积极完善历史文化保护相关法规体系

国外推进城市更新的同时，也非常关注历史文化保护的工作，积极完善相关法规体系。

● 英国：国家层面建立历史风貌保护立法体系

英国历史风貌保护与利用法规制度经历了起步、发展、完善和深入改革的过程。1882年，英国颁布了第一个历史风貌保护法案《古迹保护法》，标志着历史风貌保护的起步。1932年和1944年对《城乡规划法》进行了两次修订，文化遗产的保护范围由古迹扩展到具有特定建筑历史或艺术价值的建筑，第一次提出了"登录建筑制度"。1968年修订的《城乡规划法》设立了登录建筑许可证制度，所有登录在册的建筑受到法律极其严格的保护。1983年出台了《国家遗产法》，提出建立非政府的遗产保护咨询机构。

2000年以后，英国历史风貌保护管理体制、法规制度、政策措施不断完善和深入改革，由文化遗产的保护转向保护和利用并重，涉及范围也由物质文化遗产扩展至非物质文化遗产。2010年颁布的《规划政策指南》对之前的城乡规划体系进行了调整，成为国家层面历史风貌保护的核心法规。2014年，英国颁布新的《规划政策指南》，对登录建筑、保护区和文化遗产合作协定作出规定。

现在，英国已经制定了几十种相关法令、条款，保护对象也扩大到建筑、保护区、自然环境和人类环境。环境部规定的五个全国性保护组织都在一定程度上介入了法律保护程序。英国已经形成比较成熟的历史风貌保护管理体系，主责部门负责联合国家各相关部门、组织，形成大文化管理机制，并开展国际合作。英国地方政府一方面必须遵照执行英国历史风貌保护法规制度，同时又有本地区的地方历史风貌保护政策。

● 韩国：不断完善，构建可持续的韩屋保护制度体系

首尔的城市更新概念始于北村项目，首尔北村是首尔最具代表性的韩屋密集区之一，历史文化价值极高。进入20世纪60年代后，首尔市出现严重的住房危机，面临韩屋保护与城市现代化建设的矛盾，北村地区韩屋传统风貌受到严重破坏。在此背景下，首尔市政府为了尽可能地保护和保留韩屋建筑及延续传统风貌，开始逐渐编制、颁布相应的保护制度，主要以韩屋密集区为

中心展开保护实践。

1976年，首尔市通过指定"民俗景观地区"的方式保护北村韩屋。一旦被划定，地区内所有的拆除、改建、修缮、涂色等行为都受到限制。截至2016年，首尔先后指定了包括仁寺洞、敦化门路、云岘宫及曹溪寺周边、景福宫西侧等在内的10处韩屋密集区，将其中韩屋最为密集的北村、西村、仁寺洞、敦化门路、先蚕坛址5个地区指定为"韩屋保护区"。

2005年，韩国政府非常重视政策法规层面对韩屋保护制度实施的保障，构建自上而下的引导及保护体系。首尔市相关政府部门、首尔市住宅城市公司、专家组建了韩屋保护小组并编制颁布了《首尔韩屋宣言》，尝试探寻新的韩屋保护模式——通过支持保护、控制拆除、营建新韩屋建筑3类措施；首尔市在北村（桂洞）内成立了韩屋支持中心来探讨及解决北村地区内韩屋保护、改建、修缮、管理及发展的相关问题，韩屋支持中心的成立不仅使更多的主体共同参与到韩屋保护之中，同时也在参与主体之间构建了协作的平台，最终形成参与主体间的良好协作体系。

2010年，韩屋的系统化保护、管理及利用、历史风貌的传承与延续开始成为韩国历史保护制度法规中的"重头戏"。《首尔特别市韩屋支持条例》修订为《首尔特别市韩屋保护及振兴条例》，修订后的条例中明确提出对韩屋密集地的指定，并规定以"洞"为单位编制相应的"地区单位规划"。《国土规划及使用法》的公众参与保障，《北村第一种地区单位规划》引导下的具有法律效力的城市管理规划，实现保护制度的动态调整。①

（二）规划制度

1. 构建城市更新规划计划体系

● 英国：三级规划制度层层传导更新目标要求

英国的空间规划分为国家、区域、地方三个层面。国家层面，社区和地方政府部门作为主体，负责制定《国家规划政策框架》，确定在可持续发展目标下的地方规划制定和决策的程序，解决了区域更新的程序问题；区域层面，制定区域规划指引和区域空间策略，如大伦敦政府制定大伦敦总体规划，系统提出对伦敦未来发展的总体构想，解决了区域更新的战略问题；地方层面，

---

① 魏寒宾，等.首尔市韩屋保护制度的演变及其启示：以北村韩屋密集区为例[J].现代城市研究，2021（1）.

制定地区发展文件，如大伦敦下自治市议会制定地区发展规划，进一步明确更新区域的发展目标和发展要求，确定更新地区的空间范围和规划条件，进行规划管控，解决了区域更新的目标问题，并衔接实施层面的工作。

以伦敦为例，在大伦敦总体规划中划定机遇发展区、强化发展区、城市更新区，规划对每个区的发展引导做出详细的说明，在地区发展规划中进一步明确更新地区的发展目标和发展要求，确定更新地区的空间范围，设定规划条件，进行规划管控。各级规划落实上位规划，对城市更新地区提出逐渐细化的要求，引导更新项目从大伦敦规划出发实现具体落实。

● 韩国：编制更新规划，划定更新区域，明确更新内容和流程

2022年执行的《振兴和支持市区重建的特别法》中，明确了《城市更新振兴规划》的定义和作用。经过科学评估后，可将发展衰败区或有潜力发展区划定为城市更新区域，并分为城市经济基础型和邻近再生型两大类，前者主要针对产业经济振兴、提升就业的目标，后者则又细分为生活中心特色型和住宅再生型，分别针对中心城区和普通近邻、住宅等对象的更新。针对不同类型的项目，更新的对象、建议划定的范围、更新内容也有所区别（表1-2-2）。

城市更新区域类型   表1-2-2

区分	城市经济基础型	邻近再生型			
		中心城区型	普通邻近型	住宅支持型	活出我们的家
首尔城市更新类型	就业基地培育型	生活中心特色型	住宅再生		
业务规模	工业、国家（地区）经济	地区特色商业，地区商圈	商住两用，胡同商圈	住宅	小型住宅
目标区域	需要基础设施功能完善地区，如逆势圈、港口、公共计划的交通选址等	区域特色商业、创业、历史、旅游、文化艺术特色区域	胡同商圈和住宅	底层住宅密集区	小型底层住宅密集区
基础设施引进	中型公共、福利、便利设施	中型公共、福利、便利设施	小型公共、福利、便利设施	胡同整治、停车场、公共设施等基本生活基础设施	停车场、公共设施等基本生活基础设施
推荐面积	50公顷左右	20公顷左右	10～15公顷	5～10公顷	5公顷左右
涉及范围	首尔全市	首尔市或地区单位	自治区或地区单位		
甄选形式	首尔市级公开征集	自治区（居民）公开征集			

资料来源：韩国国土交通部.《城市更新新政项目申请指南》(第19段).[Z].

以《首尔城市更新振兴区域规划》为例，在划出的13个城市更新领先地区中明确了其中首尔站周边地区和昌东上界一带为城市经济基础型，另有2个邻近再生中心类型和9个邻近再生普通型。规划还明确了这些地区的更新定位和更新流程。更新流程分为三个阶段：第一阶段为治理和构想阶段，确定城市更新振兴区及其类型和目标；第二阶段为规划和实施阶段，对选定的城市更新振兴区制定振兴规划，同时并行阶段性项目，可依据特点区域情况灵活应用政策；第三阶段为自力再生阶段，以实现更新地区自主运营、自力再生为目标，通过设立CRC或地区组织进行地区单位规划等城市规划性管理。

● 新加坡：依附于二级城市规划体系

新加坡政府未编制独立的更新规划，而是依附于以非法定的战略性的概念规划和法定的实施性的总体规划共同构成的二级规划体系，制定不同时期的更新目标，并协调管理目标的实行，以促进稀缺土地的优化利用。作为政府决策确定性和透明度的重要体现，规划体系自20世纪80年代开始，强调内容的具体化，通过各地区和各类型的概念规划、总体规划、城市设计和开发指导规划优化开发控制。

1980年至2000年，新加坡规划体系逐步完善。编制了重点地区和重要方面的概念规划[①]，如市区公共土地使用概念规划、新加坡河概念规划等，确立了滨海湾作为未来增长核心的地位；编制了重点地区和重要方面的总体规划，如滨海湾概念总体规划、保护总体规划、城市和文化区总体规划草案、城市滨水区总体规划、滨海湾与加冷盆地的城市水岸总体规划等，对各类建筑保护提出详细指引导则；制定开发指导规划（DGPs：Development Guide Plans），如DGPs式的编制总体规划，五大区域和55个分区的详细指引，还首次引入了"白地"（White-Site）的理念，使私营部门在更新开发过程中拥有更多的土地使用选择权。[②]

2000年以后，规划体系已趋稳定，各版概念规划和总体规划为城市发展指明了方向。如，2001版概念规划将新加坡定位提升至世界级城市，制定集中发展CBD，通过"身份认同感计划"增强城市文化特色，提升住房容积率、多样性、环境和毗邻的就业岗位，以及提高道路和轨道的覆盖率等发展战略，此后

---

① 楚天骄.城市转型中新加坡CBD的演化及其启示[J].现代城市研究，2011，26（10）：35-41.
② 黄经南，杜碧川，王国恩.控制性详细规划灵活性策略研究：新加坡"白地"经验及启示[J].城市规划学刊，2014（5）：104-111.

还发布了2003版总体规划、2008版总体规划、2011年概念规划等。最新颁布的2019年版总体规划明确了新加坡未来发展的重点，包括继续营造一批包容和绿色的街区，增加社区的公共空间和设施；创造就业，打造本地枢纽和全球门户；重视历史文化，复兴城市记忆场所；提升公共交通水准，建立便捷高效的交通体系；创造面向未来的能力，发展可持续和韧性的未来城市等。

2.面向实施的城市设计管控

● 日本：制定开发管制导则，引导地区建设

日本城市更新的管控落实，必须特别针对景观、防灾机能等加以强化管制，拟订地区计划为实施依据，制定相应开发管制导则，引导地区建设。依据《都市再开发法》，城市更新计划内容除必要的公共设施配合新建事项外，还应包括：规定容积率高限或低限，增进土地的合理健全及高度利用；规定建蔽率高限，确保开放空间留设；规定建筑面积低限，促进零碎土地的合并有效使用；规定空地留涉及建筑景观调和。

以日本大丸有（大手町、丸之内、有乐町）地区为例，《大丸有地区城市建设指南》于2000年制订，并于2005年、2008年、2012年、2014年持续修订，最新版《大丸有地区城市建设指南2020》于2021年完成。指南从城市设计和网络形成的角度对地区整体建设提出指导，应对社会、经济形势的变化等，以SDGs和实现Society6.0为目标，推进智能城市化，促进创新的城市建设，提高区域管理活动，推进建设有魅力且热闹活力的城市，该指导方针对包括区域管理在内的城市建设方向、环境共生城市建设的方针、城市观光的搭配、灾害较强的城市建设方向等进行更新指导[1]。其中城市设计管控方面，指南从全区—片区—轴线三级视角，制定了包括物质空间塑造、城市功能的配置、城市景观协调、城市网络、城市环境、代表东京品质的公共空间六大方面的城市设计管控要求，引导地块间协调。

● 新加坡：将城市设计融入总体规划

新加坡政府将城市设计融入总体规划中，以城市设计导则或控制条款和控制图的形式分别编入政府的开发控制手册和城市土地售卖条款中[2]。设计导则

---

① 施媛."连锁型"都市再生策略研究：以日本东京大手町开发案为例[J].国际城市规划，2018，33（4）：132-138.

② 陈晓东.城市设计与规划体系的整合运作：新加坡实践与借鉴[J].规划师，2010，26（2）：16-21.

承担了控制引导城市形态、审核相关设计方案、管理开发申报等工作，将开发控制与设计控制合为一体，从修订土地利用、步行交通、照明系统、户外美观及商业活力、设施遮蔽、激励政策、公示法定机构及修订申请程序八个方面列举主要引导内容。

为强化不同区域的特征，政府针对市区核心、新加坡河等13处规划区编制了详细的城市设计导则，形成了成熟、稳定的城市设计与规划体系，整合运作的开发控制模式。各区域的城市设计导则由多个专项型导则组成，分别对步行廊道、建筑围层、建筑界面、户外标识、照明系统、设施遮蔽、户外商业设施和环境艺术等进行设计控制。专项导则针对性强，保障控制核心设计内容。

（三）实施机制

1.建立实施统筹机制

● 日本：设立UR都市再生机构，统筹推动政府—市场—社区的合作

日本于2004年设立UR都市再生机构，直接受国土交通大臣管理，兼具政府管理和企业运作双重角色，主要任务包括：重要城市的重要区域的城市更新、公共租赁住宅、灾后重建工作。这个机构既可以是城市更新的实施者，特定项目的合作参与成员，也可以委托公共团体实施更新项目，根据国家政策活用资金、人员、经验技术，因地制宜地推进更新项目。在引导民间参与城市更新的机制中发挥巨大的作用，如购买"种子基地"促进区域更新进程、建设公共设施吸引市场进入、向民间借贷资金推动自主更新等。

● 新加坡：行政体系因需而立，统筹更新

新加坡政府较早引入了市场化的组织形态，灵活高效地行使政府的职能，总体趋向协调统一、架构精简、专责常设。为适应复杂的发展需求，更新职能不断扩大，从代理市区土地的销售开始，逐渐拓展至负责全国的土地规划与销售、城市规划与设计、开发控制、建筑遗产保护、场地管理、公众教育等。作为法定机构的更新部门具有广泛的资金来源，包括政府支付的代理费用和直接的政府援助金与贷款，以及向公众或商业机构出售产品和提供服务的收入等。

1960年，李光耀领导的新加坡政府颁布《土地征用法》《建屋与发展法》等一系列法律，成立建屋发展局（Housing Development Board），成为公共住房规划、建设和管理机构，使中心区产业升级、中心分散等策略相继得到实

施。1962年，政府为解决规划资源严重短缺的问题，请求联合国提供技术援助，并成立了专门的"当地小组"来协助联合国专家组的工作。1964年，该小组发展为"市区更新组"（URU：Urban Regeneration Unit）[①]，隶属于建屋发展局住房处，负责落实市区更新的规划和实施战略。1966年，市区更新组改组为"市区更新处"（URD：Urban Regeneration Department）[②]，更新部门的行政级别进一步提高。至1967年，新加坡的住房和市区疏散问题已基本得到解决，必要的更新制度体系已基本建立，且离市区最近的土地已消耗殆尽。因此，政府迅速将发展重心转向经济增长和市区更新实践[③]。此前，市区更新处并不具备土地征购和拆迁安置权，而是由建屋发展局的其他部门负责，管理上的不协调致使更新工作难以有效推进。随着概念规划的颁布，亟须通过部门重组统筹协调复杂的更新事务。1974年，依据《城市重建局法》（Urban Redevelopment Authority Bill），市区更新处从建屋发展局中剥离出来，并在国家发展部（Ministry of National Development）中形成了一个新的法定机构，即城市重建局（Urban Redevelopment Authority）[④]，拥有管理市区重建工作的独立事权，重组后的建屋发展局主要负责公共住房的建造和更新工作。[⑤]

至1979年，城市重建局专门成立由规划局、建屋发展局等机构组成的"市区规划小组"（CAPT：Central Area Planning Team），负责制定系统详细的规划方案和协调市区内外的规划事务。此外，依据《古迹保护法》（*Preservation of Monuments Act*）成立的古迹保护委员会（Preservation of Monuments Board）也开始承担全国古迹保护的工作，此阶段的文化遗产只限于少量的、景点式的保护。

1987年，城市重建局的土地征收权被收回，并成立了新加坡土地管理局（SLA），用以负责全国的土地权属和地政管理工作。1990年《规划法》规定，

---

① KONG L. Conserving the past，creating the future：urban heritage in Singapore[M].Singapore：Singapore Press holdings，2011.

② Housing and Development Board. Annual report 1972[R]. Singapore：Housing & Development Board，1972：81.

③ 唐斌.新加坡城市更新制度体系的历史变迁（1960年代—2020年代）[J].国际城市规划，2021（3）.

④ TAN S. Home，work，play[M]. Singapore：Urban Redevelopment Authority，1999：144.

⑤ 唐燕，杨东，祝贺.城市更新制度建设：广州、深圳、上海的比较[M].北京：清华大学出版社，2019.

将城市重建局、规划局和国际发展部的研究与统计组（RSU）合并成新的城市重建局，负责全国的规划和保护事务，城市重建局的物业管理权则由新成立的地产公司皮德姆科（Pidemco）接管，至此，新加坡的更新治理变得更为市场化。此外，城市重建局的保护工作得到了古迹保护委员会、建屋发展局的支持（图1-2-1）。

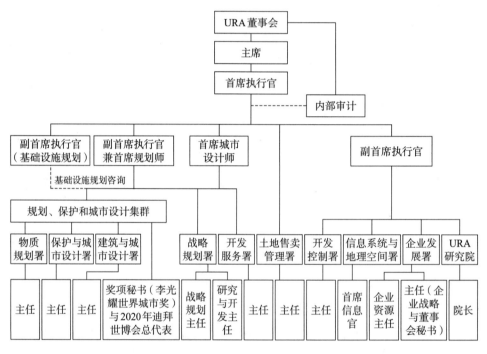

图1-2-1　新加坡市区重建局（URA）组织架构图（2020）①

2000以来，城市重建局的职能进一步扩大，综合承担市场营销和场所管理的事务，并搭建国际融资与开发项目的合作平台。为此，城市重建局专门成立了滨海湾发展经销处（MBDA：Marina Bay Development Agency）。各发展项目可基于MBDA，借助国际房地产展览会等海外会议向外展示和推销，进而提升滨海湾的世界形象，吸引国际投资②。此外，MBDA还与相关部门和私

① Urban Redevelopment Authority. Urban Redevelopment Authority organization structure [EB/OL].（2019-03-01）[2020-07-25]. https：//www.ura.gov.sg/-/media/Corporate/About-Us/OrgChart_URA_Apr20.pdf.

② BENJAMIN N，CHING T Y. Marina Bay：the shape of things to come[EB/OL].（2007-04-01）[2020-07-15]. https：//www.csc.gov.sg/articles/marina-bay-the-shape-of-things-to-come.

中国城市更新

营机构合作组织了一些培养企业主人翁意识的活动，带头维持滨海湾的活力水平，如利用滨海湾的蓝绿空间组织开展各类体育赛事等。经过长足发展，城市重建局已构建成熟稳定的组织架构。

2.明确市场主体参与路径

● 英国：双路径实现政企合作

在英国，政企合作有两条路径。起初，为解决城市衰退问题，英国政府采取成立城市开发公司（UDC）的方式推动城市更新。在《地方政府、规划和土地法案》中明确了城市开发公司对城市发展地区进行规划控制。城市开发公司是由中央政府拨款成立的企业性机构，设立于某一特定待更新地区，既是一个独立的、市场化运营的经济实体，又能被政府赋予土地和建筑物处置、规划和建筑控制导则编制等多项权利，具有协调区域社会经济发展的功能，对其物质环境进行重建改造，力求将土地开发的最大潜力挖掘出来，撬动市场资源，实现地区更新目标。其资金来源有中央政府拨款和向私人发展商转让开发土地两种。

之后，政府通过设立的资金，明确投标要求，激励地方政府领导、建立伙伴合作机制，吸引了私人资金注入到急需资金的城市更新中，使其参与到广泛的更新活动中，增加住宅供给，提供教育、培训、就业机会，改善环境，提高社会治安水平，改善社会福利等。十年来，全国有700个更新伙伴，平均每个大都市有75个各种类型的更新伙伴活跃在区域、市、邻里社区等各个地区。

● 日本：多主体合作并发挥私人部门作用

日本国家层面的都市再生政策认为，城市问题的解决应该是相关部委、地方政府和私营企业之间的共同合作和参与的行动，要充分吸纳私人部门的意见，激发民间的活力，由民间部门扮演主导，公共部门进行支持。

此外还规定，如果在东京都等都市再生紧急整备地域中，需要协调整合相关政府单位、地方公共团体等意见时，则可以组成紧急都市再生整备协议会进行协调。截至2020年，整个日本共指定了52个都市再生紧急整备地域、13个特定都市再生紧急整备地域，认定了100个民间都市再生事业计划。在这种都市再生机制下，政府的作用主要是制定都市再生地区范围，制定都市再生方针，对都市再生项目进行批准，提供技术支持、监管等。私营部门则负责提供更为具体的建造及规划成本，土地业主贡献土地或建筑物。

3.明确规划实施路径

● 日本：项目式导向推动更新

日本的私有土地比较零碎，即使在整合之后规模也不大，因此，更新项目往往规模也不大，据统计平均面积仅为1.19公顷。除了东京站、新宿、涩谷等几个枢纽站和港区存在大规模开发项目，以及少数住房公团更新项目以外，其他的更新项目通常只有一公顷左右，即一座大型建筑综合体的规模。同时，每个项目都要考虑原有用地回迁、商业投资回报、提升周边地区公共设施等因素，往往形成高密度、立体化开发。这些巨大的综合体，以六本木新城为代表，往往显著地提升了所在城市片区的功能和品质，并成为该地区的地标建筑。

转为项目式导向的深层原因是，日本城市化水平位于世界前列，长期处于高密度城市化阶段，外围新增建设越发困难，而旧城不断老化产生了强烈的更新需求。政府倾向于采用放松管制的策略以鼓励更新行为的发生，相应的规划干预也在转变，通过对一个个项目的详细评审和安排，来实现远景的、弹性的城市发展战略目标。在土地发展权方面，从政府无条件地预先规定土地功能和强度转为根据项目的区位、对城市的贡献等具体状况，由开发商和政府之间磋商，逐个进行评估而定。

● 新加坡：推动灵活有效的行动计划

最初，新加坡政府通过建设袖珍公园、滨水区美化和植树清洁运动提升环境，带动旅游和投资；基于公共交通策略优化交通网络并拓宽道路、转换单行道等。1968年，新加坡启动金靴（Golden Shoe）金融区的再开发，以满足经济迅速发展催生的大量商业和办公需求。为提供市区公共绿地并支撑薛尔思桥（Benjamin Sheares Bridge）的建造，1971年启动了滨海湾填海工程，1977年宣布加大填海规模，以无缝拓展CBD并发展经济。

1982年，为支撑日益密集的中心区，优化全岛的土地使用，政府开始建造地铁设施。1987年，城市重建局在丹戎巴葛（Tanjong Pagar）历史街区推行商铺更新示范工程，向企业和公众展示保护工作在技术和经济上的可行性。同年，新加坡河治理完成，城市重建局又开展了驳船码头的更新示范工程，以指导私人参与更多的建筑修复。

进入21世纪后，新加坡的城市发展呈现出全球性特点，中心城区代表了这个城市国家的全球形象，滨海湾等地区在保持新加坡国际影响力方面发挥关键作用。2004年，政府宣布投资30亿新元用于关键性的基础设施建设，以带动公共及私人投资。滨海湾地区成为新加坡最为宏大的城市建设工程，规划打造成工作、生活、游憩相融合的可持续发展社区，成为新加坡形象的代表和财富的象征。

4.公众参与机制

● 英国：向社区赋权，注重以人为本的社区参与式更新

英国的社区参与更新模式经历了完全依赖于政府拨款的住房协会运动（Housing Association Movement）和依赖于公私合作、市场化导向的城市复兴公司运动（Urban Regeneration Company Movement）之后，以社区主导的社区赋权运动（Community Empowerment Movement）成为主要模式。[①]

地方政府清查并列出可转让至社区的公共资产清单，社区组织可向负责机构递交转让申请，并注册为独立法人。资产转让申请获批后由社区组织运营，社区组织可通过申请政府、公共机构、公益信托、慈善组织等的基金，获取捐赠，或向社区居民发行股票来筹集运营资金。运营成功的获利将进一步被投入到社区事务中。该模式使社区组织成为集合多方力量的核心，逐步培育社区经济发展动力，增加就业机会，激发运营的创新能力。

● 日本：不断赋予市民参与权、地方规划权

鼓励土地所有者、社区与市场力量参与甚至主导城市更新，不断赋予市民参与权、地方规划权。1998年通过了《中心市街地活性化法》，根据该法律，市町村一级的基层政府可以制定"中心市街地活性化基本规划"。地方政府可以通过这一基本规划，统筹一些城市再开发类的规划项目和基础设施类的规划项目。1999年《地方分权法》颁布的同时，《都市计划法》也明确了城市规划作为地方"自治事务"的性质，并大幅增加市町村能够决定的规划内容。2002年《城市规划法》修订，增设了"城市规划提案制度"，该制度"改变了城市规划只能由政府主导编制的传统"，准许土地所有者、非营利机构及私人开发商在经三分之二土地所有者同意后，提出或修订市镇规划。地方政府可经城市规划审议会的审议后决定采纳与否。城市规划提案制度是社区营造的重要支撑，促使日本城市规划中公众参与程度的逐渐提高。

[①] 董心悦，崔国.城市更新规划中的社区能力构成研究：以英格兰新地方主义邻里规划为例[J].住区，2022（1）：11-22.

● 韩国：政府支持，激活社区力量

首尔最早的社区空间提升行动是社区领袖、非政府机构发起，主要出现在一些小型居住区、商业或艺术街区，如北村居住型历史地段的保护和社区发展。受自发社区行动的鼓舞，首尔市政府开始转换思路，调整路径，试图摆脱单纯市场驱动的城市开发，转向以市民为中心，重视更具包容性的城市治理。

韩国2008年以来的城市更新计划，探索了不依赖市场力量、基于社区共同体的可持续更新模式，提高了老旧社区生活质量，维护了社区的传统特色，但是，最贫困衰败、最不安全的社区被排除在更新计划之外。2012年首尔启动"居民参与更新计划"（RPRP），强调社区营建（包括居民社会关系、社区公共生活、文化资产和自主管理），地方社区成为政策实施的核心。RPRP引导居民参与规划设计的各个环节，并能够自主进行后续运营管理。2010—2015年共提出了63个RPRP项目，其中13个完成设施建设，22个完成所有规划程序。2014年，首尔启动"首尔城市更新先锋计划"，探讨不同地区的更新模式。一年后，该计划被整合进《2025城市更新策略规划》，选择了13个不同类型的衰败地区，探讨适应不同类型的公众参与和利益相关方的能力培育模式。

首尔的地方社区规划具有法定地位，分为区域社区规划和地方社区规划，规划成果是编制城市管理规划和更新计划的依据。基于修改后的《城市规划法》，首尔探索组织居民参与社区规划编制的方法，旨在激活社区力量，以替代原有市场驱动。在首尔市政府主导下，招募市民参与团队，通过工作坊的方式参与规划。2014年开始，首先在22个地方社区探索工作坊组织方式，共有来自87个洞的913名参与者加入市民参与团队，组织了42个工作坊。每一个地方社区组织2个以上的工作坊。至2016年，116个地方社区完成了规划工作坊的组建，共有4500名居民参与其中。

● 新加坡：打造具有身份认同感的全球城市

政府认识到公众意见是判定和平衡当下经济发展与特色保护等城市发展核心方向的重要依据，就加大了公众参与的政策力度。因此，《总体规划条例》（Master Plan Rules）对总体规划编制和申诉的内容、规则、程序进行了规定，但仅有少数专业社团建言献策，多数停留在规划展示层面。在编制2001年版概念规划时，城市重建局首次征询社区建议。在制定"身份认同感计划"时，甚至赋权社区决定需要保留的建筑。在2019年最新版总体规划的审查过程中，城市重建局主动接触当地的社区、学术机构等相关团体，采取巡回展览、社区研讨会和利益相关者会议等方式汲取公众建议。在政策的感召下，更多市民主动参与公众咨询活动，改善规划草案，促进更新实施和具有身份认同感的全球城市的打造。

5. 多方利益平衡机制

● 日本：推进产权归集，实现城市利益、土地权益人、民间资本利益共赢

在日本，土地利用私有制导致用地零碎且不规则。物业所有人、租赁人等土地权益错综复杂。因此，日本城市更新制度的一个重要任务就是处理土地相关问题，不仅是土地利用的整合，更是物业权益重新分配。1969年，日本首次颁布的《城市再开发法》，针对连片改造的老旧城市集中区，可实行"市街地再开发事业"推进模式，合并项目主体，化解土地权益问题。这种模式首先要求城市公共设施建设必须与再开发同时进行，保证区域公共设计及环境品质的提升；其次是合并项目主体，将各权益相关方，即土地权益人、土地开发商等组成"再开发项目组合"，并以此作为项目主体；然后基于"权益更换"原则，项目主体在开发前对原土地权益（如土地、建筑物所有权，租赁权等各种产权）进行评估，开发后更换为评估等价值的所有权，将土地所有权转变为共同持有。而开发的剩余面积可转让给第三方以获得再开发项目建设资金，从而实现城市利益、土地权益人、民间资本利益共赢。

6. 监管约束机制

● 日本：充分发挥法律约束力，规范城市建设

日本充分发挥法律约束力，规范城市建设。例如，更新项目中出现的大多数纠纷交由法院仲裁，避免政府过度介入可能带来的公信力损失。政府在更新项目中的行为也有法可依，大大减少了不明确的责权划分可能带来的困境。

● 新加坡：监督开发规范性和规划实施评估

2017年，新加坡《规划法》修正案对开发监督过程中开发商和监督人的职责进行了法定化，规定开发商须任命专业人士代表其提交开发申请和监督开发过程。在工程偏离批准的规划条件时，专业人士须告知城市重建局采取措施，修正相应偏差等。

（四）保障政策

1. 土地政策保障

● 日本：针对紧急计划放宽限制

日本从政府的角度推进城市更新，以增加对内城的投资，刺激经济复苏。2002年，日本首相及其内阁推动出台《都市再生特别措施法》。这项倡议使中央政府的政策意见凌驾于地方政府条例之上。根据这一法律，《城市规划法》中作出修订，在"地域地区"中增加了"都市再生紧急整备地域"和"都市再生特别地区"。被指定的紧急地域、特定紧急地域以及在其中运作的整备计划、安全计划、民间事业等享有再生政策优先权，特别地区以放宽限制为促进再生的核心手段，对于这些地区的容积率、建筑高度、建筑规模等指标放宽限制，以实现具备较高自由度的土地利用。这些措施出台后，使得日本，特别是东京的新建建筑物向高层化、大型化、综合化发展。

● 新加坡：制定完善的土地及物业产权开发及售卖制度

1964年，《规划法》修正案确立了开发收费制度（DCS：Development Charge System），规定"受益于规划许可的开发商必须向国家支付开发的费用"，以支援政府的更新实践。政府为获取廉价土地，打破零散产权阻碍大规模更新的困境，于1966年颁布了《土地征用法》（Land Acquisition Act），强制性规定"征地补偿不得高于开发前的土地价值"，政府土地售卖制度（GLS：Government Land Sales）得以确立，为土地的迅速国有、收购和整合提供了依据。更新部门可通过公开招标、拍卖和规划许可的方式重新分配土地，以吸引和引导私人资本参与城市更新。1981年和1989年，政府分别制定了有关开发申请以及开发费核算、支付细则、申诉程序的规划条例[1]。1999年，《土地权益规章》（LTA）中颁布了强制促进更大尺度整体更新和利益分配分歧裁决的申请程序和处理进程，以及如何申诉的条例。2000年以后，为打消市场对空间供应过剩的担忧，城市重建局准许开发商分阶段购买和开发土地，以降低市场的投资风险并节省前期成本[2]。自2022年8月1日起，新的土地改善费（LBC）将取代差额溢价（DP）、开发费（DC）和临时开发征费（TDL），并由新

① 唐子来. 新加坡的城市规划体系[J]. 城市规划，2000（1）：42-46.

② BENJAMIN N, CHING T Y. Marina Bay：the shape of things to come[EB/OL].（2007-04-01）[2020-07-15]. https：//www.csc.gov.sg/articles/marina-bay-the-shape-of-things-to-come.

加坡土地管理局（SLA）管理。[①]

2.资金保障

● 英国：为城市更新提供基金、减税等大量财政补贴

英国政府为城市更新提供大量的财政补贴，如城市发展基金、一次性的资金补贴、税收减免或年固定收入补贴等。其中，中央政府先后设立了"城市挑战计划（City Challenge）""综合更新预算（Single Regeneration Buget）"等政府基金。"城市挑战计划"是一项政府设立的专门资金，以扶持城市衰败地区的城市更新活动。

"城市挑战计划"采用投标竞争机制，并明确要求投标主体需建立"伙伴合作"机制以推动和管理城市更新开发。5年内共支出3750万英镑更新基金，同时，计划实施的成效和经费使用的情况会定期受到严格的审查。以公共投资撬动更大幅度的私人投资，促进公—私—社区三方系统的构建，将原本分散在各个部门的人力、物力资源集中起来，帮助城市更新地区改善物质环境，提高当地的生活品质，吸引更多的商机和就业岗位。

"综合更新预算"是在"城市挑战计划"基础上，整合、协调各部门近20个与城市更新有关的，原本由不同部门分别管理的项目或者计划，整合成一项统一的基金，细化并适度加大资助额度和实施期限的弹性，从而推动城市经济、社会、环境的全面更新。在提交的纲要中须明确合作伙伴的成员，其他资金的来源和关系，以及预期的成果，包括将创造多少就业岗位、培训多少人员、改善多大面积的城区物业环境等。综合更新预算是政府开展社会财富再分配，实现社会公平的一项财政手段。基金大部分流向失业率高和家庭收入低的地区，即80%流向65个衰落地区，20%流向乡村和面临产业结构升级的地区。该基金在实施上获得了物质环境更新、地方经济起飞和部分社会问题得到解决的综合更新效果。

● 日本：对再开发项目主体进行经济支持

在日本，有公共补助金政策、公共贡献鼓励政策、优惠借贷政策等，对再开发项目主体进行经济支持，如为权益交换手续中实际发生的交易行为建立减免税金（某些项目的公共补助金可达到再开发项目开支的20%）；针对多业主联合更新的项目，可根据用地整合重划后提供的空地比率、再开发建筑底

[①] https : //www.sla.gov.sg/state-land-n-property/land-sales-and-lease-management/lease-management.

层提供的公共功能面积等，获得交易税费的减免、公共补贴、免息贷款申请等优惠政策。

● 新加坡：系列财税激励机制

为摆脱私人开发推进缓慢的困境，政府实行了系列财税激励机制。1967年的《物业税令》为指定土地提供了税率、首付和无息贷款的优惠；1969年颁布的《房地管制（特殊条款）法》，规定逐步取消特定地区的租金管制，并允许业主补偿收回租客的物业。

3.保障辅助

● 韩国：智库组织——"城市更新事业团"指导城市更新

韩国中央政府对城市更新的研究起到重要的组织和推动作用，并将其视为一项重要的国家事业。授权的国家机构——城市更新事业团，以专业人士为主体，对城市更新进行了大量、集中和系统的研究。城市更新研究在韩国社会占有极高的地位，并且将研究与促进国家发展的目标结合在一起，中央政府在此过程中也给予了大量的财政资助，从而使该研究能够保持持续的繁荣。城市更新事业团在此期间发挥了主导性的作用，"确立城市更新的概念"是其核心四大议题之一，通过对西欧各国城市更新事例的研究，提出城市更新的定义："城市更新是以经济、社会和物质环境的振兴为目标，对现有的、产业结构发生变化且相对衰落的城市进行的新创建。"[①] 相关政府部门将其作为城市更新政策制定的依据。

● 新加坡：科技力量——"智能国家计划"助力城市更新

2014年，新加坡启动"智能国家计划（Smart Nation Programme）"，利用城市重建局开发的"ePlanner"规划地理空间分析程序和由多部门汇成的"信息集"，通过空间可视化和数据分析，协助规划定性和定量分析，进而更好地预测城市发展的趋势，促进不同机构间的合作。"URA SPACE"一站式地理空间平台简化了程序流程，使专业人员、企业和公众能够高效获取土地出让、总体规划、城市设计、物业使用与批准、保护区与建筑、停车区及其可用性、私人住房物业交易和以往开发批准等相关信息，进而通过数字技术的应用增强社会知情权，使参与式决策制定变得可能。公私伙伴关系也在数字分析层面得到

---

① 唐斌，谭志宁，赵志强，等.韩国城市更新：概念、类型及政策立法[J].现代城市研究，2021（2）.

了体现，如政府通过与 Grab 乘车公司合作，对通勤者的出行方式和偏好进行研究，进而促进合理的土地使用和基础设施规划，改善通勤状况，提高交通便利性。

三、总结与启示

借鉴国际经验，根据国家政策，预判未来城市更新工作的两大趋势：一是从以零星化、应急式、单目标为主，走向有规划统筹、政策引导、综合效益的更新；二是从政府大包大揽的路径，走向多元参与、共商共建、有机可持续的更新。而对政府最大的挑战就是政府职能和城市治理理念的转变，从追求效率的创造型政府，转为追求综合效益的服务型政府。国际经验借鉴可以总结为目标层面、路径层面和保障层面三方面。

（一）目标层面：强化两个"统筹"，突出规划引领作用

1.统筹社会、生态和经济效益

城市更新作为国家战略，以合理分配城市空间资源为直接目标，以行政和立法等政策力量为手段，着眼于全球化背景下的城市经济复兴、城市社会问题的解决和城市竞争力的提升。

城市发展不仅需要亮度，更要有温度。高质量的城市更新是当下实现人民对生活高效率、高品质、高复合追求的重要途径。城市在经济社会全面转型的过程中，面临着新老社会阶层的利益关系调整，以及城市治理方式的重大变革。政府应当更加关注社会和生态效益，以城市功能品质的整体提升为目标，将可持续发展理念贯穿整个过程，在规划、建设、运营一体化管理思维下，探索土地、经济、招商、建设等综合施策的措施，从而确保城市更新能真正提升城市综合竞争力和可持续发展力，并真正实现"人民城市为人民"。

区域更新是在传统城市更新的基础上，在解决物质空间的工程技术或美学问题外，以更注重区域整体的、综合的、长远的、可持续的发展为观念和行为，解决各种各样的城市问题，致力于经济、社会、物质环境等各方面的完善。

2.统筹总体和局部效益

城市更新过程通常带来一定规模的土地使用性质和开发强度的变化。其实质是权责和利益在政府、物业所有人、投资者、实施主体等不同利益相关方之间的再分配。作为一项涉及受众面广、整体实施周期长、政府部门协同要求高、社会参与度深的公共政策，总体和局部的管理协同是国内外推进城市更新工作的基本思路，即"全域总体统筹、地方政府主导"。

市级层面作为政策的顶层设计者，应当结合城市发展的总体战略，系统化构建全市城市更新工作总体框架，理顺各部门职能分工，以系统性的区域更新为抓手，发挥城市更新在社会和经济上集聚和带动效应，从硬件建设、产业招引到软件服务、人口聚留吸附，实现城市综合竞争力的提升。

区级层面负责完善利益平衡机制，主导更新行动具体路径，科学调动和激发市场资源力量，充分发挥协调作用，确保多元主体通过城市更新实现共赢。具体包括负责本辖区城市更新的具体工作，组织编制更新行动计划，明确更新区域范围、统筹主体相关要求（包括统筹主体的资格条件、确定方式）等，作为后续区域更新实施的依据，报市政府审核审定。

（二）路径层面：完善三个"创新"，规范市场参与途径

1.创新更新的操作路径：以区域更新为主

从社会角度讲，以往的点状更新尺度有限，每个业主都有自己的高质量诉求，而高质量的发展又离不开交通、市政、公共服务等一系列系统性的配套；而对于老旧社区更新、公共绿地建设等工作，可供利用的空间十分有限，同时又几乎没有经济利益。因此，点状更新已经无法满足城市发展要求及人民群众对美好生活的需求。从区域统筹更新角度出发，将多个地块的资源配置问题上升到片区层面来思考，才能优化空间资源配置效率，实现综合性发展，从而补齐城市功能的短板。

从效益角度看，现行的规划审批制度虽然高效地激发了发展动力，但在执行过程中，实施主体、开发商为了满足自身的经济效益，经常发生"挑肥拣瘦"的情况，对于高附加值的地块充满热情，对于附加值低或付出型的地块就无人问津。长此以往，规划落实就越来越困难，城市更新的碎片化问题也就越来越突出，加剧了社会不公平的问题。把大片区甚至跨行政区的更新绑定在一起，充分调动市场力量，促使区域主体投资收益达到平衡，从而摆脱以往更新项目过度依赖政府财政投资，通过政府整体规划引领，保障各单元的利润率平衡。

相对于零星更新，成街坊、成系统的区域更新在中观尺度上起到了地块微观尺度与城市宏观尺度的衔接、协调作用，是完善城市功能、提升区域整体品质和效益的有力抓手，可以有效避免微观尺度的更新碎片化及宏观尺度更新难以实施操作的问题。适度强化政府的调控作用，有效避免因市场资本的趋利性而导致的市场失灵问题，从而达到社会公平的目标。

2.创新更新的主体权责：统筹主体赋权赋能

从各国经验来看，以政府指导为纲，以市场作为统筹主体开展具体行动，是保障城市高质量更新的关键。然而，根据区域特点和更新要求，统筹主体承担了一定的社会职责，应当按需予以赋权赋能。

在资金管理方面，城市更新尤其是区域更新需要提供相当规模的公益性设施，初期投入和运营收益周期长，统筹主体资金管理的压力巨大。政府在发挥市场资本作用时，应当理顺土地、融资、税收等相关政策，完善合规性，解决市场主体的投资难问题，保障其在更新过程中资金管理的可持续。

在组织机制方面，区域更新需要统筹协调各物业权利人的利益，更要关注公众利益和社会公平。统筹主体在推动各方达成更新意愿的过程中，为了调动多元主体参与积极性，推进产权归集，需要开展意见征询、沟通交流、方案协商和利益谈判等工作，是否具备相当的公信力和权威性尤为重要。政府应当根据具体情况，明确组织协调管理的权限，如直接赋予相应权力，还是通过政府外派机构进行协调等。

3.创新更新的规划管控方法：牢牢把住底线

在激发市场参与活力，发挥市场主体外部智囊作用的同时，在规划权力方面，政府需要完善政策机制，规范市场主体参与推动城市更新全过程的工作路径；在规划管理方面，政府应以系统规划为纲，注重总体把控。

如在区域更新实施过程中，统筹主体应落实区域范围内强制性管控要素的刚性要求，统筹功能规模布局，补齐公共设施短板，保护传承历史文化，完善公共空间系统、优化交通市政系统、延续城市肌理界面，确保生态环境可持续。在坚守底线的前提下，土地利用方式、业态比例等更新内容可给予项目实施弹性，结合市场情况就引导性管控要素和弹性尺度提出解决方案。政府应进一步加强对项目实施计划、实施启动等重大节点监督，实现全生命周期管理。

（三）保障层面：畅通四个"渠道"，提升城市治理水平

1.畅通跨部门协同渠道：实行综合政策

从管理角度看，城市是个复杂的体系，尤其在区域更新的过程中，必然涉及与空间和运营相关的、由政府及企业事业单位提供的各类市政与公共服务的支持，一般涉及城市发展、民生保障以及各监督部门三个方面的政府职能部门。其中，区级政府是组织开展所辖区域更新的责任主体，发改委是公益性项目建设立项的主体，规划、土地部门是相关权限审批的主体，住建、消防是相关行业标准审核的主体，工商、税务是运营管理合规审核的主体，此外，还涉及财政、统计、国资委等部门。区级政府要从统筹角度出发，做到横向配套、纵向拉通，打通部门壁垒，理顺政策路径，实现1+1＞2的协同效应，有效提升多部门、多单位的服务效率和质量。

2.畅通跨专业合作渠道：完善技术手段

区域更新作为综合性、长期性的项目，不仅需要建设，更需要运营，不仅是成果，更是过程。既有更新规划的编制和审批往往只关注空间层面的利益分配，显现出规划的刚性指标与现实基底无法对接的问题，如历史街区、老旧小区的建设标准与现行的规范要求存在较大差距，现实无法操作。

更新必须尊重经济规律与市场逻辑，更新实施方案需要逐步从指标管控型规划向多规合一的治理型规划逐步转变。在既有规划思维和建设路径的基础上，叠加金融思维和运营理念，既发挥规划的政治调节工具作用，也要发挥资源统筹的经济调节工具作用，强调全要素、多专业技术手段的合作，从而确保更新方案的可实施性。

3.畅通多公众参与渠道：完善监督机制

我国的城市更新刚刚起步，对其实施的有效监督仍不足。市民及社会组织等多维度存量更新的公众参与路径有待挖掘。

政府作为协调者、引导者、监察者和调节者，应当维护公众利益，创造区域更新的社区参与条件，确保社区利益不被商业利益吞没。如英国在城市更新工作中明确规定，将社区纳入到更新区域划定、计划制定和项目管理等各个环节中，并在实施中定期对成效进行定量考察，对公、私和社区三方合作过程进行定性考察。

行业专家作为政府服务的技术支撑，提高了实施监督的有效性，应当进一步明确其全过程参与更新项目的机制。如法国总规划师制度，明确了其在区域更新总体方案制定以及更新项目技术审核的职责，从而确保更新方案实施成效。

社会公众作为政府工作的监督者，应当借助既有社区治理体制、社区微更新实践的经验，以及近年来逐步提升的参与热情，进一步完善社区居民参与机制，鼓励社区居民参与，扩大参与的广度和深度，保证参与质量，以实现共建共享共治共赢的局面。

4.畅通多方式激励渠道：创新金融支持

可持续的资金运行机制是贯穿城市更新全周期的重要保障。推进城市更新金融支持模式创新、多渠道激励市场主体参与、引导社会资本投资的政策路径仍待探索完善。

加大财税支持力度。如对城市更新项目的市场主体给予税收优惠、低息贷款、基金补偿等倾斜政策，吸引市场参与。

完善相关激励机制。如颁布相应的容积率转让制度、容积率激励方案等，允许符合条件的项目适度调规，激励城市更新政策施行、更新规划执行。

积极探索吸引社会资本投资的新政策、新模式，结合我国国情，探索相关国际经验的中国化路径。如BOT（Build-Operate-Transfer）模式，在签约期内给予出资的市场主体长期投资运营管理权，到期后无偿移交政府；BID（Business Improvement District）模式，通过区域内业主和商家自愿缴纳专项税金和集体表决实现区域内自主运营。

第三节 我国城市更新制度机制及政策支持

一、完善法律法规体系

（一）加快城市更新立法

国家层面及时出台城市更新政策法规，构建与现有规划、建设等相关法规体系相互衔接的城市更新法规体系，打通现有制度中的堵点，弥补法规中的缺失环节，构建城市更新的工作框架，对城市更新中涉及的规划建设实施程序、监督管理、保障措施等内容进行明确规定，对实际操作中涉及的领导机构、主管部门、实施主体等内容进行系统性的指导与协调，增强更新建设秩序管控及指引，明确底线，维护保障公共利益。

（二）动态维护与城市更新密切相关的现有法规体系

建立法规体系的动态维护更新机制，定期完善更新历史文化名城条例、古树名木管理条例等与历史文化保护密切相关的法规条例。强调一般性法规条例中的历史文化街区特殊性，深入研究业态管理、地下空间利用、机动车停放、消防安全等方面的法规条例，提出历史文化街区针对性条款设计的具体方案，积极推动人大或政府完善地方性法规和规章，出台历史文化街区保护工作的地方性法规和规章，制定历史文化街区的综合管理规定并出台相关配套政策。

（三）明确城市更新审批流程

确立城市更新项目立项主管部门，制定明确的城市更新项目审批流程，加强城市更新项目的信息化管理。

二、完善规划引导制度

（一）构建城市更新规划体系

1.编制城市更新片区规划，高水平组织实施

发挥片区更新规划的引领带动作用，加快相关片区的控制性详细规划编制和调整工作。强化规划统筹与管控功能，促进区域功能定位与人口、资源、环境相协调，确保一张蓝图绘到底。深化片区功能定位和规划研究，细化主导功能、产业方向、开发建设时序。

2.加强综合性规划与专项规划的统筹衔接

编制实施城市设计导则，地下空间、绿色生态、海绵城市、产业、交通、综合管廊等专项规划。

（二）加强城市更新实施的全流程管理

1.更新前进行公共设施、产业发展等要素的全面评估与专题论证

更新前进行区域评估，列出商业商务区内功能结构、公共服务设施、开发容量、公共开放空间等公共要素清单。建立评估准入机制，对产业功能、改造方式、运营管理、物业持有等提出更新要求。在更新规划方案编制中增加文化保护，产业引入，业态引导的专题论证。

2.优化项目审批流程

建立简化的审批机制。整合简化土地、规划、征收、腾退、建设等方面的各项审批流程。联合政府各个部门，建立更新项目联审机制，提供报批报规、工商注册等"一站式"审批服务，降低企业审批成本。对于生活空间类更新，在确保安全底线的情况下，参考居民集体决策的建议，各相关部门应就具体的情况加快审批。

分级分类优化各类更新项目审批流程。对于生产空间更新，针对是否变更权利人、是否变更更新规划管控条件、是否认定简易低风险等不同类型的更新项目，制定相应审批标准。针对工业改造类项目的特点，细化衔接相关前期操作流程，加快推动项目落地。完善"工改租""工改保""工改住"类建筑管理审批和监管，建筑功能改变必须保证符合结构安全、公共安全、消防、

环境、卫生、物业管理等相关技术要求。

3.强化更新项目审批前后监管，实施长期稳定的腾退改善政策

严格控制项目准入和退出。落实多规合一要求，统筹好"人口账、产业账、生态账、交通账、平衡账"五本账，促进区域高水平转型。对不符合产出标准的功能业态制定淘汰和退出机制，提升商业商务区更新效能。保持历史文化资源腾退修缮和历史文化街区住房改善的常态化与稳定化，公布疏解政策及补偿标准，公布解危解困政策及实施细则，建议以5～10年为周期进行调整，提高政策延续性，使居民形成稳定的心理预期。

（三）完善城市更新规划配套的技术标准

1.完善产业规划与更新规划的衔接

制定《老旧工业厂房保护利用设计标准规范》，从规划设计、建筑设计、绿色建筑、结构设计、机电设计、消防设计等多个方面，提出适合老旧厂房改造的规划设计标准。编制存量空间更新技术标准，在既有建筑修缮、楼宇绿色改造、智慧化改造等领域研究出台专项技术标准。强化对商务商业区各类空间的专项设计引导，在户外商业空间、广告标识、交通一体化、地下空间改造与利用等领域出台专项规划设计导则。

2.建立实施导向的"院落—建筑"修缮整治改造标准规范

结合建筑风貌保护和现代使用功能，探索恢复性修建、拆违、更新重建等过程中的容积率转移和地下空间使用方法，推动保护传统院落格局，探索实施院落空间保护与更新方式。应当建立房屋修缮技术导则，形成针对不同类别院落和不同类别建筑的保护整治方法指南，确定"院落—建筑"的两级评价实施框架，制定"院落—建筑"保护更新实施导则，明确各类院落实施指导建议，明确各类建筑保护、修缮、改善、整治与更新措施。

3.在规划设计标准上给予更弹性的空间，逐步形成适合老旧小区更新改造的特殊标准

在消防要求上，针对老旧小区的具体情况，倡导采用新设备、新理念、新技术，通过制定防火安全保障方案、提升管理手段等方式，适当在消防的硬件要求上给予一些弹性。在绿化要求上，以不降低原先情况为基准，鼓励采用屋顶绿化、垂直绿化、吊装绿化、阳台绿化等方式。

4.探索交通停车、市政基础设施技术创新与标准创新

明确历史文化保护的底线标准，在停车设施建设与管理、排水管线、电力

管线、消防要求等方面，形成技术标准创新和管理办法创新，解决各类主体在保护更新中的实际困惑。应当在统筹地下空间利用的基础上，探索地下空间合理利用的技术方法。

三、优化存量土地交易和管理政策

（一）鼓励存量低效土地盘活

1.通过城市体检明确低效土地空间

按照2022年全国住房和城乡建设工作会议要求，在设区市全面开展城市体检，采取城市自体检、第三方体检和社会满意度调查相结合的方式，按照"一年一体检，五年一评估"的方式建立常态机制。对城市体检获得的指标数据进行全面、客观地分析评价，通过体检识别出需要更新的土地空间，实行"无体检不更新"，有计划有步骤推进城市更新任务。

2.降低存量房地产交易土地增值税负担

土地增值税是累进税率，最高税率达60%，对盘活存量低效资产影响较大。目前，因房屋涉及历史建筑保护而需要付出较大投入，修缮改造后首次转让的土地增值税可以减免。建议对存量房地产交易减、免或取消土地增值税，吸引资金和投资，有效盘活存量低效房地产资产。

（二）鼓励地方探索功能适度混合的用地模式

1.建立与商业商务区多元化需求匹配的功能复合化的空间结构

可对提供公共服务、公共空间的更新项目给予适度的容积率奖励，在规划调整、公共服务设施配套、改扩建用地保障等方面予以支持。支持商业办公建筑功能合理转型，鼓励非居住建筑改建保障性租赁住房，鼓励租赁住房、研发、办公、商业多业态混合兼容。创新土地供应政策，通过优化新型产业用地类型和增加留白用地的方式为城市长远发展预留空间。利用存量商业建设公共设施和民生项目，明确各类用途比例，合并分割利用方式、多种供地方式等要求，推进产城融合。

2.为科技创新、城市服务以及产业发展所需要的新业态、新功能提供保留与弹性

为了适应产业转型升级的要求，工业区用地变更规划可与工业区再生策略结合，因政策或产业发展的需要，在不违反用地种类及规定比例的前提下，应给予变更使用的机制及赋予调整用地比例弹性的权利。改造为商业用途的，

以改变用途的土地面积为基数，约定一定比例无偿移交公益性用地或公益性建筑面积。

3.明确新型工业用地的兼容比例

可兼容不超过总建筑规模30%的配套设施，并细化可兼容设施分类及比例，如"经营性配套不超10%，服务型公寓不超20%，不宜采用套型式设计"等。

4.在政策区内给予建筑容积率、混合用途等支持措施

在满足城市历史文化保护、基础设施等建设要求的基础上，在城市商业商务活动集中的地区划定特殊政策区，在政策区内的商业商务建筑更新可适度提升容积率，政策区内建筑容积率可互相转让，激发市场主体参与城市重要商业商务区更新的动力。设置不同类型的"混合用途开发区"，在区域内允许商业商务功能与居住、办公、基础设施等用途的适度混合，土地与建筑物用途在商业大类中变更应简化规划许可。

5.明确容积率调整的规则

根据级差地租的变化调整容积率，明确不计容积率的规定。为补齐城市短板，聚焦公共空间和公共服务设施建设，对配建公共空间与设施给予不计容积率的激励。例如，在满足安全、环保要求的前提下，对架空走廊、电梯、消防避难层、无障碍设施、停车库等公共服务设施和市政基础设施的建筑规模可不纳入地块容积率计算。考虑其建设规模一般不大，地块配建后容积增加不多，但配套水平更趋完善、空间品质明显提升、片区城市承载力显著强化，宜予以引导鼓励。此外，为避免城市更新项目因争取奖励容积率而配建过多非必要的设施，应对奖励容积率之和的上限作出规定。

（三）允许提前延长土地使用年限

1.制定延长使用年限的管理办法

研究制定用地功能及使用年限变更、出让金补缴测算标准、实施程序。鼓励以弹性年期方式配置建设用地使用权。建设用地使用权可提前续期，但剩余年期与续期之和不得超过该用途土地出让法定最高年限。采取租赁方式配置的，土地使用年期最长不得超过20年；采取先租后让方式配置的，租让年期之和不得超过该用途土地出让法定最高年限。

2.地价款缴纳优惠政策

调整土地利益分配，实现政企共赢。旧厂房自行改造降低了政府收储成本，贡献了固定资产投资和税收，政府和企业双方均有受益。政府不应只考

虑土地收益，将项目改造作为一锤子买卖。可积极学习广东等地先进经验，通过土地出让金返还，折价、弹性收取土地出让金，减免税收等方式，适度地让利于企业，去除工业用地的隐形价值，完全实现土地的经济价值。

（四）细化供地政策，制定操作细则

1.搭建国有土地利用平台

研究出台企业用地收储或合作经营的实施路径，尽快推进土地盘活工作。探索建立土地、财税等过渡期政策，研究"带产业项目"等挂牌供地方式。鼓励纳入老工业区改造的企业自行或合作进行开发。将符合土地利用规划、城市控制规划，拥有合法手续的土地由原土地使用权人协议出让，对没有合法手续的土地应当按照规定完善手续后进行协议出让，盘活企业划拨土地资产价值。把落实土地政策作为工业改造地区发展建设难题的重要举措，研究细化工业企业自主开发、联合开发等开发模式的供地政策，进一步明确土地协议出让的相关条件和操作细则。

研究制定权属用地土地收益管理办法，明晰收支两条线操作流程，明确政府土地出让收入使用范围，建立土地收益上缴对账机制，实现工业权属用地土地收益统一征收，专项管理。评估老工业区土地资产，研究在市内其他区域进行土地置换的路径。

2.明确兼容配套部分可否分割转让的具体规定

如果可分割转让，应设置避免国有资产流失的条件。严格控制其他入园企业对土地及房屋转让、销售、出租；建立入园企业主动和强制退出机制，实施供后监管。

四、建立多元城市更新资金投入机制

（一）加强对城市更新资金保障的系统指导

1.统筹政府各类城市更新财政资源

明确财政保障的城市更新资金主要用于公益类、生态类、民生类的更新，重点保障老旧小区改造、旧厂区改造、老旧建筑改造、"城中村"改造、历史风貌保护、基础设施改造以及涉及公共利益的城市更新项目；其来源为县级以上人民政府的财政资金以及地方政府债券；统筹各部门用于城市更新的财政资金，明确城市更新项目，依法享受行政事业性收费减免和税收优惠政策。

通过国家层面的相关配套政策对城市更新资金保障进行深化的系统性指

导。例如，研究制定行政事业性收费减免和税收优惠政策的相关细则，研究制定全国层面的城市更新专项债的指导政策等。

2.强调公共财政资金高效均衡使用

建立历史文化街区公共财政资金投入的前期评估和后期评价流程体系。重点建立系统化投入决策机制、均衡性投入计划，明确重点投入和普惠投入关系，控制在重点地区、重点项目的公共财政资金投入强度，提高占主要比例的一般地区公共财政资金投入。片区之间、院落之间，允许有相对重点聚焦的行动单元，但更重要的是应当保证大面积区域内的基本保障，保障相对完善的公共服务设施和基础设施，相对良好的环境质量，相对适宜的商业活动，尤其是应当满足基本生活需求的居住空间。这就需要转变过度不平衡的公共财政投入，建立相对均衡投入的基本原则，在总体投入均衡的前提下，针对片区或院落特征制定差别化的空间行动措施。

3.提高居住空间更新补贴的精准性

建立多层次的财政补贴和资金统筹政策。在居民层面，政府可以结合项目的属性、项目改造的必要性等因素，给予业主（居民）基本补贴；此外，进一步设置保障性补贴，主要提供给住房、收入、资产条件较差的业主（承租人）。在项目层面，政府可以依据小区的建设年代和建设标准、建筑的历史文化价值、公共服务的建设水平等情况，有针对性地提供对项目层面的补贴。对于基础类的改造项目，需要更多地体现政府托底的原则，完善类和提升类的改造项目可以更多体现"谁收益、谁付费"的原则。在区级层面，区级政府可以根据区内各个项目的情况与需求，给予一些特色补贴。在市级层面，市级政府可以重点关注具有全市影响力的项目，尤其是具有历史文化价值的项目，并从市级层面统筹资金和资源，进行重点补贴和支持。

在老旧小区更新中加大金融支持力度。一是明确业主（公房承租人）在住房改造中的主体责任，将建立维修资金作为强制性要求。对于确实无法按规定缴纳物业费或维修资金的，在房屋交易环节，可以一并收取需要补缴的费用或资金。在此基础上，对其提供相对优惠的信贷支持，建议可以通过公积金贷款或者由银行提供具有优惠的商业贷款。二是对在社区中运作养老、托育、家政服务等业务的改造项目提供利率优惠的信贷支持。后期探索以REITs的方式实现资金流动，逐步拓展社区服务业与城市更新的联动发展，提升产业能级。三是对于涉及公益性项目的改造，提供低息或无息贷款。鼓励地方债的额度更多向老旧小区改造项目倾斜。

（二）创新投融资模式

发挥基金等股权投资基金引导放大作用。支持投资开发企业开展资产证券化、房地产信托投资基金等金融创新业务，加大资本市场直接融资力度，研究置换高息存量贷款。

1.设立城市更新基金

调动国有资产、银行、保险、基金等机构，建立城市更新改造专项基金，为推进改造的业主提供资金支持。探索政府与社会资本合作方式，推进基础设施、市政公用、公共服务等领域市场化运营，将空间资源的存量资产盘活，引入市场化机制，改善资金利用效能，吸引社会资本跟投，鼓励居民投入资金自我改善。探索建立跨区容积率奖励、区内容积率转移等激励机制，解决企业资金平衡问题，增强参与街区更新企业的能力和活力。

2.将城市更新类贷款从房地产贷款中分离出来

城市更新业务涉房又涉地，城市更新投资回报以运营收入为主，与以销售为主的房地产开发有本质的不同。因此，建议将城市更新类贷款从房地产贷款分类中分离出来，不纳入房地产企业负债"三条红线"管理，也不纳入银行房地产"二条红线"管理。

3.提供城市更新经营权质押贷款

对于采取租赁方式进行城市更新业务的，建议可以不需要提供物业抵押担保，由商业银行提供城市更新经营权质押贷款。

4.将持有类城市更新项目纳入公募REITs发行

不动产投资信托基金（Real Estate Investment Trusts，REITs）将流动性较低但拥有稳定现金流的资产，转化为资本市场上可以流通交易的证券资产。从企业角度而言，能够实现轻资产化运作，通过REITs产品实现份额退出，从原来持有的模式变成管理运营模式，推动"重资产运营"转变为"轻资产运营"。对于仓储、工业厂房、商业商务楼宇、历史文化街区，在持有项目资金方面多表现为高持有、重资产，这些可以产生稳定收益的房地产均可采用REITs融资解决长期以来的资金问题。

5.探索特许经营和资金可持续运行机制

探索历史文化街区腾退房屋、冠租房屋的特许经营机制，探索国有企业特许经营和日常业态管理的弹性管理办法，保证公共资金投入的公益性。同时，通过经营盈利来保障历史文化街区各类要素的活化利用，盘活文化资源，提高公共财政资金投入可持续性。部分趸租房屋，可以采取特许经营的方式，转为实现政务保障、公共服务、商业商务服务功能，盈余租金用以平衡居住改善过程中的投入差额。

6.推动城市更新的PPP模式

PPP模式下，政府通过引入多元化的社会投资，能为城市更新项目开拓融资渠道，缓解项目建设中资金不足的问题，还有利于城市更新项目管理效率及服务质量的提高。首先，加强制度建设和标准化建设，以产权交易相关法规为基础，健全公平公正的法治环境。其次，对特许权协议的内容进行规范和完善，编制"城市更新项目PPP模式特许权标准协议"的范本。最后，建立健全退出机制，指导社会资本正常退出。

五、建立城市更新实施制度

（一）建立实施统筹机制

1.分类建立资源统筹平衡的机制

对于普通的项目，需要在更新区域内实现资源整体平衡；对于存在保留保护建筑或者需要特别提供公共空间和公共资源的项目，需要建立跨项目的资金平衡机制，主要以区级更新中心为平台，实现区内项目的综合平衡；对于保留保护建筑级别特别高、公共效应涉及全市范围的，需要建立市一级的专项资金或者专项资源，用于支持项目的推进。

2.向基层政府赋权，鼓励国企承担片区统筹主体职责

探索推进片区内多业权主体的协商统筹机制，向基层政府赋权，建立片区更新指挥部等基层政策协调机构，协助属地政府推动部门协调与联合执法。明晰市场主体责任，鼓励国企等市场主体承担片区统筹主体职责，对片区统筹主体适度授权，统筹片区内所涉及的土地产权、业主意愿、各类设施容量、权益分配方式等，推动片区整体更新。

（二）明确多方主体参与路径

1.明确政企分工，明确底线保障和市场运营边界

在常态化街区更新工作实施评估的基础上，将街区更新明确为兼顾长期性、多目标的长期工作和实施性、任务分解的近期安排，建立一套街区更新的实施机制体系，对多方主体进行综合、系统的管理和协调。完善多方参与机

制，明确企业平台的市场化方式，政府机构的基本保障职能，明确区分角色，清晰界定工作范畴。企业平台以市场方式推进产业空间和公共空间的更新项目，政府保障机构以解危解困项目推动基本生活条件改善，建立协调机制，权责与评估体系明确划分。例如，在城中村更新改造中，坚持以政府引导、市场运作的基本原则，政府在资源配置过程中不过多干预。努力建立更有利于发挥市场作用的平台与环境，在市场失灵的部分发挥好政府的统筹作用。

2.总结完善居民参与治理路径设计

总结公共空间与公共设施管理中的多元参与方式，包括底线控制、标准制定为主的公共管理，共识引导、主动参与为主的居民参与，两者相结合形成邻里社区的多元参与方式。

探索居住院落、居住建筑中的管理方法与自治指南。进一步明确居住院落、居住建筑中管理部门的管理内容、工作准则和控制性方法，探索居住空间精细化管理和居民自治相结合的治理途径，研究居民自治组织治理违法建设、公共环境、停车等问题的行动指南，完善居民议事和自我监督机制，充分实现社区、院落自治，积极鼓励社会组织参与，推动物业公司与院落自治相结合，重点解决居住空间内部难以采取行政管理区域的治理机制。

及时总结典型地区、典型案例的优秀经验。很多居民参与城市更新已形成了良好的社会影响和实践成效，但尚未形成可复制可推广的机制与路径设计。及时总结典型地区、典型案例的优秀经验，形成系统性的社区治理与居民参与长效机制，推动公共空间和居住空间更新中多元治理保护实践持续向前。

3.推动村集体和村民主动参与城中村改造

村集体主动参与城中村改造能有效降低更新难度，确保整个城中村更新的顺利进行。村集体一旦在符合规划和相关政策的前提下明确改造愿意，则将其信息在城中村改造市场上公布，为村集体和开发商协商决策提供对称的市场信息。推动村民改造意愿从"要我改"转变为"我要改"，因改造而获利变得确定，能彻底改变"钉子户"和"逆垄断"现象，极大降低改造成本，提升改造效率。有序引导村民参与"城中村"改造附属工程建设，将村民的被动建设转为村民的主动建设，丰富村民参与"城中村"建设形式，让广大村民在主动建设中真正感受到"城中村"建设的意义。

4.完善相关组织自下而上自主更新机制

鼓励成立商会、行业联盟等组织，统筹片区更新，联合属地管理部门与党建部门形成如"市、区、街道、中心、公司"多级联动的工作机制。支持相关组织制定自治公约，日常联络机制，建立类似日本"街区营造登录制度"等，对区域环境品质、服务质量、环境复合、运管能力进行自主规范，简化利用公共空间举办活动的申请流程。同时，可借鉴欧美"商业促进区（BIDs）"制度，逐步探索整合政府资金与企业税收，用于更新区持续运营维护。

5.激励多方主体参与宣传普及

充分调动专家学者、社会团体、社会公众建言献策的积极性，鼓励企事业单位、社会机构、民间非营利组织和志愿者开办公益事业，充分挖掘更新地区的文化价值和商业价值。综合司法保障、执法监管、媒体监督等各方力量，强化相关单位依法履行职责义务。

（三）明确城市更新实施主体责任与义务

1.探索明确居民或使用单位修缮房屋的权责义务

应当根据房屋产权类型，明确与房屋所有权、房屋承租权、房屋使用权相对应的权责义务，完善房屋质量风貌评估机制，明确住房修缮整治维护义务的划分，建立奖惩、监督机制，鼓励居民和使用单位共同投入，推动房屋管理部门从维护主体向管理主体转变。

明确业主（居民）付费的具体责任与标准。明确业主（公房承租人）是老旧小区更新改造的责任主体。公房承租人、售后公房业主和产权房的业主需要按照享受的权力相应地承担改造的责任、负担改造的成本。政府可以根据小区、房屋和业主的具体情况提供补贴，以减轻居民的负担。

明确公有住房承租人的使用、管理、修缮、改造责任与其住房权利匹配。公有住房承租权的属性与产权几乎接近，其责任要与住房权利匹配。特别是在住房更新改造中，应明确承租人需要承担相应的成本和责任。即使可以享受政府补贴减轻居民的实际负担，该补贴也应该针对居民的特征和需求有针对性地发放。同时，在推进老旧住房更新改造时，当同意改造方案的承租人超过一定比例（如90%），对于剩余不同意的承租人，产权可以强制解除租赁关系并按规定给予补偿。在补偿过程中，针对承租人的具体情况，如是否住房困难、是自住还是转租等，设定差异化的补偿标准。

明确系统房产权人在住房更新改造上的责任与具体落实机制。建议进一步落实承租人的责任，可以明确要求产权人需要按照政府的要求推进改造、承担20%的改造成本，若产权人无力实施，可以委托政府代为组织推进。

明确产权人在房屋安全上的强制性责任。建议细化房屋产权人在房屋安全使用上的具体责任，如房龄到达一定年限的，需要对房屋按周期进行强制性的检测和维修；当小区纳入更新改造范畴时，必须先对危及房屋安全方面的事项进行改造。

根据建筑物区分所有权制度表决事项，事先明确居民后续责任和义务，切实提高居民自我改造的动力。建议在征询意见的同时，告知居民通过建筑物区分所有权制度表决的意义，明确对于多数业主决策通过的改造事项，少数业主需要按要求配合进行改造并分摊相应改造成本；并通过协议的方式，将居民在表决事项通过后的责任和义务明确下来。

2.通过多样化的方式加大对小区改造的效益宣传，提升居民的决策意愿和能力

在宣传内容上，需要加强对居民如何自我组织、如何对接政府相关部门、如何具体组织实施、具体改造哪些内容、可以实现哪些效果、如何确定改造成本、资金如何筹措和分摊、改造实施过程中的注意事项、改造实施后的长期管理要求等具体事项的宣传。

在宣传方式上，需要创新采用针对本小区居民特征的方式进行，可以邀请专业的社会化团队组织各类的活动或者培训，也可以通过典型案例的宣传、改造成功后小区的亲历者的讲述等方式，真正提升宣传效果。

3.建立基于产权细分的权责利益划分政策体系

一方面，适宜发挥公有产权房屋的调节作用，建立多种方式的居住保障和居住改善机制；另一方面，适宜针对不同产权房屋建立形式多样的管控、协调和监督机制；最后，应形成长期性的管理政策，明确公共部门与不同产权人的空间权益与义务，明确所有权、使用权的权益和义务，明确房屋质量风貌维护监督的责任主体，形成稳定预期。

另外，建议实施一批细分产权边界及其配套政策的试点。在当前产权制度基础下，积极争取一批政策试点，探索完善配套政策的路径方法，并进行兼顾典型性、可实施性、可持续性的试点总结，避免特殊片区、重点地段、个别院落的探索创新难以复制、难以推广的局限性。

（四）构建多方利益平衡机制

1.明确争议处置机制

根据改造项目的具体类型，确定不同的集体决策生效比例。对于基础类的

改造项目，可以适当降低生效比例；对于完善类和提升类的改造项目，生效的比例可以较高。

对涉及优秀历史建筑保护的给予征收政策支持。根据目前的规定，对于属于优秀历史建筑的公有住房，当95%以上的承租人同意改造的，就可以推进改造，但对剩余5%的承租人并没有强制性措施。建议对涉及优秀历史建筑保护的，且95%承租人同意改造方案（改造或者搬迁）的，可以适用于征收政策，便于实现更高标准的保护，居民住房也能实现更彻底的改善。

2.探索生产空间更新的政企利益共享机制

创新招商选资引智模式，积极引导社会力量参与区域开发建设。地块自主开发类的拆除重建更新，要接受政府开发条件的限制，以敦促地块权利人实现自身发展诉求的同时，兑现对社会公众的贡献。

3.关注弱势群体的诉求

将新市民纳入城中村改造治理结构。在城中村改造中，建议将新市民、社会组织纳入城中村更新治理结构，形成"层级政府——开发商——村民/村集体——新市民/社会组织"的治理结构。在城中村更新规划中，必须正视和解决城中村改造带来的廉价住宅消失的问题，重视低收入群体的住房需求，将为新市民提供可支付住房作为城中村改造的重要目标，把城中村改造的过程同时发展成为新市民可支付住房供给的过程，避免新市民大规模向外迁移，避免外围地区产生新的城中村，把城中村问题彻底解决在城中村更新的过程中。

在老旧小区改造中，关注承租人诉求，强调与区域租赁市场的发展充分联系。一是在老旧小区更新改造的前期要充分调研，分析小区中承租人的特征以及工作、生活现状；二是在更新方案制定的过程中，需要明确对现有承租人的安排，保障区域内租赁市场的稳定；三是在评估更新方案的同时，需要对区域租赁市场在改造前后的变化、改造后对租赁市场的影响进行评估；四是需要特别关注租赁人群中弱势群体的诉求，特别是老年人群、低收入人群、外地人群。

（五）建立评估监管机制

1.探索街区功能业态精细化管控和常态化评估机制

建立历史文化街区功能业态的精细化评估管理流程和细则。应当结合历史文化街区区位、资源和空间特征，探索业态创新管理办法，评估业态的环境影响、社会效益、文化效益等综合情况，动态监控，逐步提高历史文化街区功能业态的综合效益。明确历史文化街区功能定位，重视传统文化特征，增强文化创意产业的传统文化内涵，增强商业发展与本地居民的关联度。

弹性化管理公共空间使用。完善对商业外摆、户外广告、文化活动等各类空间使用的管理细则，明确商业商务区各类存量空间的使用权、经营权、管理权。

建立历史文化街区常态化评估管控的工作流程和技术方案。中共中央办公厅、国务院办公厅在《关于在城乡建设中加强历史文化保护传承的意见》中提出，要建立城乡历史文化保护传承评估机制，定期评估保护传承工作情况、保护对象的保护状况。应当以体检评估为契机，建立历史文化街区的多维价值构成要素框架，完善评估内容和要素框架，建立科学的评估方法和评价标准，形成历史文化街区保护更新实施的可靠依据，健全分类统计制度。同时，建立健全公共财政投入综合效益评价办法，形成社会共识，指导保护实践。

2.建立不同类别文化资源活化利用的管理政策细则

探索腾退后的文物、保护院落、名人故居、优秀近现代建筑、名木古树的保护利用，与历史发展仍有关联的文物应积极延续其历史脉络，推动与之相关的公益性使用，如用作相关主题的博物馆、展览馆、"非遗"传习所等，传承文脉。与历史发展关联缺失的文物可探索新的利用方式，并对社会开放。依据文物保护法规定及相关文件要求，推动将文物腾退项目列入政府固定资产投资计划，确保产权的国有属性，探索管理利用的可持续路径。研究非物质文化遗产、老字号的有效传承途径，精准扶持，提出针对"非遗"、老字号的专项支持，在政策鼓励、管理办法创新、资金奖励、空间安排等方面进行专项研究。引导"非遗"、老字号在传承文化底蕴的同时，与现代科技与管理结合，逐步增强市场竞争力。

3.加强房屋安全监管

建筑功能改变必须保证符合结构安全、公共安全、消防、环境、卫生、物业管理等相关技术要求。完善"工改租""工改保""工改住"类建筑管理审批和监管。

4.加强对开发商的监管

"城中村"改造过程中开发商应当承担其相应的社会责任，以赢得社会效益为其主要目标。开发商参与"城中村"改造工程，不得以获取高额利润或者至少获得平均收益为主要目标。除此之外，"城中村"改造工程也是一座城市的品牌工程，开发商应通过政府的监督和控制，间接达到品牌宣传和开拓新市场等目的。

六、加强产业、文化和组织保障

（一）加强产业升级引导和保障

1.加强产业升级政策引导

结合区域特色和功能定位，引导企业转型升级。产业是经济的命脉，老旧厂房改造应侧重产业转型升级，结合区域特色和发展条件，梳理产业功能布局，有目的、有针对性地进行产业招商，培育新兴产业。严格入驻企业和项目筛选，引导高精尖产业要素有序集聚，发挥政策叠加效应，为区域产业转型厚植发展基础。鼓励商圈特色化更新，适度放宽历史建筑活化利用限制，支持本土文化特色经营与品牌塑造。结合相关文化产业扶持政策，在税收减免、财政补贴、帮扶运营等方面予以支持。

2.为产业升级及公共配套预留空间

明确村集体和村民承担公共空间的义务。如借鉴深圳经验，规定城市更新单元应提供不少于15%和3000平方米的用地用于公共空间，需按规划要求配建公交首末站、幼儿园等公共设施，规定不少于住宅规模的一定比例配建保障性住房以及创新型产业用房，用于服务深圳大规模非户籍常住人口市民化需要以及产业结构升级需要。

3.持续优化区域营商环境

鼓励富有运营经验的优秀国有企业和民营企业参与园区运营，制定全市层面的园区运营机构管理办法，明确资质认定、机构职能、考核备案、奖励扶持等相关内容，切实提升园区专业运营管理水平。探索针对老工业区特点的优化营商环境政策措施，加强与重点企业服务对接，促进产业落地。加强建设楼宇服务专业人才队伍，建立联系机制、加大楼宇管理人才的政策奖励力度等措施，对楼宇管理人员进行培训，促进经验交流，提升楼宇管理人员专业化服务水平。[①]

提升楼宇服务水平，强化对物业管理企业的管理与奖励。鼓励传统开发企业生产模式向"轻资产运营"转型。培育发展办公空间运营市场，通过补贴、奖励政策引导商业商务楼宇运营品牌化建设。结合智慧商圈建设，借助信息

① 陈小妹，贺传皎.旧工业区改造政策瓶颈与改进思路：以深圳市为例[J].中国土地，2020（4）：48-49.

化手段加强商业区建设指导与运营监管。鼓励建设商区网点动态地图，在消费、供给、便利性等方面进行动态管理。同时，在更新项目中推动智慧化基础设施建设，发挥其对商务商业区更新项目的电子服务、实施监管、信息公开、辅助决策等产生作用。

（二）重视文化传承和公共利益保障

1.注重城市文化传承与创新

城中村多年来形成的社区文化，是本土文化与外来文化、农村文化与现代城市文化的碰撞冲突而形成的一种独特的环境文化。在城中村改造中，应注重文化的创造力、凝聚力和承载力，在改善城中村居住环境的同时，也要留住传统文化的基脉，体现其独特的本土文化特质，如城中村的包容文化、共通文化、简约文化、自由文化、民俗文化等，可加大对文化保护的宣传力度，通过举办各种民俗文化节和民间文艺展等方式予以传承，也可通过编纂村志、保存文字和图像资料等方式，保留村落的文化脉络。注重文化的引领作用，从文化中寻找发展动力，在继承传统文化特色的同时，丰富和发展社区文化，使社区处于不断地自我更新和新陈代谢之中，保护城中村可持续的自生长。

2.保留保护老旧住宅小区

建议对于保留保护的老旧小区，给予区一级甚至市一级的资金支持，使建筑物的负载能回归原始的设计要求。对于现有居民数量远远多于原始设计要求的，需要让部分居民迁出，为建筑可持续保护提供空间。同时，适当扩大更新范围，在历史建筑周边通过更新等方式筹措部分房源用于居民安置，为不愿意采用异地安置或者货币安置的居民，提供就近安置的选择。

3.深化公有非居住用房改革，助力老旧小区改造

考虑到各地不同的政策背景以及未来公有非居住用房的走向，建议明确公有非居住用房需要逐步回归公益属性，特别是当存在城市更新的需求时，需要配合相关的更新要求进行资源统筹。若承租人不愿参与或配合更新工作，承租人需要退出。

4.探索遗产腾退、解约、征收等多元化外迁方式

尽管各地历史文化街区持续进行了多年的文物腾退与保护修缮工作，但仍然有大量文保单位、历史建筑和具有历史文化价值的传统建筑处于不合理使用状态，存在严重隐患。这种情况下，仍需继续推动遗产保护导向的外迁腾退，这类外迁腾退应当更多采取征收、解约等具有强制力的实施途径，确保较为重要的文化遗产得到有效保护。

（三）加强组织保障

1.明确产权处置规则

对于产权人不明确的老旧住房，可以直接由政府代为组织推进改造。

纳入老旧小区更新区域范围内的公有非居住用房，产权人和承租人需要配合更新的要求，并按区域更新的功能定位和要求对房屋进行改造或腾退。对于现有业态符合改造需求的，产权人和承租人可以继续保持经营，但需要按要求进行改造；若现有业态需要调整的，产权人和承租人可以保持对房产的收益权，但需要按照更新要求腾退房屋。

制定无产权建筑的认证程序，建设统筹协调机制。针对工业厂区中无产权证的非违章建筑，建议完善相关配套政策，制定合理的认证程序，推动工业建筑的更新。城市更新项目范围内的土地或者地上建筑物、构筑物涉及不同权利人的，应当通过以房地产作价入股、签订搬迁补偿协议、联营、收购归宗或者权益转移等方式形成单一改造主体，可由该主体申请实施改造。

2.强化属地和专职机构统筹职能

创新更新管理机构，市区联动推进。理顺与规划和国土部门的权责分工与互动机制，集政策研究、监管、运作等职能于一身，从城市更新的政策法规制定、资金安排、土地整备到项目设施与监督管理，强化专设机构专责专权统一管理。

明确市区两级职责和联动机制。市一级更新主管部门制定政策法规和宏观规划，区政府和区级更新主管部门制定差异化的审批与管理细则、编制分区城中村更新规划、落实上位要求，并主导更新的立项和具体实施。建立市区两级联动机制，尊重各区在功能定位、发展阶段、土地供给等方面的差异性，强化区级行政主体的能动性。

探索管委会制度。在历史文化街区保护工作实施评估的基础上，统合区政府部门、国有企业和街道，试点形成历史文化街区管委会，统筹政府公共服务、社区治理、人口和功能疏解、房屋修缮更新建设、业态管理、环境综合整治和市政设施建设管理工作。

3.从政府为主转为居民自治

建议可以在区或者街镇层面成立老旧小区更新改造中心或工作专班，统筹各类资源，组织实施改造工作，对于需要征集居民意见或者居民付费的事项，及时告知居民并请居民协作配合。政府推进老旧小区改造的目的除了实现改造的效果，更重要的是去引导、培训、告知居民，未来需逐步以自治的方式推动更新，真正扩大更新改造的覆盖面，实现预期的改造效果。

4.居住区更新强化党建引领

为了切实推进居住类空间更新改造工作在居民中的组织能级，建议充分使用好党建工作平台，通过强化地区、项目党建工作，使优秀的党员干部能充分深入到老旧小区改造工作或具体项目中，推动资源统筹、组织效率提升。从区、街镇层面看，需要建立全面推进老旧小区改造的党建服务平台架构，对于市级层面或者区级层面特别重要的项目，可以另外成立移动党群服务站，使市级、区级的重要资源和人才得以充分下沉，切实助力具体项目的开展和推进。

第二章 | 历史文化街区更新：内外兼修的空间营造

摘 要

党的十九大报告指出，文化自信是一个国家、一个民族发展中更基本、更深沉、更持久的力量，应更好构筑中国精神、中国价值、中国力量，为人民提供精神指引。国家"十四五"规划指出要"强化历史文化保护、塑造城市风貌"，在城乡建设中系统保护、利用、传承好历史文化遗产，是新型城镇化战略的重要组成部分。

习近平总书记高度重视历史文化保护工作，指出历史文化是城市的灵魂，要处理好城市改造开发和历史文化遗产保护利用的关系。

历史文化街区是城市历史文化遗产和传统城市风貌集中连片的物质空间载体，也是历史文化保护工作中最复杂的方面，既有丰富多样的物质和非物质文化遗产，又有大量居民在其间生活。习近平总书记曾指出，保护好传统街区，保护好古建筑，保护好文物，就是保存了城市的历史和文脉。

我国虽然已经形成历史文化名城、历史文化街区、文物保护单位的保护体系，近年来各地进行了大量的实践探索，但历史文化街区仍然普遍存在整体风貌破坏，建筑质量风貌混杂，基础设施陈旧、复杂，现状底数不清等诸多问题。历史文化街区更新是一种用系统性行动来实现城市复兴的治理方式，是在目标、方式、主体和工作组织方面都更加综合的城市工作。

从工作内容看，历史文化街区更新不是几个片区或几条街道的局部改善，也不是几类设施或几项工作的局部提升，而是涵盖社会、经济、文化以及生态修复、城市修补的街区全面复兴，历史文化街区更新要达到的不是运动式改造目标，而是与中华民族伟大复兴进程息息相关的传统文化复兴。

从实施特点看，历史文化街区更新不是集中连片大拆大建式的空间更新，也不是简单的街巷整治，而是小规模渐进式的有机更新，是内外兼修的空间营造。街区更新不仅是街巷环境、基础设施、道路停车等物质性要素的改善，也是对街区特色的保护，是城市空间结构和原有社会记忆的传承，包括功能业态、社会结构、城市活力、社区记忆等多元的社会性目标。历史文化街区更新是将空间行动单元与社会治理单元相结合的城市更新行动，是以街区为空间单元，推动城市更新的实施策略，是包含机制完善、功能调控、文化保护、居住改善、环境整治、设施提升、社区治理的整体性方法。

从工作组织看，历史文化街区更新不是政府大包大揽，也不是简单的一种或两种模式，而是针对具体问题的精细化、差异化的解决方案，面对不同情况要采取适宜的参与方式。在基础市政设施提升、公共服务设施完善等方面要强调政府部门的主导作用；在功能优化、居住改善、环境提升等方面，要强调政府、市场、居民的多元参与；在社区治理、院落治理等方面，要强调居民的主体作用。历史文化街区更新不是一个部门或一个机构的单兵作战，也不是过去诸多工作的简单拼凑，而是多部门、多主体的协同统筹，是把各部门、各实施主体的单一工作有机融合，形成一种整体性的综合治理工作，以整体视角和系统实施来进行工作组织。

第一节　我国历史文化街区面临的现实问题

据统计，截至目前，全国共划定历史文化街区1200多片，确定历史建筑6.19万处。历史文化街区已经是我国历史文化保护体系中的关键组成部分，同时也是直面各类复杂社会—空间问题的关键实施单元。

一是文物修缮任务重，文化遗产认定、保护与利用机制仍不健全，建筑高度、景观视廊、第五立面存在诸多问题，非物质文化遗产和传统老字号保护发展面临瓶颈，历史文化街区保护复兴任重道远。二是传统风貌与环境品质仍有较大提升空间，普遍面临建筑质量风貌衰败，街巷公共空间杂乱等问题。三是基础设施承载压力普遍较大，交通环境秩序失调，停车设施严重不足，市政管线老旧杂乱，公厕、户厕亟待提升，各类公共与基础设施供给水平滞后。四是历史文化街区住房问题突出，老龄化问题明显，养老设施严重不足，人均居住面积低，居住民生问题突出。五是历史文化街区产业结构尚不合理，业态亟待升级，文化品质不高，生活性服务业品质低下，商业、旅游密度过大，亟待针对不同地区特点提质增效。因此，历史文化街区亟待通过历史文化保护、居住民生改善、功能转型、环境整治、设施提升完善等一系列工作进行全要素梳理与系统性解决。

一、历史文化资源保护与利用存在困难

全国范围内历史文化街区腾退保护与利用困难的情况仍然严重，大量文

物保护单位存在保护不到位、利用不合理、文化内涵展示不足问题。部分文物作为居住功能使用时未采取有效的保护措施，不但破坏文物风貌和威胁文物安全，而且居民居住安全得不到保障。部分文物存在过度整修或改建现象，破坏了文化遗产的真实性。

历史文化保护资源状况两极分化，保护利用机制与路径不清晰。历史文化资源保护状况两极分化，全国重点文物保护单位普遍进行了修缮维护，然而大量省级、市级、县级文物保护单位和具有突出遗产价值的传统风貌建筑存在着严重隐患，保护状况堪忧。例如，居住密度高，占用单位重视不足等。同时，文物开放使用政策对文物利用限制过多，特别是如何利用腾退空间的政策不明确，涉及的用地性质、用途调整问题难以解决，具体项目中的消防、施工、工商注册等程序上掣肘众多，导致腾而难用问题突出。

同时，历史文化资源保护的资金问题突出。腾退修缮涉及的资金巨大，仅依靠公共财政资金难以承担；文物腾退后在经营性用途的使用上存在政策障碍，若全部用于公益性设施，还需负担运营维护成本；社会资本或居民参与保护利用的政策依据、实施路径和管理体系尚不完善。

二、传统风貌与环境品质仍有较大提升空间

很多历史文化街区通过街巷环境和公共空间整治行动提升了环境品质，但大多采取的是"点""线"方式的整治，成片传统建筑的质量风貌仍然"杂脏乱差"，私搭乱建现象较为严重，监管难度大，环境品质提升亟待"由表及里"。例如，北京老城历史文化街区中约有190万平方米的违法建设，这些违法建设多用于厨房、浴室和卫生间等必要的生活设施，在实际需求难以满足的情况下，拆除难度较大，成为环境品质提升的基础性难题。

另外，虽然街巷环境和公共空间整治容易取得一些成效，但由于历史地区街巷空间狭小的基本特征，很多基础性问题仍然没有破解之道。例如，历史地区停车困难、违规停车、占用公共空间现象突出，使得步行环境较差，对街巷胡同产生了较大负面影响。

三、公共服务与市政基础设施的历史欠账多

历史地区基础设施欠账多。由于历史原因，部分老旧小区和平房区基础设施薄弱，存在排水设施陈旧、供暖设施不足、架空线缆无序等问题，对居

民生活水平的影响较大。近年来的工作较多集中在历史地区环境的美化方面，针对基础设施的完善提升方面有所不足，特别是突破现有基础设施技术规范、适用于历史地区特有空间环境的创新途径探索不足。

四、人口与住房的基础性问题突出

总体看历史文化街区人口与住房存在两个方向的基础性问题。一部分历史文化街区人口密度很大，老龄化趋势明显，人口结构复杂，受教育程度较低的本地居民与外来从事低端产业的流动人口数量大，对历史文化街区保护更新产生重要影响，以超大和特大城市中心城区的历史文化街区为典型。例如，北京老城历史文化街区居住在平房四合院中的居民人均住宅面积仅11.8平方米（约涉及首都功能核心区23%的居住人口），基本居住条件尚未得到有效保障；另一部分历史文化街区人口密度并不大，甚至部分存在空心化的情况，面临持续的衰败，以偏远城区的历史文化街区为典型。

五、功能业态与历史文化内涵存在冲突

国内各城市历史文化街区保护发展状况各异，但总体看，历史文化街区与城市其他地区功能互补、相互促进的资源优势没有得到充分利用。部分旅游导向的历史文化街区商业聚集，其从业和消费群体与本地居民的关联度、文化价值内涵的匹配度低，过多聚集面向旅游消费的餐饮、饰品零售业态，较少关注传统文化活动和地区特质，与核心保护价值存在矛盾。传统商业街区中大量出现"类798"店铺和"10元店"，商业发展过度化和同质化情况明显，旅游人数众多但旅游经济产出有待提高。设计类、文化艺术类等新兴的文化创意产业规模小、竞争力不强，对于历史文化街区的带动作用不明显，发展仍需时日。

部分历史文化街区中现有低端业态规模较大，批发零售业、住宿和餐饮占绝对多数，部分地区业态发展的负面影响日渐突出，对历史文化资源形成过度占用，甚至是破坏式利用。一些地区一般性小型商业服务业无序蔓延，商业内容简单重复，与历史街区的文化特质毫无关联，甚至带来新的治安、卫生、噪声等问题。

部分历史文化街区活力不足，传统文化的价值和魅力没有得到深度挖掘，一些非物质文化遗产的传承和发扬举步维艰，陷入僵化保护的状态。中小型

和家族式经营的老字号企业普遍面临着传统经营理念的束缚，缺乏主动创新发展的意识，深厚的文化优势和资源优势未能与当代生活有效结合，也没有充分转化为产业优势。

第二节 我国历史文化街区更新面临的制度机制瓶颈

历史文化街区中普遍存在着诸多复杂现实问题，这些问题背后是历史文化街区更新面临的一系列政策机制瓶颈。

一、政策合集和系统性管理办法存在不足

一是历史文化街区保护更新政策法规顶层设计相对滞后。从全国情况看，政策法规的顶层设计相对滞后，例如，"国家—省—市"的历史文化名城保护法规体系尚不健全，一些省级历史文化名城保护条例缺失或发布于10余年前，存在动态完善修订的需要。另外，一系列配套法规政策如古树名木管理、机动车停车、消防等，与历史文化街区保护密切相关的法规条例尚不完善，需要针对历史文化街区的特殊之处，加大支持力度，提高政策法规的针对性。

二是针对历史文化街区复杂产权状况的修缮利用和管理政策体系不足。历史原因形成的复杂产权状况，经常制约着历史文化街区保护更新工作的开展。例如，北京老城内央产、军产用地占25%，市属用地占39%，区属用地占26%，其他为10%。老城平房四合院中存在多种类型的直管公房、单位产公房和私房产权，即使同属于直管公房，因历史遗留问题，又可分为经租产、宗教产、托管产等，类型繁杂、权属不清，加大了历史文化街区投资改造和房产利用的困难。在文物保护工作中，单位占用的具有严重安全隐患文物问题长期得不到解决，地方政府难以主导这些文物的腾退利用。又如在历史文化街区住房改善工作中，由于产权复杂，在产权划转变更过程中存在很多堵点。

复杂产权状况导致历史资源腾退后缺乏统一性管理利用，对现有历史文化资源的针对性管理标准尚待进一步明确。复杂的产权现状使得同类别的历史文化资源分属不同层级管理部门审批，不同部门的不同标准使得在同一地区的同类资源呈现出不同的维护更新状况。与之类似，不同类别文物建筑的合理利用标准、历史文化街区公共空间的标识系统、基础设施建设标准等都有待探讨和明确。

三是历史文化街区作为特定地区，缺乏特定管理办法合集。历史文化街区等受保护用地缺少专门法规政策支持，管理制度设计和保障环境有待加强。例如，疏解腾退工作的司法保障依据不足，腾退周期长，进展缓慢。疏解腾退过程中存在政策法规空白区，缺乏针对人口与功能疏解工作的整合管理流程，房屋再利用的手续繁杂，限制过多，利用途径少。如果能够有效地整合流程、精简审批程序，将更快推进历史文化街区的保护更新工作。又如在停车、排水等基础设施改善过程中，历史文化街区面临的实际困难要比一般城市地区更为复杂，实施过程缺乏相应的管理办法支持。

二、组织实施和多方参与的协同机制不足

历史文化街区更新工作涉及社会经济、物质环境的方方面面，包括功能调控、人口疏解、环境提升、基础设施建设、社区治理等诸多问题，头绪繁多，实际工作中需要极小空间内进行多部门的复杂协同。不同部门、不同实施主体之间的协同频度高、难度大，工作内容分散，各部门如果缺少换位思考能力，就事论事，一事一策，你中无我，我中无你，决策和组织效率就会受到影响，分项工作也难以形成合力。

因此，历史文化街区面临的首要问题是系统谋划与全面实施统筹问题。对历史文化街区更新面临各类问题的本质认识不全面、不深刻、不清晰，缺乏系统谋划，容易造成实践的低效与矛盾，在解决某一具体问题时形成新的问题。

例如，历史文化街区功能定位总体处于"局部有利用、整体无安排"的状态，缺乏系统梳理和统筹安排，存在着文化创意、商业旅游扎堆问题。又如，传统的历史文化街区管理存在所属多头、难以协调的问题，历史街巷上存在数十项常见设施要素，包括电线杆、灯杆、交通信号灯、各类交通和旅游指示标识杆等，涉及包括城管、市政、交通、园林、规划、工商、无障碍等在内的多个部门，这些要素的建设审批、管理和维护涉及的管理部门多，在布局和使用上难以协调，如此繁多的环境要素不仅空间上相互关联，且建设时序上相互制约，缺乏统筹协调机制，也带来了重复施工、频繁施工等问题。

系统谋划与全面实施面临的统筹问题，体现在政策方法和空间手段整合能力不足，工作方案思路单一。历史文化街区更新面临的问题，往往是社会和空间交织的复合型问题，如果缺少全局意识，采取简单方案往往无法有效解决本质问题。例如，在传统建筑改善过程中，传统风貌保护与住房问题的关键点实质上包含复杂的功能提升和居住改善问题，如果仅仅进行空间方案设计和空间行动的实施，而不妥善解决这些复合型问题，不探索政策创新来解决社会需求，仅仅进行房屋修缮和环境整治，就无法有效解决传统建筑的质量风貌问题。

系统谋划与全面实施面临的统筹问题，还体现在内外兼修、意识不强，从街巷整治到历史文化街区一体化更新的理念与方法转变不足。多年来，历史文化街区环境整治的行动逻辑相对简单直接，部分地区直接采取更换地面铺装、沿街立面整改、街道家具提升、公共空间建设或者市政基础设施改善、停车设施建设的方法。这些方法主要涉及街巷胡同外部空间，但传统院落或者传统建筑内部如何整治提升，配套设施如何完善，均未得到妥善解决，风貌保护与居住改善困难依然突出。

街巷胡同等公共空间与院落建筑内部空间的"两层皮"问题，也造成院落或建筑自身问题外溢到街巷胡同空间，由于停车、晾晒、非机动车停放、杂物堆放等内部空间与社会矛盾没有得到有效解决，即使街巷胡同环境进行空间行动，但并不能形成有效改善。因此，从简单环境整治转向历史文化街区一体化更新的理念与工作方法改变，也是历史文化街区更新面临的主要问题。

最后，历史文化街区中社区治理与居民参与的机制设计仍需加强，主要表现在社区治理与居民参与的广度及深度不足。虽然居民参与征询意见、规划决策、实施监督等环节的参与度较高，成效较好，但参与内容局限在公共空间改善方面，在功能调控、居住改善、住房修缮等方面的参与度不高，尤其在立项决策、实施评估阶段的参与程度明显不足。同时，居民参与的形式集中在议事环节，实际资金投入仍以政府投入为主，居民真正投入资金和精力参与其中的情况较少，一方面说明居民最关心的核心诉求挖掘不足，另一方面也说明要加大对居民参与的引导力度。

三、资金可持续运行机制尚未形成

历史文化街区保护更新中普遍依赖公共财政投入，过去一段时间，部分地区、部分项目"一次性、大投入"，虽然短期内迅速见效，但对周边地区的带动作用较弱，占主要比例的大部分地区投入不足，"二八"分化现象明显。

目前，更新资金主要来源于两个部分，一是政府注入项目总资金的一部分作为资本金，二是国有企业通过银行借贷或企业债融资项目资金。由于历史文化街区需要投入的费用数额巨大，现有投入资金则面临着巨大的缺口，仅靠政府投入和国有企业直接融资的方式，难以形成资金保障。

另外，公共财政投入的可持续性弱，除基础市政设施的配套资金以外，腾退资金、建设资金的再融资、再盈利渠道窄，大量公共财政资金沉淀成固定资产，未能形成良好循环。由于产权确认和流转缺乏有效的政策支持，通过腾退获得的资产难以形成稳定盈利。同时，腾退出的资产没能引入市场化机制盘活，变现率低，未能缓解腾退资金不足的困境。

四、适用特定空间特征的技术标准滞后

历史文化街区是历史文化遗存密集的地区，集中体现了城市历史文化内涵与空间特征，历史文化保护与利用的过程中，必然需要采取特定的技术标准与技术手段，才能更好彰显城市文化底蕴与传统风貌。然而在实践过程中，技术标准、技术手段尚未体现对空间特征的针对性，相反，在修缮利用、业态管理、市政基础设施完善和生态修复等方面，制约着历史文化街区更新工作。

一是传统风貌建筑的保护更新标准与技术手段不清晰。除6.19万处历史建筑以外，历史文化街区中还存在大量的未列入保护类范围、具有一定风貌特征的破旧房屋，亟待保护修缮或整治改造，目前，针对这些房屋的技术标准和技术手段不清晰、不完善。

二是市政基础设施技术标准与技术手段创新不足。一方面，历史文化街区形成于历史时期，街巷空间往往狭窄曲折，现行技术标准针对性不足，技术手段创新不足，制约排水、消防等市政设施完善。另一方面，历史文化街区人口与功能聚集，交通与停车需求大，精细化管理办法与新技术手段不足。而且，历史文化街区中文物保护单位及历史建筑众多，胡同街巷狭窄，地下空间利用难度高，在缺乏精细化管理办法、技术方法和运营方式研究的情况下，综合利用地下空间来完善公共服务设施与停车设施就会面临很多障碍。

三是公共服务设施供给缺乏精细化标准。首先，在独特空间特征下，历史文化街区亟待研究精细化标准，采取多元化供给的方式补足养老设施。其次，文化与体育设施建设缺乏行之有效的标准办法，历史文化街区人均公共文化设施和体育设施面积普遍不足，其原因既来自历史文化街区空间特性，也来自建设标准与建设办法缺乏针对历史文化街区空间特征的分散化、小型化建设方式。最后，历史文化街区中公共绿地普遍不足，微生态环境缺乏清晰的规划要求与技术引导。

五、业态发展和资源活化利用机制不足

历史文化街区业态管理普遍缺乏"一区一策"的针对性，往往按照一般城市地区进行管理，历史文化资源活化利用缺乏精细化策略，资源活化利用方式大体相同。在历史文化街区保护更新过程中，一方面出现了无序的商业发展，失于管控；另一方面也有部分地区采取刚性的业态管理方式，虽然避免了无序的商业发展，但也限制了历史文化街区根据自身特点发展传统文化产业和创意产业的灵活性。

总的来说，历史文化街区保护更新面临的政策法规问题、实施统筹问题、技术标准问题、资金可持续运行问题、活化利用问题和动态监管问题等是普遍存在的现象，探索历史文化街区保护更新制度机制和支持性政策的系统性综合解决方案，需要始终坚持整体性思维，提出多角度融合的系统性策略。

第三节　历史文化街区保护更新的理论与政策历程

一、国外历史文化街区保护更新的理论演进

1933年《雅典宪章》提出保护有历史价值的古建筑。1964年《威尼斯宪章》提到应对古迹周边的环境进行保护。1976年《内罗毕建议》将历史地区的保护内涵拓展至经济社会方面。1977年《马丘比丘宪章》指出社会特征深刻地影响城市的个性和特性，处于保护的范畴，同时文物的保护要与城市建设过程结合，历史保护的社会内涵更加丰富。1982年《佛罗伦萨宪章》重点提出对历史园林的保护，其保护内涵清晰反映出园林（空间）与人（社会）兼顾的思想。1987年《华盛顿宪章》将保护的范畴拓展到历史城镇与城区，强调"物质的"与"精神的"都应当成为保护的要素，并对居民参与的作用加以重视。城市历史文化保护逐渐由重视物质性、文化性，向物质性、文化性、社会性和经济性的综合保护发展。

联合国教科文组织（UNESCO）和国际文化遗产保护与修复研究中心（ICCROM）等政府间公共组织和国际古迹遗址理事会（ICOMOS）、国际工业遗产保护委员会（TICCIH）等专业性非政府组织制定并通过的《保护世界文化

和自然遗产公约》《内罗毕建议》《华盛顿宣言》等一系列公约、宣言和声明，成为历史街区保护更新的国际共识。2011年UNESCO通过的《关于城市历史景观的建议书》进一步明确了针对城市历史街区进行风貌、功能、能耗、设施的综合保护更新体系的重要价值。2015年，第70届联合国大会可持续发展峰会通过《变革我们的世界：2030年可持续发展议程》，提出可持续发展的社会、经济、环境三个主要维度，并重点关注了城市及其遗产在实现可持续发展方面的作用。2016年第三届联合国住房和城市可持续发展大会通过的《新城市议程》承诺"借助文化遗产和地方资源发展有活力、可持续和包容型的城市经济"，这一目标的实现需要将文化遗产纳入当前的规划和发展模式中，采取跨领域的方式，从城市要素向城市系统迈进。

西方发达国家对于历史文化街区的政策和技术研究开展较早，法国、英国和意大利较早提出保护区的概念，制定了详尽的法律法规与保护措施。除此之外，日本、美国等国家也针对历史文化街区的保护和利用进行了一系列研究和实践。

从国外经验来看，历史文化街区这一概念最早发轫于20世纪60年代，英国作为世界上第一个建立城市规划体系的国家，于1967年在《城市宜居条例》中正式提出"保护区"概念，截至目前，英格兰地区有保护区9374个。基于城市可持续发展的重要国际文件，各国结合自身国情开展了丰富的历史街区保护实践。其中，英国提出景观特征评估（LCA）和历史景观特征识别（HLC）的技术方法，建立了基于地理信息系统的勘察、记录、绘图和分析平台，指导历史街区空间规划和管理决策，形成了针对中小型城镇、城市郊区、历史中心或商业、工业、港口、住宅片区等不同街区对象的历史地区评估（HAA）技术体系。法国基于国家建筑与规划师（AUE）制度，在"建筑、城市和风景遗产保护区"（ZPPAUP）基础上，提出了"建筑与遗产价值提升区"（AVAP），建立弹性的、发展导向的、多目标融合的保护更新技术体系。意大利基于使用单位的历史建筑建立定期检测和日常保养制度，以及采取保护性修复的理化技术手段，使历史建筑保护居于世界前列。

二、我国历史文化街区保护更新研究进展

国内研究较多地介绍、学习和借鉴了国外历史文化街区保护更新经验。张玫英（2007）对伊丽莎白·瓦伊斯《城市挑战：亚洲城镇遗产保护与复兴实用指

南》的翻译，总结了亚洲不同地区历史城镇保护与复兴案例，较为系统地介绍了价值认识、空间手段、保护策略与机制等方面的经验。陈志华（2008）对19世纪以来国际文物建筑保护理念和方法论进行了总结，梳理了从文物建筑到历史地段保护的基本理念和方法论原则逐渐科学化的过程。张松（2017）对日本、美国和西欧各国历史保护的政策与实践过程、保护理念与措施进行了详细的介绍，对不同类型的遗产保护理念与方法进行了综述[1]。张维亚（2007）从概念、政策、复兴策略等角度出发，对国外历史街区保护研究进行综述。[2]

　　阮仪三（1998，2000，2001）对中国历史街区保护的历程、总体状况和基本保护方法进行综述，以上海、福州、苏州、浙江诸地的历史文化街区/名镇的保护实践为例，对城市遗产保护的基本原则和理念进行了阐述，并在此基础上集结著作，较为系统地对历史文化保护的基本原理与若干实践进行了梳理[3]。董卫（2012）分析城市历史环境概况，对城市中具有历史文化特征的区域提出一体化保护的方法。[4]

三、我国历史文化街区保护更新相关制度政策

　　自1982年公布《中华人民共和国文物保护法》和第一批历史文化名城以来，我国逐渐建立了历史文化街区保护更新的制度体系，包括一系列法律法规、规章和技术标准规范的出台（表2-3-1）。

　　总体而言，我国历史文化街区保护更新相关的顶层设计已经形成了较为完备的制度体系，但由于历史文化街区处于复杂的城市环境中，面临复杂的社会—空间问题，在历史文化街区保护实施过程中仍然面临大量的具体问题。

　　从建立宏观的历史文化保护更新制度体系，转向完善面向实施的历史文化街区配套制度机制、支持性政策，是未来历史文化街区保护更新的重要工作方向。

① 张松.城市建成遗产概念的生成及其启示[J].建筑遗产，2017（3）：1-14.DOI：10.19673/j.cnki.ha.2017.03.004.
② 张维亚.国外城市历史街区保护与开发研究综述[J].金陵科技学院学报（社会科学版），2007（2）：55-58.DOI：10.16515/j.cnki.32-1745/c.2007.02.016.
③ 阮仪三，孙萌.我国历史街区保护与规划的若干问题研究[J].城市规划，2001（10）：25-32.
④ 董卫.城市历史环境保护与整治的梯度方法[J].北京规划建设，2012（6）：34-37.

时间	类型	名称	主要内容
2023年	标准规范	《住房和城乡建设部关于发布国家标准〈城乡历史文化保护利用项目规范〉的公告》（中华人民共和国住房和城乡建设部公告2023年第73号）	明确保护范围与管理维护，突出文化与功能结合，建立强制性规范，更加有效地对项目进行管理
2022年	标准规范	《历史文化街区与历史建筑防火标准（征求意见稿）》	历史文化街区和历史建筑保护的防火设计应因地制宜地结合街区布局特点、建筑防火性能，兼顾文化遗产保护与消防安全保护，遵循最低限度干预原则，制定科学利用方式和合理使用强度，采取安全适用、技术可靠、经济合理的消防措施，有效地提高街区和建筑的消防安全水平
2022年	机关公文	《关于学习贯彻习近平总书记重要讲话精神 全面加强历史文化遗产保护的通知》	抓住历史传承脉络，全面加强新时代历史文化遗产保护，结合加强历史文化遗产保护利用、提高遗产价值挖掘阐释和传播推广水平、抓好学习宣传贯彻三个方面工作。习近平总书记的重要讲话精神为历史文化遗产保护指明了方向、提供了遵循
2021年	标准规范	《历史文化街区工程管线综合规划标准（征求意见稿）》	在北京相关规范基础上，确立地下管线敷设、各市政工程管线安全技术设施的相关规定
2021年	机关公文	《中共中央办公厅 国务院办公厅印发〈关于在城乡建设中加强历史文化保护传承的意见〉》（国务院公报2021年第26号）	提出了加强历史文化保护传承的意见，包括构建城乡历史文化保护传承体系、加强保护利用传承、建立健全工作机制、完善保障措施
2021年	标准规范	《住房和城乡建设部关于发布行业标准〈历史建筑数字化技术标准〉的公告》（中华人民共和国住房和城乡建设部公告2021年第108号）	明确了历史建筑数字化过程中基础信息获取、测绘信息获取、成果质量检查及历史建筑数据库建设相关规定
2021年	机关公文	《住房和城乡建设部办公厅关于进一步加强历史文化街区和历史建筑保护工作的通知》（建办科〔2021〕2号）	一、充分认识历史文化街区和历史建筑保护工作的重要意义；二、加强普查认定，尽快完善保护名录；三、推进挂牌建档，留存保护对象身份信息；四、加强修复修缮，充分发挥历史文化街区和历史建筑使用价值；五、严格拆除管理，充分听取社会公众意见
2021年	机关公文	《住房和城乡建设部关于在实施城市更新行动中防止大拆大建问题的通知》（建科〔2021〕63号）	一、坚持划定底线，防止城市更新变形走样；二、坚持应留尽留，全力保留城市记忆；三、坚持量力而行，稳妥推进改造提升
2020年	通知公告	国家文物局关于向社会公开征求《中华人民共和国文物保护法（修订草案）》（征求意见稿）意见的通知	进一步明确文物概念和革命文物、文化景观等文物类型；明确鼓励支持社会力量参与文物保护利用

时间	类型	名称	主要内容
2019年	技术导则	《国家文物局关于印发〈文物建筑开放导则〉的通知》(文物保发〔2019〕24号)	明确文物建筑向公众开放的相关细节
2018年	标准规范	《住房城乡建设部关于发布国家标准〈历史文化名城保护规划标准〉的公告》(中华人民共和国住房和城乡建设部公告2018年第250号)	确定了历史文化名城、历史文化街区、文物保护单位与历史建筑的保护规定。对之前的标准进行了优化
2017年	标准规范	《住房城乡建设部标准定额司关于征求国家标准〈历史文化名城保护规划规范(征求意见稿)〉意见的函》(建标标函〔2017〕32号)	确定了历史文化名城、历史文化街区、文物保护单位的保护规定
2017年	法规条例	《中华人民共和国文物保护法(第四次修订)》(中华人民共和国主席令第81号)	顺应发展,优化文物保护相关的法律责任等
2014年	管理办法	《历史文化名城名镇名村街区保护规划编制审批办法》(中华人民共和国住房和城乡建设部令第20号)	确立了历史文化名城名镇名村街区保护规划编制审批流程的相关内容及要求
2014年	标准规范	《关于发布〈近现代历史建筑结构安全性评估导则〉等15项文物保护行业标准的通知》(文物博发〔2014〕15号)	明确了历史建筑结构安全性评估相关的程序、内容、基本原则,以及从地基、上部结构再到综合评估的评估方式及规定
2013年	法规条例	《中华人民共和国文物保护法(第三次修订)》(中华人民共和国主席令第5号)	顺应发展,优化文物保护相关的法律责任等
2012年	规划编制成果	《住房城乡建设部 国家文物局关于印发〈历史文化名城名镇名村保护规划编制要求〉(试行)的通知》(建规〔2012〕195号)	明确了历史文化名城、历史文化街区、历史文化名镇名村保护的基本要求、编制原则和规划成果要求
2011年	法规条例	《中华人民共和国非物质文化遗产法》(中华人民共和国主席令第四十二号)	明确了非物质文化遗产的构成,确立了对非物质文化遗产的调查、代表性名录、传承与传播,以及相关的法律责任等
2011年	管理办法	《城市紫线管理办法(2011年修订)》(中华人民共和国住房和城乡建设部令第9号)	细节修正:将《城市紫线管理办法》(建设部令第119号)第一条中的《中华人民共和国城市规划法》和第二十条中的"《城市规划法》"修改为"《中华人民共和国城乡规划法》"
2008年	法规条例	《历史文化名城名镇名村保护条例》(中华人民共和国国务院令第524号)	确立历史文化街区、名镇、名村的申报与批准办法及保护规划的具体内容及措施,并明确了相应的法律责任
2007年	法规条例	《中华人民共和国文物保护法(第二次修订)》(中华人民共和国主席令第84号)	顺应发展,优化文物保护相关的法律责任等

中国城市更新

时间	类型	名称	主要内容
2004年	管理办法	《城市紫线管理办法》（中华人民共和国建设部令第119号）	明确紫线划定原则及紫线范围内的建设活动限制及管理办法
2002年	法规条例	《中华人民共和国文物保护法（第一次修订）》《中华人民共和国主席令第76号）	顺应发展，优化文物保护相关的法律责任
1982年	法规条例	《中华人民共和国文物保护法》（全国人大常务委员会令第11号）	明确文物划分、文物工作的方针，以及对于文物保护涉及的法律责任

第四节　北京历史文化街区保护更新探索

北京老城历史文化街区具有鲜明的独特特征，既包括产权、户籍等中国特有的制度特征（北京老城相比国内其他地区更为复杂），也包括规模面积大、居民数量多、功能过度聚集等国内其他历史文化街区不具备的特征。在这种区域差异和独特特征背景下，北京老城历史文化街区保护更新的政策机制既具有突出的代表性，也具有一定的独特性。

一、北京历史文化街区保护更新历程

1982年，国务院公布了首批全国历史文化名城24个，北京名列榜首，对北京老城保护产生了重大影响。1990年北京市政府公布第一批历史文化街区，1999年公布了第一批25片历史文化街区的范围，并于2002年由北京市政府批复了保护规划。

1999—2003年是对近20年来北京历史文化街区保护更新颇为关键和影响深远的时期。一方面，大规模危改对北京老城整体保护产生了严重破坏，另一方面，随着2002年历史文化街区保护规划的批复，标志着大规模进行更新改造的方式已经走向剧终。经过这一阶段，历史文化街区的保护实践基本转入了较为平稳阶段。

2003—2008年是北京历史文化街区保护更新理念和实践多元化探索的阶段，东城、西城、崇文、宣武四个城区分别采取了不同的保护理念和实施策略，以试点片区方式探索北京老城保护更新实施的适宜机制。

2008—2016年的保护实践，某种意义是上一阶段保护实践的延续，

2008—2011年，基本是延续上一阶段保护实践的阶段，已经立项或者启动的保护项目，按照前期的计划实施。2011—2016年，一批影响较大的保护项目进行了实质性的推动。例如，杨梅竹斜街、什刹海、白塔寺、南锣鼓巷都进行了人口疏解和住房改善工作，公众参与和社区治理日益产生较大的影响。

2016年至今，在北京市宏观背景下，历史文化街区中实施了街巷环境整治、社区治理和住房政策改革等一系列的新举措，例如，申请式腾退/退租政策、责任规划师制度等。

二、制度机制和支持性政策探索

一是探索形成了街区更新的规划管控体系。北京市历史文化街区保护更新过程中，逐步探索形成了以法定规划（北京城市总体规划、首都功能核心区控规、专项规划）为根本，以城市设计导则（重点地区和专项导则）为补充，以街区更新为统筹，以责任规划师制度为保障，以城市体检评估为反馈的管控体系。

二是建立了专职保护顾问机构、专职实施协调机构、国企实施主体的实施体系。西城区成立区历史文化名城保护委员会、区历史文化名城保护委员会办公室、区历史文化名城保护促进中心等组织机构，设立功能街区指挥部，通过"指挥部+平台公司"推进人口和功能疏解，制定颁布了《西城区历史文化名城保护委员会工作规则》和《西城区历史文化名城保护委员会专家工作制度》等规范性文件。东城区组建区历史文化名城保护委员会和专家顾问组，制定历史文化名城保护专项规划，设立名城保护专项资金，与市国有资产监督管理委员会签订战略合作协议，引入北京金隅集团股份有限公司、首都创业集团有限公司、市国有资产经营有限责任公司等大型国企参与城市更新改造，形成了系统性的历史文化保护工作机制。组建城市更新改造指挥部，建立区级领导分工负责制，统筹搬迁政策、资金和房源，通过各渠道争取投资、融资，筹集房源，保障重大项目需求。

三是开展街区为单元的街区更新实施工作。街区更新单元划分过程中，与总体规划、核心区控制性详细规划落地相结合，与具体项目的实施相结合，与社会管理、社会治理机制相结合，与现行的管理单元相结合，按照三级体系进行了街区更新单元划分，即街道更新单元、一级街区更新单元和二级街区更新单元。目前，将首都功能核心区32个街道划分为183个一级街区更新单元。一级街区更新单元充分结合正在编制的核心区控制性详细规划，在不突破街道界限的原则下进行划分，主要以现状地区的功能为主；二级街区更新单元是落实实施和管理的单元，根据项目方便管理实施情况、人口容量和服务需求考虑，因地制宜划分更新单元。

四是建立了以街区为单元的责任规划师机制和公众参与机制。在北京市建立责任规划师制度的背景下，东城区和西城区出台了街区责任规划师工作实施意见、街区责任规划师管理办法等文件，明确了街区责任规划师团队的权利义务和工作职责，建立了考核监督机制。街区责任规划师从专业角度为各街道办事处和区政府职能部门提供责任片区内的规划建设管理相关业务指导和技术支持，协助各街道组织公众参与、规划公开等工作，推进城市共建共治共享。

五是建立了系统性的标准规范和技术导则。《北京历史文化街区风貌保护与更新设计导则》（2019年）从技术上规范北京历史文化街区在风貌保护与更新中的"宜"与"忌"，使街区在具体规划、设计及建设时有规可依、有章可循。《北京老城保护房屋修缮技术导则（2019版）》明确了各类房屋修缮的具体细则。此外，还编制了《环境整治设计导则》《环境提升十要素设计导则》《历史文化街区导视标牌设计导则》《四合院建设要素指导手册》《广告牌匾设计导则》《景观照明设计导则》《公共空间城市家具设计导则》《园林绿化设计导则》等一系列专项导则，针对城市环境的各个重要组成部分，提出分区、分类更具体的管控要求，为环境整治提升工作提供技术支持，形成了覆盖园林绿化、民居建设、广告牌匾、引导标识等方面的设计导则体系（表2-4-1）。

六是建立了常态体检评估机制。2013年，北京市探索进行历史文化街区保护规划实施评估，针对历史文化街区保护规划批复10年以来的实施情况进行系统评估。2017年，北京市开始探索建立常态化的城市体检评估机制，按照"一年一体检、五年一评估"方式建立常态机制，其中老城保护作为专题，以总体规划要求为基础，内容分项指标包括老城整体保护十重点、完善保护实施机制两大部分、四大项、三十一子项，基本涵盖了历史文化街区保护更新的全面工作。

三、实践探索

回顾北京市历史文化街区更新的实践历程，大致可以总结归纳为三种类型。

北京市历史文化街区保护更新相关主要制度政策 表2-4-1

时间	类型	名称	主要内容
2022年	法规规章	《北京市城市更新条例》(北京市人民代表大会常务委员会公告〔十五届〕第88号)	落实城市风貌管控、历史文化名城保护要求,严格控制大规模拆除、增建,优化城市设计,延续历史文脉,凸显首都城市特色
2021年	政策文件	《北京市人民政府关于印发〈关于"十四五"时期深化推进"疏解整治促提升"专项行动的实施意见〉的通知》(京政发〔2021〕1号)	强化要以首都发展为统领,坚持任务集成、集束发力,坚持聚焦难题、政策创新,坚持量化细化、突出实效,对专项任务内容进行优化调整,明确了十方面25项任务
2020年	政策文件	《北京市住房和城乡建设委员会　北京市规划和自然资源委员会　北京市城市管理委员会　北京市文物局　北京市东城区人民政府　北京市西城区人民政府关于发布〈北京老城保护房屋修缮技术导则(2019版)〉的通知》(京建法〔2020〕3号)	通知明确了北京老城内的胡同、院落、房屋修缮流程,以及技术规范与评价标准
2020年	标准	《北京历史文化街区风貌保护与更新设计导则》	提出强调各类有保护价值的元素、非物质要素纳入保护要素、避免过度商业化、关注街区改善与风貌等10项保护要素和10项整治要素
2019年	政策文件	《关于做好核心区历史文化街区平房直管公房申请式退租、恢复性修建和经营管理有关工作的通知》(京建发〔2019〕18号)	确保有序推进直管公房申请式退租工作,加强定向安置房源管理;其次实施直管公房恢复性修建;最后做好直管公房授权经营
2018年	政策文件	《北京市人民政府办公厅印发〈关于加强直管公房管理的意见〉的通知》(京政办发〔2018〕20号)	针对建筑:恢复胡同四合院原貌,拆除违法建设,合理经营利用。针对环境:完善公共服务设施,具备条件的房屋或院落,依据保护规划及相关导则,经批准可适当利用地下空间
2017年	政策文件	《北京市人民政府关于组织开展"疏解整治促提升"专项行动(2017—2020年)的实施意见》(京政发〔2017〕8号)	针对疏解非首都功能、优化首都发展布局、降低中心城区人口密度等一系列问题制定了若干要求,如整治占道经营、拆除违法建设
2017年	政策文件	《关于加强国有土地上住宅平房测绘、交易及不动产登记管理的通知》(京建法〔2017〕4号)	住宅平房办理房源核验时,将具有院落居民通行、应急救援功能的部位标注为"通道"。不动产登记部门依据标注信息,在不动产权证附记栏中予以记载
2014年	政策文件	《北京市东城区人民政府关于印发东城区历史文化街区风貌保护管理暂行办法的通知》(东政发〔2014〕56号)	规范化管理该区历史文化建筑、景观和风貌,制定"负面清单"。该办法规定,不得在文物建筑墙面违规设置户外广告、牌匾、标识、灯箱等,对开墙打洞等影响建筑安全和历史文化风貌的行为,涉及非承重墙的由区城管执法监察局进行查处,涉及承重墙的由区房管局进行查处

时间	类型	名称	主要内容
2013年	政策文件	《北京市西城区人民政府关于印发北京市西城区大栅栏琉璃厂历史街区保护管理办法（试行）的通知》（西政发〔2013〕9号）	明确了大栅栏琉璃厂历史街区应按照"疏解、修缮、改善"的要求，有序推进人口合理流动，适度降低居住密度，逐步改善留住居民生活环境。同时提高外迁居民住房条件，所需定向安置用房的房源应予以优先保障
2004年	政策文件	《北京市国土资源和房屋管理局　北京市地方税务局关于印发鼓励单位和个人购买北京旧城历史文化保护区四合院等房屋试行规定的通知》（京国土房管改〔2004〕375号）	购买四合院的单位和个人，必须按照房屋所在区政府审定公布的保护区房屋保护和修缮工作实施方案的规定，落实对所购房屋的保护和修缮责任。区政府和有关部门要加强对购买四合院的单位和个人保护修缮房屋的监督检查工作
2003年	政策文件	《北京市人民政府办公厅关于印发北京旧城历史文化保护区房屋保护和修缮工作若干规定（试行）的通知》（京政办发〔2003〕65号）	针对北京市旧城历史文化街区房屋保护和修缮工作，提出有关房屋改造和修缮、市政设施改造和环境整治、居民疏散、法律责任等相关方面的要求
2002年	政策文件	《北京市规划委员会等关于加强危改中的"四合院"保护工作的若干意见》（市规发〔2002〕1104号）	在旧城内圈出了25片历史文化保护区。规划要求对历史文化保护区必须以"院落"为基本单位进行保护和更新，危房改造和更新不得破坏原有院落布局和胡同肌理

　　一是政府主导的大规模更新改造。以南池子、前门东区、玉河恢复工程等为代表，具有时间短、见效快的特点，能够有效改善地区的市政条件和建筑质量，为实施具有一定规模的公共空间、绿地公园创造条件，可一次性解决产权等历史遗留问题。但同时也存在投入大、社会问题多、可推广性差等问题。另外，"百街千巷"环境整治行动由政府主导，在短时间内迅速实现街巷公共空间的改善，但由于不涉及居民外迁，社会问题较少（表2-4-2）。

北京市历史文化街区更新的典型案例　　　　　　表2-4-2

典型案例	菊儿胡同	南池子	前门东区	南锣鼓巷与玉河沿线	东四南地区	"百街千巷"环境整治	共生院探索
案例概况	南锣鼓巷菊儿胡同地区有机更新试点	普渡寺周边民居与菖蒲河公园建设	鲜鱼口地区人口疏解腾退与更新	南锣鼓巷商业街整治与玉河恢复工程	史家胡同博物馆与史家胡同环境提升	东城区街巷胡同环境整治提升工程	南锣鼓巷、前门东等地区共生院探索
主要涉及内容	居住	居住、水系恢复	居住、商业	商业、水系恢复	环境整治、公众参与	环境整治、公众参与	居住、功能优化
探索意义	首次有机更新实践探索	首个历史文化街区试点	集中连片人口疏解与更新	渐进式改善与水系恢复工程	公众参与示范地区	整体推动街巷环境整治提升	申请式改善的试点地区

二是政府负责公益性投入的小规模渐进式有机更新，以什刹海烟袋斜街、南锣鼓巷商业街、东四南地区为代表，具有持续更新、渐进改善的特点，能够较好地保留地区的文化特征，增强居民对地区保护复兴的信心，街区风貌、文化脉络、人口构成具有延续性。但同时也有实施周期长、统筹协调及运营管理工作量大等问题。

三是尊重居民意愿的申请式分散化微更新。申请式分散化微更新是小规模渐进式有机更新的新形式，以杨梅竹斜街、南锣鼓巷四条胡同为代表，具有尊重居民意愿的突出特征，但同时也存在腾退空间零散分布、利用困难的突出问题。

此外，北京市历史文化街区中也有社会资本进入、居民自发更新的情况，能够有效提升单个院落的建筑质量和风貌品质，丰富业态，满足个体个性化需求，而且实施周期短，实施方式灵活。但整体占比很低，仅适合私有产权类型，而且跟周边市政设施等衔接存在一定问题。

第五节 上海历史文化街区保护更新探索

一、上海历史文化风貌区保护更新历程

上海的城市历史文化保护更新工作始于改革开放之后，到目前为止，大致经历了三个主要发展阶段。第一阶段是20世纪80年代至20世纪90年代。城市建设以改善商业和投资环境、大力发展城市经济、提高居民生活水平和质量为主，与此同时，历史文化资源保护工作逐步被人们重视。1984年，上海市委、市政府在城市总体规划中强调"保护上海城市风貌"的理念，提出了成群、成组地保护革命史迹和标志性建筑的规划设想，风貌区保护雏形基本显现。[①] 1986年，国务院公布上海为第二批国家级历史文化名城。1989年，上海市首次提出"历史文化风貌保护区"的概念。1990年，党中央和国务院宣布开发浦东的决策，上海的城市建设驶入快车道。这一时期的历史文化保护侧重街道（此街道指城市道路街巷）的改造保护，代表性工作有南京东路步行街改造、淮海中路改造等，上海的历史文化名城保护体系正在逐步形成。

---

① 周珂，吴斐琼，王剑.保护规划实施评估方法的实例探索：上海市历史文化风貌区保护规划实施评估：以衡复风貌区实践为例[J].城乡规划，2017（2）：94-104.

第二阶段是进入21世纪至2017年。这一阶段在上一版总体规划（2001年5月版）指引下，上海确立了建设现代化国际大都市和"四个中心"的发展目标定位，翻开了上海城市建设发展的新篇章。2002年，上海市政府首次颁布《上海市历史文化风貌区和优秀历史建筑保护条例》，并于2004年划定第一批12片历史文化风貌区，正式开始集中连片历史地区的保护工作。此后在2005年，划定第二批32片浦东新区及郊区历史文化风貌区，至此上海共有44片历史文化风貌区，基本构建完成了以历史文化风貌区、风貌保护街坊、风貌保护道路、风貌保护河道和优秀历史建筑为主体的点线面相结合的历史文化保护体系。2015年，《上海市城市更新实施办法》（沪府发〔2015〕20号）颁布，对于城市旧区改造举措作出了更加规范和精细化的规定。

第三阶段是2017年至今。在落实十九大精神，实现新时代高质量发展的要求下，2017年住房和城乡建设部提出"实施城市更新行动"的工作方向与目标任务。同年，《上海市人民政府印发〈关于深化城市有机更新　促进历史风貌保护工作的若干意见〉的通知》（沪府发〔2017〕50号），明确相应的规划土地管理实施细则，确定"以保护保留为原则、拆除为例外"的总体工作要求，将强化城市历史风貌保护工作、进一步改善居民生活环境作为深化城市有机更新的重要组成部分。2019年，上海市对保护条例进行修订，公布了《上海市历史文化风貌区和优秀历史建筑保护条例（2019修正）》；2021年，上海发布《关于修改并重新印发〈关于落实〈关于深化城市有机更新促进历史风貌保护工作的若干意见〉的规划土地管理实施细则〉的通知》（沪规划资源风〔2021〕176号）和《上海市城市更新条例》（上海市人民代表大会常务委员会公告第77号）。2022年，《上海市规划和自然资源局关于印发〈上海市城市更新操作规程（试行）〉的通知》（沪规划资源详〔2022〕505号）以及《关于印发〈上海市城市更新指引〉的通知》（沪规划资源规〔2022〕8号）发布。2023年，上海市发布《上海市人民政府关于同意上海市历史风貌区范围扩大名单（风貌保护街坊）的批复》（沪府〔2023〕6号）、《上海市人民政府办公厅关于印发〈上海市城市更新行动方案（2023—2025年）〉的通知》（沪府办〔2023〕10号）（表2-5-1）。

二、保护更新机制政策的经验启示

当前，上海进入了以存量更新为主的城市发展新阶段。新版城市总体规划明确提出，上海作为超大城市，已经逐步进入以城市更新为主要发展模式、

上海市历史文化风貌区保护更新工作相关政策汇总　　表2-5-1

时间	类型	名称	主要内容
2023年	政策文件	《上海市人民政府办公厅关于印发〈上海市城市更新行动方案（2023—2025年）〉的通知》（沪府办〔2023〕10号）	开展历史风貌魅力重塑行动，加强保护传承，合理引导空间载体活化利用。到2025年，完成3个以上历史风貌保护区、风貌保护街坊、风貌保护道路项目，推进3个以上历史古镇保护修缮和更新利用示范项目，打造15个以上历史建筑保护修缮和活化利用示范项目。推进山阴路风貌保护区城市更新等项目
2023年	政策文件	《上海市人民政府关于同意上海市历史风貌区范围扩大名单（风貌保护街坊）的批复》（沪府〔2023〕6号）	将黄浦区HP-53-Ⅱ、HP-54-Ⅱ、HP-55-Ⅱ、HP-56-Ⅱ街坊等4处街坊列为上海市历史风貌区范围扩大名单（风貌保护街坊）并予以公布
2022年	标准规范	《关于印发〈上海市城市更新指引〉的通知》（沪规划资源规〔2022〕8号）	加强历史文化保护和活化利用，塑造城市特色风貌，持续提升城市文化软实力和城市魅力，促进保护建筑的持续修缮和活化利用
2022年	标准规范	《关于印发〈上海市城市更新操作规程（试行）〉的通知》（沪规划资源详〔2022〕505号）	明晰了上海市城市更新的工作路径，明确相关操作流程、规范相关的工作内容和要求，适用于区域更新和零星更新的实施
2021年	政策文件	《上海市城市更新条例》（上海市人民代表大会常务委员会公告第77号）	提出注重历史风貌保护和文化传承，拓展文旅空间。明确选择历史风貌整体提升需求强烈的区域进行更新，对优秀历史建筑及周边建设协调性、指标规范、征收等内容进行阐述
2021年	政策文件	《关于修改并重新印发〈关于落实〈关于深化城市有机更新促进历史风貌保护工作的若干意见〉的规划土地管理实施细则〉的通知》（沪规划资源风〔2021〕176号）	明确历史风貌保护的工作机制、部门职责、年度工作计划、风貌评估和实施方案、项目认定、保护更新方式、规划支持政策、土地政策、土地全生命周期管理和评估考核、房屋产权等内容
2021年	政策文件	《上海市历史风貌区和优秀历史建筑保护条例》修订	适用于本市行政区域内历史文化风貌区、风貌保护街坊、风貌保护道路、风貌保护河道和优秀历史建筑等保护对象的确定及其保护管理
2018年	政策文件	《关于印发〈上海市历史风貌保护及城市更新专项资金管理办法〉的通知》（沪财发〔2018〕7号）	从资金来源及适用范围、资金管理等方面明确建立历史风貌保护及城市更新专项资金，主要用于历史风貌保护及城市更新方面的相关支出
2017年	政策文件	《上海市人民政府印发〈关于坚持留改拆并举深化城市有机更新 进一步改善市民群众居住条件的若干意见〉的通知》（沪府发〔2017〕86号）	推进优秀历史建筑、文物建筑、历史文化风貌区以及规划明确需保留保护的各类里弄房屋修缮改造。严格优秀历史建筑、文物建筑等的日常管理。加强历史建筑传统修缮技术研究，培育专业修缮队伍，建立保护修缮标准体系。继续推进各类里弄房屋修缮改造，传承历史风貌

中国城市更新

时间	类型	名称	主要内容
2017年	政策文件	《上海市人民政府印发〈关于深化城市有机更新 促进历史风貌保护工作的若干意见〉的通知》（沪府发〔2017〕50号）	明确区政府是推进本行政区域内历史风貌保护工作的实施主体，应当对历史风貌保护相关实施项目开展风貌评估并制定年度实施计划，提出并落实历史风貌保护范围内居住困难的居民生活条件的改善措施
2016年	政策文件	《上海成片历史风貌保护三年行动计划（2016—2018年）》	在2016年至2018年三年期间，重点围绕规划编制、试点项目、法规完善三个方面开展，力争用3年时间，在规划层面完成历史文化名城名镇名村保护规划编制审批，完成郊区风貌区扩区，实现风貌区扩区范围城市设计全覆盖，编制完成第五批优秀历史建筑保护技术规定，建立保护对象常态化增补机制，形成一批具有示范效应的风貌保护亮点项目
2015年	政策文件	《上海市人民政府关于印发〈上海市城市更新实施办法〉的通知》（沪府发〔2015〕20号）	正式系统化地规范城市更新工作，明确了区县政府是城市更新工作的主体，涉及城市更新的规划、土地、建管、权籍等各个方面，为全面开展城市更新实践提供依据
2010年	政策文件	《上海市人民政府印发关于贯彻国务院推进城市和国有工矿棚户区改造会议精神 加快本市旧区改造工作意见的通知》（沪府发〔2010〕5号）	坚持"拆、改、留"并举。旧区改造要严格界定改造范围，防止大拆大建。要坚持保护与改造相结合，宜拆则拆，宜修则修，注重保护历史风貌。编制完善历史风貌街区和优秀历史建筑保护规划，明确保留方式和用途，并积极开展保护性整治和改造
2007年	政策文件	《上海市人民政府批转市规划局关于本市风貌保护道路（街巷）规划管理的若干意见的通知》（沪府发〔2007〕30号）	在道路规划红线及街巷控制线要求、沿街建筑退界要求、沿线建筑色彩要求、沿街绿化和古树名木保护要求、户外广告及店招要求、城市雕塑、围墙形式、地面铺装要求、各类公共设施等方面提出保护要求
2004年	政策文件	《上海市人民政府办公厅关于建立上海市历史文化风貌区和优秀历史建筑保护委员会的通知》（沪府办发〔2004〕70号）	成立上海市历史文化风貌区和优秀历史建筑保护委员会、历史文化风貌区规划管理专家特别论证制度
2004年	政策文件	《上海市人民政府关于进一步加强本市历史文化风貌区和优秀历史建筑保护的通知》（沪府发〔2004〕31号）	不断提高认识，增强保护意识；扩大保护范围，实施分类保护；精心编制规划，坚持整体保护；完善管理制度，严格日常监管；推进成片保护试点，探索保护利用新路；完善政策规定，建立保护长效机制；理顺保护管理机制，加强统筹协调
2002年	政策文件	《上海市历史文化风貌区和优秀历史建筑保护条例》	将立法范围由单个建筑或建筑群扩展至历史文化风貌区，同时将优秀历史建筑的标准扩展至建成使用30年以上的建筑，对保护管理的内容和方法作出了更明确的规定

第二章 历史文化街区更新：内外兼修的空间营造

时间	类型	名称	主要内容
2001年	政策文件	《上海市建设和管理委员会等部门印发〈关于鼓励动迁居民回搬，推进新一轮旧区改造的试行办法〉的通知》（沪建城〔200〕第0068号）	促进旧区新一轮改造
1999年	政策文件	《关于本市历史建筑与街区保护改造试点的实施意见》	明确保护改造的性质和试点范围，从保护改造、建筑保护、环境改善、设施完善角度提出保护改造的基本要求
1998年	政策文件	《上海市人民政府关于加快中心城区危棚简屋改造的试行办法》（沪府发〔1998〕第22号）	明确改造项目立项审批流程，确保在本世纪末完成中心城区365万平方米危棚简屋改造目标
1991年	政策文件	《上海市优秀近代建筑保护管理办法》	中国第一部有关近代建筑保护的地方性政府法令。在优秀近代建筑控制地带内新建、改建和扩建的建筑物、构筑物，须在尺度、体量、高度、色彩等方面与优秀近代建筑相协调，不得破坏原有的环境风貌。对环境影响较大的新建、改建、扩建工程，应当经专家小组评审
1991年	政策文件	《上海市历史文化名城保护规划》	作为近现代史迹型的上海历史文化名城的保护工作以历史文化风貌区、历史文化名镇名村和各级文物优秀历史建筑为重点展开，在空间分布上形成了城乡联系、"点线面"结合、物质与非物质文化遗产相辉映的历史文化名城、遗产保护框架体系
1986年	政策文件	《国务院批转城乡建设环境保护部、文化部关于请公布第二批国家历史文化名城名单报告的通知》（国发〔1986〕104号）	上海被国务院公布为国家级历史文化名城

强调空间品质和集约化发展的城市发展新阶段，历史文化风貌保护也需要从新的视角重新审视。新版《上海市历史风貌区和优秀历史建筑保护条例》的修订出台体现出在过去"最严格保护体系"的基础上，更注重整体保护和活化利用，进一步协调保护和更新的关系。[①]

（一）城市保护更新方式转变

上海城市更新工作启动于20世纪80年代初期，以棚户区拆除重建和旧式里弄住宅改建为主。至20世纪90年代初期，上海进行大规模旧区改造，经历

---

① 潘勋，陈鹏，奚文沁.聚焦"整体保护"，促进"积极保护"：新时期上海历史风貌保护规划体系的创新实践和探索[J].城乡规划，2021（Z1）：18-24.

了危棚简屋改造、旧区改造、成片二级旧里以下房屋改造、旧区改造和旧房综合改造四个阶段[①]。在成片的旧改地区包含了相当数量有价值的历史文化资源，随着改造工作的推进，政府意识到在加速旧房成片改造过程中，对这些拥有历史文化价值的建筑和街坊可能存在潜在的破坏风险。因此，2000年中共上海市委七届七次全会提出，在加速旧房成片改造的同时，要保护和修缮有历史文化价值的建筑和街坊，探索鼓励动迁居民回迁的新机制，推进新一轮旧区改造。对具有历史文化价值和建筑特色的风貌街区，进行有计划的保留、保护性改造，"拆、改、留"的旧区改造方式就此形成。2015年中央城市工作会议召开，提出加强对历史文化风貌保护的要求，有序实施城市修补和有机更新。2017年，随着全国城市更新工作的全面展开，上海市委、市政府正式提出旧区改造方式由"拆改留并举，以拆除为主"调整为"留改拆并举，以保留保护为主"，以"城市更新"代替"旧区改造"，并且基于中心城区历史建筑普查，明确提出730万平方米里弄建筑应当予以保护、保留的目标[②]。2019年，随着新版《上海市历史风貌区和优秀历史建筑保护条例》的出台，上海市政府专门设立了保护委员会，该委员会由13个相关委办局组成，负责协调解决全市范围内历史风貌保护更新工作中的重大问题。2020年，上海市委、市政府成立了城市更新中心，开创了"市区联手、政企合作"的改造新模式。2021年，《上海市城市更新条例》出台，这是上海首部有关城市更新的地方性法规，让新阶段之下的上海城市更新工作有了法规的指引。2023年上海市人民政府办公厅发布《上海市城市更新行动方案（2023—2025年）》的通知，开展历史风貌魅力重塑行动，加强保护传承，促进历史文化遗产活化利用，将历史风貌保护与人民城市发展需求有机结合，合理引导空间载体活化利用。

由此可见，上海的保护更新方式由最初的"大拆大建"，到开始重视历史建筑及街区"拆改留并举，以拆为主"的风貌保护性改造，最终转变为保护优先的"留改拆并举，以保留保护为主"的方式。在新版城市总体规划中，提出了"以存量用地更新满足城市发展的空间需求，在做好历史文化保护基础上探索渐进式、可持续的有机更新模式，促进空间利用向集约紧凑、功能复合、低碳高效转变"的历史建筑与风貌区改造指导思想。这一渐进式的理念方式转

① 许璇.从"拆、改、留"到"留、改、拆"：新世纪以来的上海旧区改造与城市历史风貌保护 [J].上海党史与党建，2019（2）：34-38.

② 上海发布.从"拆改留"到"留改拆"，上海旧区改造折射城市温度[Z].2021-08-28.

变，从根本上改变了上海城市更新的方向、方式、方法，进一步挖掘出城市丰富的文化内涵，延续了历史文脉，留住了城市记忆，激发了城市文化创新创造活力，提升了城市软实力和吸引力。[①]

（二）给予配套法规政策支持

2017年7月，上海市人民政府印发《关于深化城市有机更新促进历史风貌保护工作的若干意见》的通知，明确城市有机更新的指导思想是"坚持以保护保留为原则、拆除为例外"的总体工作要求，并结合修订后的《上海市历史风貌区和优秀历史建筑保护条例》进一步完善了历史文化风貌区和优秀历史建筑保护委员会以及专家委员会的工作平台，鼓励更多部门共同参与讨论，建立顶层的议事和专业咨询机构。增加动态优化调整环节，强化对于未来变化的管控能力，允许规划实施过程中的复核勘误、局部调整，但需要通过召开以专家为主的议事会议或专家意见书面征询的形式，以此来保证局部调整及建设活动的申请和方案符合保护要求。创新性地建立了"年度风貌保护实施计划"制度，通过各方协商共同形成计划清单，对清单内的项目，一方面予以更新政策的优先支持；另一方面也要加强全生命周期的综合管理[②]。同时，建立"特别论证制度"。加强风貌区各个项目的审批，防止规划被随意改变，明确规划变更的工作原则和运作程序，协调处理风貌区保护执行中的矛盾，保护实施过程中，任何一个规划变更都必须以议事会议或书面征询专家意见的形式通过专家组的专门论证。特别论证制度保证了保护规划的科学性、权威性和合法性，确保了保护规划的有效实施。[③]

2021年8月，上海市人民代表大会常务委员会公布《上海市城市更新条例》，以法规的形式提出要加强历史文化保护，塑造城市特色风貌。如城市更新因历史风貌保护需要，建筑容积率受到限制的，可以按照规划实行异地补偿；城市更新项目实施过程中新增不可移动文物、优秀历史建筑以及需要保留的历史建筑的，可以给予容积率奖励。

（三）加强部门分工协调配合

采用市、区两级管理模式，明确各级政府职能分工、全市及所辖区的风貌

---

① 国务院.国务院关于上海市城市总体规划的批复：国函〔2017〕147号[Z].2017.

② 潘勋，陈鹏，奚文沁.聚焦"整体保护"，促进"积极保护"：新时期上海历史风貌保护规划体系的创新实践和探索[J].城乡规划，2021（Z1）：18-24.

③ 沈文佳.上海历史文化风貌区保护管理研究[D].上海：上海交通大学，2016.

保护管理工作。上海市人民政府印发《关于深化城市有机更新促进历史风貌保护工作的若干意见》的通知（沪府发〔2017〕50号），明确工作机制由市领导及市相关部门负责人组成，统一领导和统筹协调本市历史文化名城名镇名村及历史文化风貌区、风貌保护街坊、风貌保护道路（街巷）、保护建筑以及经法定程序认定的其他保护保留对象的保护工作。市规划国土、住建、文物部门按职责负责各类文化遗产资源的保护及更新实施工作，市财政局出台专项资金管理办法。同时，落实区政府职责。区政府是推进本行政区域内历史风貌保护工作的实施主体，应当对历史风貌保护相关实施项目开展风貌评估并制定年度实施计划，提出并落实历史风貌保护范围内居住困难的居民生活条件的改善措施。区政府应当指定相应部门作为专门的推进机构，具体负责组织、落实、督促和管理历史风貌保护工作[1]。此外，实际操作中，发挥基层组织作用，部分工作交由街道办事处负责具体实施。如一般历史建筑的修缮、巷道风貌治理、民居设施更新等。逐步由传统的市、区两级模式转变为市、区、街镇全部参与的模式，发挥各方主动性。

（四）创新规划技术编制标准

在风貌区保护更新工作中，规划是龙头。在规划编制过程中，创新性地将街区控制性详细规划和风貌区保护规划合二为一，在控制性详细规划中重点增加了建筑保护分类、保护区划、风貌保护道路内容，规划成果兼顾了保护控制与更新发展，满足了两个规划的要求，简化了审批层级，统一指导后续实施工作。同时，打破旧有的历史文化资源"只能保护，不能开发利用"的保守思想，突破"先规划、后建设、再管理"的思维定式，强调历史文化资源的活化利用，突出历史文化资源在片区更新改造中的文化属性和价值，推行"管理前置"[2]，按照后期运营、管理、维护需求去设定改造条件和改造模式。针对后期管理运营中暴露出的问题，在前期规划设计中引入保护实施方案层级，根据"留、改、拆"的总体要求，在项目整体功能定位、历史资源保护、景观环境建设、基础设施建设等方面落实实施主体责任与义务，确定可操作的实施路径。为尽可能地保留历史文化资源，在新版《上海市历史风貌区和优秀历史建筑保护条例》中增加了"需要保留的历史建筑"的概念，明确"具有一定

---

① 上海市人民政府.关于深化城市有机更新促进历史风貌保护工作的若干意见.2017.

② 周鸣浩."第二人原则"下的城市规划管理新思考：评《历史街道精细化规划研究——上海城市有机更新的探索与实践》[J].时代建筑，2019（5）：170-171.

建成历史，能够反映历史风貌、地方特色，对整体历史风貌特征形成具有价值和意义，不属于不可移动文物或者优秀历史建筑的建筑，可以通过历史文化风貌区保护规划确定为需要保留的历史建筑，并由市规划资源管理部门依法向社会公示。"[1]

此外，保护规划的重点和难点不仅仅在于保留历史遗存，更在于如何控制新的建设，使风貌区能够在发挥其历史价值的同时又能适应现代城市的发展需求。历史地区有其自身的城市空间尺度和风貌特点，往往很难满足现行的城市规划技术规范要求。为此，上海在《上海市历史风貌区和优秀历史建筑保护条例》中将历史文化风貌区规定为"特殊地区"，允许制定"特殊技术规范"，并在高度控制、建筑密度、建筑间距及退界要求等方面进行了较为灵活系统的研究。《上海市城市更新条例》提出因历史风貌保护需要，有关建筑间距、退让、密度、面宽、绿地率、交通、市政配套等无法达到标准和规范的，有关部门应当按照环境改善和整体功能提升的原则，制定适合城市更新的标准和规范。

（五）建立财政资金补贴制度

市政府加大对历史建筑的保护管理资金投入。市财政局制定了《上海市历史风貌保护及城市更新专项资金管理办法》，除征收资金和房源调剂置换由政府负责外，投入范围扩大至历史建筑的整治、大修，以及自来水、煤气、上下水管道等公共设施配套单项综合整治。所需资金由市区两级财政负责，市财政负责40%，区财政负责60%，从2016年开始，市财政历史建筑保护标准提高到50%。同时，保护整治确有困难的历史建筑所有人，可以向区政府申请，由历史建筑保护专项资金给予适当补助[2]。对纳入市房屋管理局修缮改造计划的旧住房和保护建筑修缮改造，符合市级补助条件的，由市级专项资金按照具体修缮改造项目给予相应补助。市级专项资金对社会资本参与成片历史风貌保护地块改造项目的贷款按年度予以一定比例及一定期限的利息补助。

（六）建立年度实施计划制度

创新性地建立"年度风貌保护实施计划"制度。通过各方协商共同形成计划清单，对清单内的项目，一方面予以更新政策的优先支持；另一方面加强

---

[1] 上海市人民代表大会常务委员会.上海市历史风貌区和优秀历史建筑保护条例[Z].2019.

[2] 许璇.从"拆、改、留"到"留、改、拆"：新世纪以来的上海旧区改造与城市历史风貌保护[J].上海党史与党建，2019（2）：34-38.

全生命周期的综合管理[①]。在项目选择上，重点考虑文化遗产资源的活化利用，以保护促更新，优先实施能够带动区域发展的项目，鼓励基于历史建筑空间适用性和风貌延续性，参照原使用情况用途，创新性地引入多样的特色功能，优先引入可以提升地区竞争力和文化软实力的创意文化等核心功能。重点风貌区努力恢复其历史功能和历史氛围，如外滩风貌区等。

三、实践探索

回顾上海市历史文化风貌区更新实践历程，大致可以总结归纳为两种类型。

一是自上而下、由"政府主导—公众参与"的大规模系统性保护与更新，以外滩历史文化风貌区、思南路片区为代表。在保护更新过程中，市政府加强了对市、区政府管理部门的目标控制和监督，从保护更新意识、规划编制思路、市场开发引导等各个环节积极引导多方参与，充分发挥市场机制的作用，通过经济和法律手段，调动社会各方积极性，实现有效保护和合理利用[②]。市级层面成立专门机构，承担房屋置换等经营类业务工作，按照地区整体功能定位，重新调整置换其使用功能及入驻单位等，恢复原有历史功能，在置换时对建筑进行保护修复、维护，以及改善建筑内部环境条件。置换所得资金不仅用于建筑维修和优秀历史建筑保护，还用于地区的市政配套，对历史文化风貌区的保护提供财力保证。[③]

二是自下而上、由"公众主导—政府协调—企业参与"的小规模渐进式的保护与更新，以田子坊风貌保护街坊、莫干山路艺术园区为代表。这类项目通常位于区位较好的中心城区，交通便利，具有典型的上海传统建筑风貌格局，拥有较为丰富的历史文化遗存，开放程度较高，但是内部产权关系复杂，基础设施陈旧。在保护更新过程中，政府创新工作方法，重视民意，灵活管理，在保证产权不变的前提下，尝试一些政策上的突破和有益探索，如街区内指标置换。由街道作为实施主体，对地区基础设施等硬件环境进行整修补充，规范各类生产商业经营行为，促进街区环境品质和居民生活条件的提升。

---

① 潘勋，陈鹏，奚文沁.聚焦"整体保护"，促进"积极保护"：新时期上海历史风貌保护规划体系的创新实践和探索[J].城乡规划，2021（Z1）：18-24.
② 毛佳樑.传承历史、延续文脉，提升城市历史风貌保护水平：上海历史风貌保护规划管理实践[J].上海城市规划，2006（2）：1-6.
③ 沈文佳.上海历史文化风貌区保护管理研究[D].上海：上海交通大学，2016.

第六节　完善历史文化街区更新的关键机制与政策支持

一、完善法规体系推动政策法规系统创新

（一）完善历史文化街区更新相关立法工作

1.建议积极完善历史文化保护相关法规体系。建立法规体系的动态维护更新机制，定期完善更新历史文化名城条例、古树名木管理条例等与历史文化保护密切相关的法规条例；强调一般性法规条例中的历史文化街区特殊性，深入研究业态管理、地下空间利用、机动车停放、消防安全等方面的法规条例，提出历史文化街区针对性条款设计的具体方案，积极推动人大或政府完善地方性法规和规章，推动制定历史文化街区的配套管理规定。

2.建议推动历史文化保护作为特定地区的立法工作。在严格执行现有历史文化名城保护的相关政策法规基础上，积极呼吁人大或政府立法出台历史文化街区保护工作的地方性法规和规章，制定历史文化街区的综合管理规定并出台相关配套政策。

（二）探索遗产腾退、解约、征收等多元化外迁方式

建议明确历史文化遗产外迁腾退的政策体系。历史文化街区中物质文化遗产富集，既有各级文物保护单位，又有历史建筑及其他具有历史文化价值的传统院落。尽管各地历史文化街区持续进行了多年的文物腾退与保护修缮工作，但仍然有大量文物保护单位、历史建筑和具有历史文化价值的传统建筑处于不合理使用状态，存在严重隐患。这种情况下，仍需继续推动遗产保护导向的外迁腾退。这类外迁腾退应当更多采取征收、解约等具有强制力的实施途径，确保较为重要的文化遗产得到有效保护。

（三）明确公私主体的维护责任和权益边界

1.建议建立基于产权细分的权责利益划分政策体系。个体利益与整体利益的有效结合是实现双赢的出发点，鼓励居民积极参与也是国内外许多历史街区保护的基本内容。只有通过产权细分，并建立相应的保障制度，让居民可以平等地参与历史街区的整治改造，使得居民参与和居民的切身利益直接相关，居民参与的积极性才会被调动起来。

历史文化街区应针对产权情况完善应对机制。首先，适宜发挥公有产权房屋的调节作用，建立多种方式的居住保障和居住改善机制；其次，适宜针对不

同产权房屋建立形式多样的管控、协调和监督机制；最后，应是形成长期性的管理政策，明确公共部门与不同产权人的空间权益与义务，明确所有权、使用权的权益和义务，明确房屋质量风貌维护监督的责任主体，形成稳定预期。

历史文化街区应当探索明确居民或使用单位修缮房屋的权责义务。应当根据房屋产权类型，明确房屋所有权、房屋承租权、房屋使用权相对应的权责义务，完善房屋质量风貌评估机制，明确住房修缮整治维护义务的划分，建立奖惩、监督机制，鼓励居民和使用单位共同更新，推动房屋管理部门从维护主体向管理主体转变。

2.建议实施一批细分产权边界及其配套政策的试点。在当前产权制度基础上，积极争取一批政策试点，探索完善配套政策的路径方法，并进行典型性、可实施性、可持续性兼顾的试点总结，避免特殊片区、重点地段、个别院落的探索创新难以复制、难以推广的局限性。

（四）出台房屋"修缮—利用—管理"的全流程管理办法

1.建议建立针对历史文化街区的建设审批管理机制。应当立足于历史文化街区的长远发展，针对地区特色制定整体规划，制定精准化的人、地、房、业管理办法，有针对性地合理引导疏解、修缮、运营各环节工作。应当建立针对历史文化街区"人口疏解—房屋修缮—利用运营"的管理政策合集，整合简化历史文化街区中土地、规划、征收、腾退、建设等方面的各项审批流程。

2.建议在历史文化街区实施长期稳定的腾退改善政策。保持历史文化资源腾退修缮和历史文化街区住房改善的常态化与稳定化，公布疏解政策及补偿标准，公布解危解困政策及实施细则，建议以5～10年为周期进行调整，提高政策延续性，使居民形成稳定的心理预期。

二、完善街区更新行政体系和协同机制

（一）强化属地和专职机构统筹职能

1.建议建立市级层面的历史文化街区长期项目库。建议进一步强调历史文化街区相关项目工作的统筹协调和有序衔接，加强市级层面的整体项目库研究工作，加强市级层面对项目实施计划和实施方案的管理，强调整体性、连续性和一致性，在街区更新项目立项之初强调实施项目之间的整体统筹，在各年度计划之间强调保护实施的连续性，在项目实施具体计划和工作方案中强调老城范围内的政策一致性，解决多头管理与无人管理并存的问题，进一

步明确政府、职能部门和各类主体的责任义务。

2.建议加强历史文化街区更新专职常设机构职能。建议提升街区更新专职常设机构实质性的核心管理作用，强化街区更新专职常设机构在项目立项审批、项目实施监督管理、项目实施方案审查、项目实施效果评价等方面的职能，强化街区更新专职常设机构在实施项目中的统筹协调职能。建立历史文化街区保护更新工作的定期联席会议制度，由街区更新专职常设机构组织重大更新项目的论证和审批等，形成更加整体的空间决策机制。

3.建议探索历史文化街区管委会制度。在历史文化街区保护工作实施评估的基础上，协调区政府部门、国有企业和街道，试点形成历史文化街区管委会，统筹政府公共服务、社区治理、人口和功能疏解、房屋修缮更新建设、业态管理、环境综合整治和市政设施建设管理工作。

（二）推动完善多方主体参与工作机制

1.建议明确政企分工，明确底线保障和市场运营边界。在常态化街区更新工作实施评估的基础上，将街区更新明确为兼顾长期性、多目标的长期工作和实施性、任务分解的近期安排，建立一套街区更新的实施机制体系，对多方主体进行综合、系统的管理和协调。完善多方参与机制，明确企业平台的市场化方式和政府机构的基本保障职能，明确区分角色，清晰界定工作范畴。企业平台以市场方式推进历史文化街区更新项目，政府保障机构以解危解困项目推动基本生活条件改善，建立协调机制，明确划分权责与评估体系。

2.建议激励多方主体参与宣传普及。充分调动专家学者、社会团体、社会公众建言献策的积极性，鼓励企事业单位、社会机构、民间非营利组织和志愿者开办公益事业，充分挖掘历史遗存文化价值。综合司法保障、执法监管、媒体监督等各方力量，强化相关单位依法履行职责义务。积极与媒体合作，加大宣传推广力度，拓展保护的社会影响力。

（三）总结完善居民参与治理路径设计

1.建议尽快总结形成可复制可推广的公众参与路径框架。很多历史文化街区中的居民参与工作形成了良好的社会影响和实践成效，但尚未形成可复制可推广的机制与路径设计。应当及时总结典型地区、典型案例的优秀经验，形成系统性的社区治理与居民参与长效机制，推动历史文化街区多元治理保护实践持续向前。

2.建议总结公共空间与公共设施管理中的多元参与方式。包括底线控制、标准制定为主的公共管理，共识引导、主动参与为主的居民参与，两者相结合形成邻里社区的多元参与方式。

3.建议探索居住院落、居住建筑中的管理方法与自治指南。进一步明确居住院落、居住建筑中管理部门的管理内容、工作准则和控制性方法。探索居住空间精细化管理和居民自治相结合的治理途径，研究居民自治组织治理违法建设、公共环境、停车等问题的行动指南，完善居民议事和自我监督机制，充分实现社区、院落自治，积极鼓励社会组织参与，推动物业公司与院落自治相结合，重点解决居住空间内部难以采取行政管理区域的治理机制。

三、建立街区更新标准规范和技术导则体系

历史文化街区更新中的精细化技术规范创新，出发点在于实现历史文化的保护与传承，坚持以文化为魂，围绕文化保护传承推动精细化管理，探索技术标准和技术手段创新，通过系统性的技术创新，探索适合历史文化街区传统空间形态为主体的技术管理体系。

（一）建立历史文化街区建筑保护更新技术规范

建议建立实施导向的"院落—建筑"修缮整治改造标准规范。结合建筑风貌保护和现代使用功能，探索恢复性修建、拆违、更新重建等过程中的容积率转移和地下空间使用方法，推动保护传统院落格局，探索评价实施结合的院落空间保护与更新方式。建立房屋修缮技术导则，形成针对不同类别院落和不同类别建筑的保护整治方法指南，确定"院落—建筑"的两级评价实施框架，制定"院落—建筑"保护更新实施导则，明确各类院落实施指导建议，明确各类建筑保护、修缮、改善、整治与更新措施。

（二）探索交通停车、市政基础设施技术创新与标准创新

建议建立适应历史文化街区空间特性的基础设施标准规范体系。深入挖掘街区历史文化内涵，建立全面的保护要素体系及基础信息数据库，明确历史文化保护的底线标准，在停车设施建设与管理、排水管线、电力管线、消防要求等方面，形成技术标准创新和管理办法创新，解决各类主体在保护更新中的实际困惑。在统筹地下空间利用的基础上，探索地下空间合理利用的技术方法。

四、完善街区更新资金投入运行机制

根据相关部门对财税情况的测算，近期以及未来几年历史文化街区更新所

面临的财政资金压力将会更为严峻，而未来一段时间历史文化街区更新的工作任务则会迅速增加，历史文化街区更新必须进行前瞻性的探索，更加高效地使用财政资金，推动街区更新的模式创新。

（一）强调公共财政资金高效均衡使用

建议建立历史文化街区公共财政资金投入的前评估和后评价流程体系。重点建立系统化投入决策机制、均衡性投入计划，明确重点投入和普惠投入的关系，控制在重点地区、重点项目的公共财政资金投入强度，提高占主要比例的一般地区公共财政资金投入。正如"让一部分人、一部分地区先富起来，大原则是共同富裕"，街区更新的最终目标是全面复兴和均衡保护。历史文化街区作为边界相对清晰、内涵相对完整的特定区域，其内部的片区之间在保护状况上应当相对均衡。均衡指在街区之间、邻里之间、院落之间，允许有相对重点聚焦的区域，但更重要的是应当保证大面积区域内的基本保障。这种保障反映在共同的诉求上就是相对完善的公共服务设施和基础设施、相对良好的环境质量、相对适宜的经济活动和满足基本生活需求的居住空间。

从均衡的角度看，目前占主要比例的历史文化街区中，普惠投入仍然不足。应当转变过度不平衡的公共财政投入，建立相对均衡的基本原则，这种均衡并非在不同片区采取相同相似的保护措施，而是总体投入均衡的前提下，针对片区特征制定差别化的保护措施，这是避免两极分化的基础。

重视整体性和均衡性，并非做无差别的同质化改善，而是强调空间行动应兼顾普惠作用和先导作用，更加突出普惠作用，转变长期以来环境设施改善过于强调"重点""亮点"和趋易避难的思维，重点片区、重点街巷、重点院落的投入应该具有带动性或者真正的示范性，而非不计成本的、一步到位的过高标准投入，同时应当更加重视占主要比例的居住片区、胡同、院落的有效投入。

（二）探索特许经营和资金可持续运行机制

建议在历史文化街区中建立企业特许经营机制。探索历史文化街区腾退房屋、葺租房屋的特许经营机制，探索国有企业特许经营和日常业态管理的弹性管理办法，保证公共资金投入的公益性，同时，通过经营盈利来保障历史文化街区各类要素的活化利用，盘活文化资源，提高公共财政资金投入可持续性。

探索历史文化街区空间资源统一葺租再利用路径。应当搁置产权私有化或者多元化的笼统辩论，通过明确使用权、收益权和处分权，由公共部门趸租闲置空间资源。通过趸租提供公共租赁房和市场租赁住房，探索利用租赁方式改善居住困难问题，实行不增加产权建筑面积的"平移"与增加实际使用面积的"租赁"相结合，以居民申请、公共补贴的方式，推动住房困难家庭增加有效住房面积。具体而言，即是推动增加"平移+公租""平移+市场租"等途径改善居民居住条件。"平移+公租"针对居住极困难家庭，根据居民家庭实际条件，可通过政府补贴方式租赁住房；"平移+市场租"针对居住困难又不符合住房保障条件的居民家庭，即保持现有房屋产权面积不变，居民可以在区内提供的居住房源中选择平移住房，原有产权居住面积不变，超出面积按市场价收取租金，鼓励具备经济条件的居民改善居住条件。另外，部分趸租房屋，也可以采取特许经营的方式，转为政务保障、公共服务、商业商务服务功能，盈余租金用以平衡居住改善过程中的投入差额。

（三）创新金融手段建立街区更新基金

建议设立历史文化街区更新公共引导基金。探索政府与社会资本合作方式，推进基础设施、市政公用、公共服务等领域市场化运营，将历史文化街区空间资源的存量资产盘活，引入市场化机制，改善资金利用效能，吸引社会资本跟投，鼓励居民投入资金自我改善。探索建立跨区容积率奖励、区内容积率转移等激励机制，解决企业资金平衡问题，增强参与街区更新企业的能力和活力。

五、资源活化利用和功能业态精细化管控

（一）探索不同类别文化资源的活化利用机制

建议建立不同类别文化资源活化利用的管理政策细则。探索腾退后的文物、保护院落、名人故居、优秀近现代建筑、名木古树的保护利用，与历史发展仍有关联的文物应积极延续其历史脉络，推动与之相关的公益性使用，如用作相关主题的博物馆、展览馆、"非遗"传习所等，传承文脉。与历史发展关联缺失的文物可探索新的利用方式，并对社会开放。依据文物保护法规定及相关文件要求，推动将文物腾退项目列入政府固定资产投资计划，确保产权的国有属性，探索管理利用的可持续路径。研究非物质文化遗产、老字号的有效传承途径，精准扶持，提出针对"非遗"、老字号的专项支持，在政策鼓励、管理办法创新、资金奖励、空间安排等方面进行专项研究。引导"非

遗"、老字号在传承文化底蕴的同时，与现代科技与管理结合，逐步增强市场竞争力。

（二）探索功能业态精细化管控机制

建议建立历史文化街区功能业态的精细化评估管理流程和细则。应当结合历史文化街区区位、资源和空间特征，探索业态创新管理办法，评估业态的环境影响、社会效益、文化效益等综合情况，动态监控，逐步提高历史文化街区功能业态的综合效益。明确历史文化街区功能定位，重视传统文化特征，增强文化创意产业的传统文化内涵，增强商业发展与本地居民的关联度。

六、建立街区常态化评估与动态管控机制

建议建立历史文化街区常态化评估管控的工作流程和技术方案。中共中央办公厅、国务院办公厅在《关于在城乡建设中加强历史文化保护传承的意见》中提出，要建立城乡历史文化保护传承评估机制，定期评估保护传承工作情况、保护对象的保护状况。以体检评估为契机，建立历史文化街区的多维价值构成要素框架，完善评估内容和要素框架，建立科学的评估方法和评价标准，形成历史文化街区保护更新实施的可靠依据，健全分类统计制度。同时，建立健全公共财政投入综合效益评价办法，形成社会共识，指导保护实践。

第三章　老旧工业（厂房）区更新：产业迭代升级

摘　要

当前，中国经济社会正在快速发展，城市内部的产业结构和空间格局也在不断重构，伴随着城市内部新兴产业的崛起和传统产业的衰退，城市旧工业区作为城市内部演变最为剧烈的地域之一，面临着产业转型与空间更新的挑战。

经过多年的发展，我国老旧厂（房）区已经形成比较明确的改造模式。总体来看，主要有产业转型升级、功能置换、补齐城市配套短板三种模式。

受现行政策的制约，闲置老工业区、低效用地大量存在且难以盘活，同时对于存量工业用地的再开发缺乏具有针对性、有效的政策措施。工业存量建设用地在土地占用、开发、处置、收益等方面具有一定特殊性，不能完全照搬新增建设用地的政策法规来进行规划建设管理工作。老旧工业区更新制度创新、机制建设具有现实需要和急迫性。

近年来，国家和地方针对老旧厂房改造面临的痛点难点问题给予了支持性政策。如北京市提出"允许临时变更建筑使用功能""在符合规范要求、保障安全的基础上，可以经依法批准后合理利用厂房内部空间进行加层改造"。上海市提出"允许符合区域转型要求的工业和仓储物流用地，可以全部或部分转换为租赁住房"；沈阳市提出"可以根据实际情况适当增加建筑规模，不计入地块容积率核算"等。这些创新政策的提出，为老旧厂房更新提供了制度保障，拓展了老旧厂房更新的应用推广模式，为老旧厂房的更新利用提供了更多可能。

未来老旧工业（厂房）区更新的体制机制建设中，应更多聚焦产业，更加注重产业的迭代升级，通过政策引导，持续优化区域环境，逐步建立以产业为导向的政策体系；持续深化工业用地的土地管理政策改革、优化城乡规划管理体系、创新投融资模式等，为老旧工业（厂房）区的更新提供更多的政策支持和机制保障。

第一节　不同更新模式下老旧工业（厂房）区更新面临的问题与实施难点

在城市产业结构和消费结构不断升级下，老旧工业（厂房）区更新面临产业转型升级、功能优化和提质增效的多重需求，在不同更新模式下，存在的问题与挑战也各不相同。

一、产业转型升级模式下的问题与难点

产业转型升级模式，包括老旧工业（厂房）区更新为研发总部类，智能制造、科技创新等高精尖产业和发展新型基础设施等，存在的主要问题如下：

（一）产权分散不清晰且协调难度大

产权是指更新项目的权利归属，与实施、运营等环节密切相关，是更新项目推进实施的决定性因素。老旧厂房产权关系错综复杂，利益协调牵涉面广，处理难度大。各产权单位如何在更新中达成一致，积极配合并与政府共同形成合力是较难解决的问题。

由于历史遗留原因，较多无产权的建筑，在更新再利用过程中，无法办理经营许可证，无法进行消防检查，影响到更新后建筑的使用。

部分地区在工业化过程中由于缺乏严格监管，形成大量没有合法手续的工业用地，如要对其进行改造必须先完善手续、明晰产权。按照现行政策，需要在征地、转用、供地等环节补办用地手续；需要新增建设用地指标、补缴建设用地有偿使用费。涉及征收的，还要办理确认、告知、听证、社保等手续，手续繁琐、耗时长，在一定程度上影响了老工业区改造的进程。[①]

（二）"工改工"成本高且融资困难

"工改工"是城市更新中公认的最难融资的项目类型。其项目实际周期较长，投资巨大，未来招租不确定，金融机构对于"工改工"项目投资可谓慎之又慎。

在开发商产业运营能力缺失的情况下，"工改工"主要依靠租金获取资金回流，难以吸引银行投资。除了关注项目的地理位置、规划和成本外，银行对项目未来的运营能力要求更高，在政策紧约束的背景下，开发商融资前景可谓难上加难。[②]

---

① 张传勇，王丰龙，杜玉虎.大城市存量工业用地再开发的问题及其对策：以上海为例[J]. 华东师范大学学报（哲学社会科学版），2020，52（2）：161-170；197. DOI：10.16382/ j.cnki.1000-5579.2020.02.016.

② 丁晓欣，张继鹏，欧国良，等.深圳市城市更新"工改工"项目开发的困境与路径分析[J].住宅与房地产，2020（17）：67-76.

老工业改造地块一般都承载着大量的建筑物和构筑物，且涉及土地权益人多、利益关系复杂，收购储备的成本和难度远高于新增建设用地，若单由政府负责实施征地拆迁安置、土地前期开发，需要大量的人力、物力和财力，绝大多数地方政府难以承担。[①]

另外，二次开发需要向淘汰企业支付大量补偿资金，这些资金包括违约赔偿金、企业主补偿金和职工安置金等。如果淘汰的是污染性强的企业，还需要大量的土地整理费用。这些费用导致政府和园区经营者的土地二次开发成本负担过重。单纯依靠财政资金投入、银行借贷、发债方式进行"土地收储收购—出让—再开发"的模式已难以为继。[②]

（三）缺少有效的产业引导且运营能力差

一些"工改工"项目过度关注物质空间的改造，忽略了产业自身的发展逻辑与需求。此外，部分新型产业园区没有与城市建立密切联系，产与城之间的人、物、信息等要素的联系和互动在一定程度上存在阻碍，这都会使产业空间使用效率降低，以致无法完全契合产业发展需求。[③]

定位失准。开发商在"工改工"项目中遇见最严峻的问题就是定位失准，主要体现在区位定位不准、产业定位不准以及客群定位不准等方面。开发商对产业结构和产业基础把握不够深入，甚至出现园区建好后尚不确定引进何种产业的问题。由于开发商对产业定位不够清晰，客观上造成了客群定位困难，招商缺乏针对性，宣传效率低下，产业资源难以引进和产业空心化等现象。

运营能力缺失。"工改工"项目所涉及的产业运营和资产管理，放眼全国都是行业难题，需要足够扎实的运营能力。大部分的企业投身于"工改工"项目，其目的就是想从产业用地的低地价中赚取差价来获利，从而忽视了最重要的一点："工改工"的营利模式不在于对产业用地进行房地产开发，而是要从产业运营中寻求未来增值空间，通过资产管理探索出营利模式。

在开发商建设产业园区的过程中，必须要根据产业园的产业定位和客群定位来定义产业园的具体建造细节，从规划开始，按照客户的需求在园区内设

① 王庆日，张志宏，许实.城区老工业区改造的土地政策研究[J].中国国土资源经济，2014，27（9）：40-46.

② 张传勇，王丰龙，杜玉虎.大城市存量工业用地再开发的问题及其对策：以上海为例[J].华东师范大学学报（哲学社会科学版），2020，52（2）：161-170；197.

③ 赵聘."产城融合"视角下深圳市"工改工"优化策略与实践[J].住区，2019（6）：20-26.

计符合其生产和办公条件的产业用房，对产业用房的结构、层高、跨度、柱距、功能分区、装修标准等都要有明确的规定，要做到和产业需求无缝对接。对配套商业和公寓的规划更要精益求精，要为高端人才提供人性化且优越的生活环境。[①]

（四）土地增容难度大且对市场激励不足

在工业用地更新过程中，由于新项目准入、存量项目提升以及低效闲置土地退出等方面缺少必要的政策保障，使得依托存量资源管控降低成本、调动原土地权利人积极性、吸引企业主动参与等方面未取得良好的效果。

相比新增土地而言，工业用地更新具有成本高、难度大、环节多、时间长等特点。仅依靠政府来推动难度很大，需采取有效措施激励各方参与，但是，目前市场主体的相关激励机制仍在探索。例如，目前提高容积率仍须全额补缴土地价款，磨灭了不少土地权利人的积极性。[②]

工业厂区改造通常涉及用途和容量的调整。用途包含土地性质和使用功能，容量以容积率或建筑规模为指标，容量提升和用途变化作为更新项目的普遍诉求，是平衡成本、推进实施的重要支撑，也常伴随着土地上市、重新定价等相关问题。

"工改工"是唯一在不变更工业用地性质与生产主导功能的前提下，实现产业提质升级和资源高效集约的类型，是存量更新阶段产业高质量发展的重要途径。然而，相较于"工改商""工改居"等收益可观而实践较多的更新类型，"工改工"项目盈利较低，缺少强大的市场驱动力，社会资本改造意愿不强；现阶段"工改工"项目的支持政策及保障机制仍有待完善，推动较为缓慢[③]。"工改工"项目盈利较低，直接导致项目改造意愿不强，项目推动缓慢。[④]

对工业用地展开二次开发，是一个合理实现土地开发利益二次分配的过程，核心在于各方意愿是否能达成一致，政府、土地权利人、开发商等各方的利益是否能得到协调。对于存量工业用地而言，在进行二次开发过程中会

---

① 丁晓欣，张继鹏，欧国良，等.深圳市城市更新"工改工"项目开发的困境与路径分析[J].住宅与房地产，2020（17）：67-76.

② 徐君.工业用地更新中政府与市场合作模式研究[D].上海：上海师范大学，2019.

③ 何思宁，张尔薇，周千钧.政策视角下的工业用地更新研究：以亦庄新城为例[C]//面向高质量发展的空间治理：2021中国城市规划年会论文集（02城市更新），2021：1251-1261.

④ 陈小妹，贺传皎.旧工业区改造政策瓶颈与改进思路：以深圳市为例[J].中国土地，2020（4）：48-49.

有较多的主体涉及，多元利益的存在不利于再开发的有效开展，需要政府的协调。[1]

由于利益分配的机制仍未建立，对企业长期利益考虑不够，导致用地主体对土地的二次开发动力不足。区县政府及园区经营者除短期收益外，还希望拥有持续的土地收益，一方面，希望尽快得到短期的土地出让收益；另一方面，希望通过获得土地的企业稳健经营带来持续的税收，并带动区域内的就业和产业能级的提升。然而，在涉及改变土地使用性质时，土地变性价格补差标准尚不明确；各园区还往往存在着开发机构代政府收储土地或通过市场化方式回购土地的情况。[2]

在工业用地更新过程中，最为核心的就是利益的分配，其中价值最大的就是完成工业用地更新后的土地增值部分。在此过程中，多方主体存在利益矛盾。首先，政府和土地权利人之间的利益冲突。现行的更新流程中，政府负责通过与原权利人谈判来收回工业地块，希望通过土地再出让来获得财政收入，实现土地的二次开发。土地权利人在利益驱动下，更愿意在保留土地使用权前提下，通过提高容积率或者变更性质来获取更多利益。然而，由于需补缴的地价过高，抑制了原权利人积极性，这也带来了寻租空间。其次，政府和企业之间的利益冲突。当前工业地块更新，对土地产权转让、建设参数等都进行了严格控制，以此限制企业行为。然而有的企业获得开发权后，不顾公共利益，通过寻求政策上的突破，降低基础设施的投入成本，来追求更高的利润。在这一过程中，如果政府在公众利益与局部利益面前徘徊不定，可能会损害公共利益；有的企业则因为过于严格执行控制条件，导致更新项目推进缓慢，甚至搁浅。

无论是土地性质变更、提高容积率，还是企业之间的产权转让，政府主要通过补地价以及土地增值税两种方式来取得土地增值部分的收益。市场主体很难取得或者只能取得较少份额的土地增值收益，导致其积极性不高。[3]

（五）土地剩余使用年限短且延续政策不明晰

根据我国的土地管理政策法规，工业用地出让的最高年限为50年，各地

① 詹颖.存量规划背景下低效工业用地再开发策略研究[D].广州：华南理工大学，2020.
② 张传勇，王丰龙，杜玉虎.大城市存量工业用地再开发的问题及其对策：以上海为例[J].华东师范大学学报（哲学社会科学版），2020，52（2）：161-170；197.
③ 徐君.工业用地更新中政府与市场合作模式研究[D].上海：上海师范大学，2019.

在出让工业用地时一般按照最高年限出让。工业用地的二次开发过程中，企业使用期限有所缩短，园区往往处于初步建设期或初始运营期。"工改工"项目盈利需要通过持续的产业培育和资产运营形成的区级新增税收收入来平衡。企业对更新后土地能否办理续期、如何评估确定应缴土地价款、能否取得土地使用权以及土地使用税等政策优惠尚不明晰。

（六）改加建缺少明确的技术标准且验收难

中国城市规划学会发布的团体标准《老工业区工业遗产保护利用规划编制指南》T/UPSC 0009—2021，适用于成规模的老工业区的工业遗产保护利用规划，或相关规划中保护利用技术内容的编制。但指南中提出的相关保护利用要求多为原则性、指导性的描述，在关于老厂房改加建的规划布局、面积控制、内容范围等方面，缺少明确的、具有操作性的规定。老旧厂房涉及多种类别，不同类别建筑物及构筑物的拆除、加固、消防等改造技术仍在探索中，尚未形成标准的技术规范，验收通过困难，从而影响了旧厂区改造的推进速度。

二、发展商务办公、商业配套等经营性用途模式下的问题与难点

发展经营性用途，包括老旧工业（厂房）区通过更新建设商务办公、商业配套等，这种模式同样面临着问题与挑战。

（一）工业用地的商业配套面积限制较严

利用闲置工业厂房发展现代服务业或建设新型服务消费载体是老旧工业（厂房）区更新的重要途径。但在原有老旧厂区的土地性质不变更的情况下，空间难以满足新的产业服务需要。在现行各城市的政策标准中，新型产业用地允许一定比例的商业办公、配套住宅、公共服务设施等，配套用房设施比例在15%～30%，相比一般工业用地中商业服务用地占比7%而言，新型产业用地拥有更强的功能兼容性，业态和营利模式也更为丰富，但即使按照新型工业用地的这种标准，实际中依然难以满足部分项目的配套建设需求。

（二）项目转性申报手续繁杂、周期长

很多项目为了避免补缴土地出让金，选择保留工业用地性质，将地上建筑改造成其他功能，在后续新建审批手续时，产生了土地性质与建筑物性质不一致的问题，导致无法办理审批手续，影响了商家入驻。

有的地区，现状条件下，旧厂房更新方案的建设开发强度、用地性质等规划控制指标与已经批准的控制性详细规划存在一定的矛盾与冲突，在缺乏相

关配套政策进行衔接和指导的前提下，规划部门难以进行项目审批，建设施工许可、消防、土地、环保等相关手续均无法办理。

项目转性申报手续繁杂周期长。工业用地更新过程中，大多数情况下需要实施改扩建或者土地转性，项目的各项参数须符合规划要求。从实际操作看，变更土地性质需经过规划策划、履行规划手续、国有土地收储、土地招拍挂、项目立项、规划许可、办理土地证等程序，操作流程复杂，时间跨度较长。项目报备所需时间较长、手续办理难度较大，审批效率偏低，直接影响了企业的改造动力。

（三）规划调整难度大且常与市场脱节

发挥法定作用的控制性详细规划大多是早期编制，已不适应产业发展需要。要实现更新项目的功能和目标，必须对控制性详细规划进行修编，但相关的流程十分复杂、繁琐。工业区的规划涉及产业经济结构、生态环境修复、景观重塑、城市发展战略等多方面内容，工业用地更新项目在推进过程中，规划调整就需要花费大量的时间、资金，增加了项目的制度性成本。此外，区域规划的编制需要进一步满足市场的需求，邀请市场主体参与规划的修编，否则容易导致规划与项目实施方案的匹配度不高。①

三、补齐城市配套短板模式下的问题与难点

补齐城市配套短板模式，包括建设停车服务、医疗养老、便民服务、科研、教育等公共服务设施，以及提升绿地、广场、应急避难场所等城市公共空间。老旧工业（厂房）区更新补齐城市配套短板的模式面临着以下难点。

（一）政府财政负担较大

与普通公益性项目相比，旧工业建筑公益性再利用项目后期需要投入更大的人力物力进行维护、管理和服务。开发商的投资远不足以满足公益性再利用项目建设的资金需求，投资不足严重阻碍着这类项目的发展。因此，往往需要政府为开发商提供资金补贴，鼓励开发商参与项目的投资改造与运营。然而，过高的补贴会导致政府的财政负担过重，同时带来社会资源配置效率降低等一系列社会问题；而过低的政府补贴又会使开发商入不敷出，无法收回投资，亦无法支付运营成本，不利于项目的持续运营。

---

① 徐君. 工业用地更新中政府与市场合作模式研究 [D]. 上海：上海师范大学，2019.

（二）"工改保"项目收益难

改建保障性住房模式，包括建设租赁型职工集体宿舍和人才公寓等租赁住房，是补充城市住房保障的重要方面。"工改保"的"保"指保障性住房，即住房保障体系中的住房，包括廉租住房、公共租赁住房、经济适用住房和安居型商品房等形式。

厂房改建保障性住房或人才公寓项目需要将土地性质调整为二类或三类居住用地，且居住类项目对周边交通、公共服务配套条件的要求比较高，因此，满足条件的工业更新地块较少，"工改保"在保障性住房筹集项目中占比较少。

对于"工改保"项目，基本的生活配套必不可少，尤其是周边普遍为工业用地项目的"工改保"项目，该类项目对配套设施的需求量更大，"工改保"项目的土地贡献率较高。企业需做好合理规划和经济测算，选择合适的保障性住房物业类型和商品性质物业类型，在商业利益和政府公益间寻找平衡点。

政府对于产业用地调整为保障房用地的态度相对谨慎。需规划和土地资源管理部门结合人口承载能力、配套设施等进行可行性分析，从而判定工业用地能否调整为居住用地。一般的"工改保"项目都位于成片的工业区或者产业园区，周边可能有实体工厂，工厂生产一般会产生环境污染、噪声污染等。如果由生产用地变更为居住用地，建设保障性住房，将面临严格的环评审查。

2019年12月，《住房和城乡建设部 国家发展改革委 公安部 市场监管总局 银保监会 国家网信办关于整顿规范住房租赁市场秩序的意见》（建房规〔2019〕10号）中提出，规范住房租赁市场主体经营行为，保障住房租赁各方特别是承租人的合法权益。为规范租赁住房改造行为，各地制定利用闲置商业办公用房、工业厂房等非住宅依法依规改造为租赁住房的政策，同时，改造房屋应当符合建筑、消防、环保等方面的要求。

第二节 老旧工业（厂房）区更新现行制度梳理

一、概述

2014年3月，《国务院办公厅关于推进城区老工业区搬迁改造的指导意见》（国办发〔2014〕9号），提出了推进城区老工业区搬迁改造的总体要求、主要任务，并明确了融资、土地、财税、环保等方面的政策措施以及重点任务部门分工。

2014年3月，《国家发展改革委关于做好城区老工业区搬迁改造试点工作的通知》（发改东北〔2014〕551号），制定了"组织实施2014年度城区老工业区搬迁改造试点专项工作方案"，工作方案提出了主要支持方向包括老厂区老厂房老设施改造再利用、工业遗产保护再利用，并且提出相应资金支持计划。

2013年3月，《国家发展改革委关于印发全国老工业基地调整改造规划（2013—2022年）的通知》（发改东北〔2013〕543号），确定了老工业基地调整改造的指导思想、目标和重点任务。在政策扶持与规划实施中，从财税政策、融资政策、土地政策、规划实施四个方面提出了指导要求。

2014年，《国务院关于推进文化创意和设计服务与相关产业融合发展的若干意见》（国发〔2014〕10号），提出支持以划拨方式取得土地的单位利用存量房产、原有土地兴办文化创意和设计服务，为利用存量空间资源发展文化创意产业指明了方向。

2015年3月，为加强东北城区老工业区搬迁改造专项资金管理，《国家发展改革委关于印发〈东北城区老工业区搬迁改造专项实施办法〉的通知》（发改振兴〔2015〕493号），明确提出专项实施目标是，经过5至6年左右的持续努力，力争到2020年，基本完成东北地区的城区老工业区搬迁改造任务，把城区老工业区改造成为经济繁荣、功能完善、生态宜居的现代化城区。《东北城区老工业区搬迁改造专项实施办法》提出的支持方向包括创新能力建设、市政基础设施建设改造、企业环保搬迁改造、老厂区老厂房老设施改造和工业遗产保护利用几个方面。

2023年3月，《工业和信息化部关于印发〈国家工业遗产管理办法〉的通知》（工信部政法〔2023〕24号），提出了国家工业遗产的认定程序、保护管理、利用发展和监督管理要求。鼓励利用国家工业遗产资源，建设工业文化产业园区、特色街区、创新创业基地、影视基地、城市综合体、开放空间、文化和旅游消费场所等，培育工业设计、工艺美术、工业创意等业态。

二、部分城市近10年来的老旧工业区更新政策

（一）北京市

2017年12月，《北京市人民政府办公厅印发〈关于保护利用老旧厂房拓展文化空间的指导意见〉的通知》（京政办发〔2017〕53号），明确提出力求为本

市老旧厂房保护利用提供规范、务实、管用的制度指引，同时为深入推进疏解整治促提升提供有效支撑。《关于保护利用老旧厂房拓展文化空间的指导意见》聚焦老旧厂房保护利用中的痛点难点问题，并给予政策支持，例如，利用老旧厂房改建、兴办文化馆、图书馆、博物馆、美术馆等非营利性公共文化设施，依规批准后，可采取划拨方式办理用地手续；另提出可在5年内继续按原用途和原土地权利类型使用土地，暂不对划拨土地的经营行为征收土地收益的过渡期政策，有效地降低企业运营成本；同时为了解决审批困境，提出通过"允许临时变更建筑使用功能"，明确了有关申报办理程序；结合老旧厂房特点和市场实际需求，提出在不改变原有土地性质、不变更原有产权关系、保证消防和结构安全等前提下，可按要求对建筑内部空间适当调整装修，提高厂房使用效益；提出申请主体依据认定意见，按照相关行业审批管理程序报审并组织实施，各审批部门参照改造后的建筑使用功能属性进行审核、验收和监管等政策亮点。

2021年，《北京市人民政府关于实施城市更新行动的指导意见》（京政发〔2021〕10号）和《北京市规划和自然资源委员会 北京市住房和城乡建设委员会 北京市发展和改革委员会 北京市财政局关于开展老旧厂房更新改造工作的意见》（京规自发〔2021〕139号）相继发布。同年8月，《中共北京市委办公厅 北京市人民政府办公厅关于印发〈北京市城市更新行动计划（2021—2025年）〉的通知》，提出要进行低效产业园区"腾笼换鸟"和老旧厂房更新改造，同时充分挖掘工业遗存的历史文化和时代价值，完善工业遗存改造利用政策，引导利用老旧厂房建设新型基础设施，发展现代服务业等产业业态，补充区域教育、医疗、文体等公共服务设施，建设旅游、文娱、康养等新型服务消费载体。

（二）上海市

2011年，《上海市控制性详细规划技术准则》（沪府办〔2011〕51号）中，新增工业研发用地（M4）和科研设计用地（C65）。工业研发用地（M4）指的是各类产品及其技术的研发、中试等设施用地，出让方式按工业用地出让；科研设计用地（C65）指的是科学研究、勘测设计、观察测试、科技信息、科技咨询等机构用地，出让方式按C类用地出让。2013年，《关于增设研发总部类用地相关工作的试点意见》（沪规土资地〔2013〕153号）中将原M4和C65用地统一为C65，且允许C65以定向供地的形式出让。2022年，上海市规划和自然资源局发布《关于印发〈上海市城市更新规划土地实施细则（试行）〉通知》（沪规划资源详〔2022〕506号），允许符合区域转型要求的工业和仓储物流用地，可以全部或部分转换为租赁住房。[①]

（三）深圳市

2013—2015年是深圳老旧工业区更新政策的系统化阶段，工业用地作为未来城市建设的重要来源，政府开始对工业区改造加以重视，并逐步出台具有针对性的政策。2013年，政府发布优化空间资源配置、促进产业转型升级的"1+6"文件，对产业用地供应机制、创新型产业用房、地价测算、工业楼宇转让等方面进行了系统性规范，随后又颁布了系列政策，对受让人资格、增值收益缴纳等方面进行完善和规范。"1+6"文件共包括1个主文件和6个附属文件，其中主文件为《深圳市人民政府关于优化空间资源配置促进产业转型升级的意见》（深府〔2013〕1号），6个附属文件为《深圳市完善产业用地供应机制拓展产业用地空间办法（试行）》《深圳市创新型产业用房管理办法（试行）》《深圳市工业楼宇转让管理办法（试行）》《深圳市人民政府办公厅关于加快发展产业配套住房的意见》《深圳市宗地地价测算规则（试行）》《深圳市贯彻执行〈闲置土地处置办法〉的实施意见（试行）》。自2018年1月《深圳市工业区块线管理办法（再次征求意见稿）》发布以来，深圳工业区升级改造开始进入规范化严格化阶段，该文件被称为史上最严工改政策，严格建筑设计规定、加大产权分割面积、提高产业准入与分割转让门槛、首提产业监管回收土地要求等五方面，严管工业区升级改造项目。

（四）东莞市

东莞市目前通过税收地价优惠及补助、简化规划调整程序等方式调动"工改工"项目的积极性。2019年，《东莞市人民政府办公室关于印发进一步鼓励城市更新促进固定资产投资若干政策的通知》（东府办〔2019〕44号）出台，提出实行税收市级留成专项补助。75亩以上的连片"工改工"项目，自项目首期工程竣工验收后五年内，入驻的规模以上工业企业或经市工信部门核定的工业企业，其缴交的税收市留成部分，其中增值税（市、镇留成25%）、企业所得税（市、镇留成20%），全额补助给开发主体。2020年《东莞市人民政府办公

① 陈海粟，汪虹.上海经营性用地和工业用地城市更新政策的实践和困境：基于原物业权利人和开发商的视角[C]//面向高质量发展的空间治理：2020中国城市规划年会论文集（02城市更新），2021：1645-1650.DOI：10.26914/c.cnkihy.2021.033112.

室关于进一步优化惠企扶持和经济调度的实施办法》（东府办〔2020〕48号）提出，对工业用地及仓储用地的建筑高度、建筑密度、绿地率，满足相关技术规范并经市、功能区自然资源主管部门同意的，可对控制性详细规划指标进行优化细化，并直接出具规划条件或办理规划许可，无需进行控规调整。2020年《东莞市人民政府关于加快镇村工业园改造提升的实施意见》（东府〔2020〕24号），提出"全环节降低成本"和"全链条提高收益"，鼓励提容增效。在符合规划和建筑安全要求的前提下，鼓励土地使用者通过厂房加层、厂区改造、内部用地整理等途径提高土地利用率。建筑密度（≤50%）、建筑高度（≤60米）、绿地率等符合技术规范的调整，结合规划许可直接办理，无需进行控制性详细规划调整。

实施优惠地价。国有出让土地使用权人自行改造的"工改工"项目，剩余使用年限不变，提高容积率的，免收地价款，可以补缴地价款延长土地使用年限。国有划拨工业用地补办出让按区片市场评估价的40%补缴土地出让金。2021年9月3日，东莞市自然资源局发布了《东莞市"工改工"财政补助实施细则（公开征求意见稿）》，对东莞市"工改工"项目各类型补助申请流程以及补助标准做出清晰指引，进一步明确了东莞市将通过加快项目拆除进度、落实产业准入等多种方式，全面推进"工改工"整体工作，保障新兴产业发展载体。

（五）沈阳市

2021年8月，沈阳市财政局发布了《沈阳市政府基金管理委员会关于印发沈阳市城市更新及发展基金管理办法的通知》（沈基金委发〔2021〕2号），提出了沈阳市城市更新及发展基金设立的运作模式以及绩效评价和监督管理，通过政府主导，吸引社会资本参与到城市更新上来。2021年12月，《沈阳市人民政府办公室关于转发城乡建设局〈沈阳市城市更新管理办法〉的通知》（沈政办发〔2021〕28号）正式公布，提出鼓励利用存量土地房屋转型发展文化创意、健康养老、科技创新等政府扶持产业，5年内可暂不改变权利类型及土地使用性质；允许按照控制性详细规划要求进行不同地块之间的容积率转移，对于保障居民基本生活、补齐城市短板及提升历史街区风貌的更新项目，可在满足消防、安全、生态环境等相关要求下，根据实际需要适当增加建筑规模，且不计入地块的容积率核算。

第三节 老旧工业区更新体制机制及政策支持

一、重视产业迭代升级

（一）加强产业升级政策引导

制定配套产业政策，引导企业转型升级。产业是经济的命脉，老旧厂房改造应侧重产业转型升级，避免产生过多商业地产，对房地产造成冲击。应结合区域特色和发展条件，梳理产业功能布局，有目的、有针对性地进行产业招商，培育新兴产业。同时，应准确把握改造项目准入条件，设定改造后的单位产值、地均税收等目标，树立以产业、功能转换为导向的政策体系。

研究出台促进老工业区高端产业发展的引导支持政策。要立足区域功能定位，加强政策集成，严选入驻企业和产业类型，引导高精尖产业要素有序集聚，发挥政策叠加效应，为区域产业转型厚植发展基础。

（二）持续优化区域营商环境

探索针对老工业区特点的优化营商环境的政策措施，进一步缩短行政审批时间，精简行政审批流程，加强对重点企业的服务对接，促进产业落地。

（三）鼓励专业化运营

针对园区运营水平参差不齐、政府指导与培育力度不足等问题，鼓励富有运营经验的优秀国有企业和民营企业参与园区运营。同时，制定全市层面的园区运营机构管理办法，明确资质认定、机构职能、考核备案、奖励扶持等相关内容，切实提升园区专业运营管理水平。[①]

二、深化工业用地的土地管理政策改革

（一）明确新型工业用地的兼容比例

科学确定改造规模，提高土地利用率。综合考虑区域经济条件、市政体系规划，通过投资强度评估合理确定旧厂房改造的建设规模。对具有较好保护价值的工业文化遗产，可选择保留原有建筑物进行有效保护和合理利用。但是对毫无保留价值的老旧厂房，宜重新进行规划设计，在不增加对周边基础

---

① 陈小妹，贺传皎.旧工业区改造政策瓶颈与改进思路：以深圳市为例[J].中国土地，2020
（4）：48-49.

中国城市更新

设施压力的前提下，保证资产的投入产出与土地面积成正比，提高土地利用率。对于就地改造企业用地，可以适当提高土地容积率和商业服务、居住用地比例，吸引社会资金共同参与开发。

明确新型工业用地的兼容比例。可兼容不超过总建筑规模30%的配套设施，并细化可兼容设施分类及比例，如"经营性配套不超10%，服务型公寓不超20%，不宜采用套型式设计"等。[①]

为避免建筑使用功能与用地性质不符，可参考深圳M0新型产业用地类型，增加产业用地的灵活性或按过渡期执行要求，切实加强跟踪监督。

探索弹性用地与兼容性用地。借鉴老旧厂房更新的"过渡期"政策，以及近期正在研究制定的全市用地功能混合管理规定等，在深入研究混合功能的类型与比例的基础上，探索符合产业发展特点的弹性用地与兼容性用地，保障工业主导地位的同时，为科技创新、城市服务以及产业发展所需要的新业态、新功能提供保留与弹性。[②]

为了适应产业转型升级的要求，工业区用地变更规划可与工业区再生策略结合，因政策或产业发展的需要，在不违反用地种类及规定比例的前提下，应给予变更使用的机制及赋予调整用地比例的弹性。改造为商业用途的，以改变用途的土地面积为基数，约定一定比例无偿移交公益性用地或公益性建筑面积。

过渡期结束后必将面临建筑功能明确的问题，由临时转为永久，其变更的法理基础有待进一步研究和完善。这个过程涉及产权变更的手续和流程，需要政府各相关部门协调合作，出台相应的实施细则，为下一步工作做好准备。[③]

（二）细化容积率调整的规则

根据级差地租的变化，调整容积率，明确不计容积率的规定。为补齐城市短板，聚焦公共空间和公共服务设施建设，对配建公共空间与设施给予不计容积率的激励。例如，在满足安全、环保要求的前提下，对架空走廊、电梯、消防避难层、无障碍设施、停车库等公共服务设施和市政基础设施的建筑规

---

① 郭洁，郭斯蕤.张家湾设计小镇：北京城市副中心新型工业用地混合利用研究[J].北京规划建设，2021（4）：143-147.

② 何思宁，张尔薇，周千钧.政策视角下的工业用地更新研究：以亦庄新城为例[C]//.面向高质量发展的空间治理：2021中国城市规划年会论文集（02城市更新），2021：1251-1261.

③ 李劭杰."双创"政策引领下的厦门旧工业区微更新探索[J].城市规划学刊，2018（S1）：82-88.

模，可不纳入地块容积率计算。考虑其建设规模一般不大，地块配建后容积率增加不多，但配套水平更趋完善、空间品质明显提升、片区城市承载力显著强化，宜予以引导鼓励。此外，为避免城市更新项目因争取奖励容积率而配建过多非必要的设施，应对奖励容积率之和的上限作出规定。

（三）制定延长土地使用年限的管理办法

《北京城市更新条例》在延长土地使用限制方面提供了政策样本。如采用期限届满前申请续期、补缴地价款的方式延长土地使用年限。鼓励以弹性年期方式配置建设用地使用权，建设用地使用权可提前续期，但剩余年期与续期之和不得超过该用途土地出让法定最高年限。采取租赁方式配置的，土地使用年期最长不得超过20年；采取先租后让方式配置的，租让年期之和不得超过该用途土地出让法定最高年限。

（四）出台地价款缴纳优惠政策

调整土地利益分配，实现政企共赢。旧厂房自行改造降低了政府收储成本，贡献了固定资产投资和税收，政府和企业双方均有受益。政府不应只考虑土地收益，将项目改造作为一锤子买卖。可积极学习广东等地的先进经验，通过土地出让金返还、折价、弹性收取土地出让金，减免税收等方式，适度地让利于企业，去除工业用地的隐形价值，实现土地的经济价值。

（五）明晰工业用地政策机制

研究出台企业用地收储或合作经营的实施路径，鼓励纳入老工业区改造的企业自行或合作进行开发；探索建立土地、财税等过渡期政策，探索"带产业项目"等挂牌供地方式。

把落实土地政策作为解决工业改造地区发展建设难题的重要举措，研究细化工业企业自主开发、联合开发等开发模式的供地政策，进一步明确土地协议出让的相关条件和操作细则。研究制定权属用地土地收益管理办法，明晰收支两条线操作流程，明确政府土地出让收入使用范围，建立土地收益上缴对账机制，实现工业权属用地土地收益统一征收，专项管理。评估老工业区土地资产，研究在市内其他区域进行土地置换的路径。

三、优化城乡规划管理

（一）加强规划引导

制定城市更新片区规划，发挥规划的引领带动作用。强化规划统筹与管控功能，促进区域功能定位与人口、资源、环境相协调，确保一张蓝图绘到底。深化区域功能定位和规划研究，细化主导功能、产业方向和开发建设时序。

加快相关区域的控制性详细规划编制和调整工作。深入推进规划实施，创新规划审批机制。严格控制建设规模和项目准入，落实多规合一要求，统筹算好"人口账、产业账、生态账、交通账、平衡账"五本账，促进区域高水平转型。

完善新地区规划体系，加强综合性规划与专项规划的统筹衔接，编制实施城市设计导则、地下空间、绿色生态、海绵城市、产业、交通、综合管廊等专项规划。按照国家第三批智慧城市试点工作的要求，进一步完善园区智慧城市顶层设计规划。

（二）完善各类技术标准

当前，建筑法规大多面向新建类建筑，缺少面向改扩建的法律制度或规范性文件。针对工业改造项目新出台的新型用地政策，诸如郑州的M0用地、新型产业用地、M1A新型工业用地等，对车位配比、建筑密度的要求较为严苛，与工业生产的现状存在冲突，建议结合当地情况和产业发展方向给予更富有弹性的调整空间。

工业厂房改造是一个工业建筑的旧有结构形式与民用建筑功能相结合的过程，在技术规范上存在着诸多需要解决的矛盾和克服的困难，与现行建筑防火、抗震等规范要求有很大差距。需要总结相关实践经验，制定老旧工业厂房保护利用相关的设计标准及规范，从规划设计、建筑设计、绿色建筑、结构设计、机电设计、消防设计等多个方面，提出适合老旧厂房改造的规划设计标准。

（三）加强房屋安全监管

自行改造对企业的开发能力要求较高，大多数企业对政策、技术规范、结构抗震、消防安全等缺乏深入了解，极易出现即使有改造意愿也难以实施的现实问题，因此鼓励引入有开发经验的第三方进行联合开发，对缺乏改造能力的原土地权利人提供技术支持，以提高操作可行性。[①]

完善"工改租""工改保""工改住"类建筑的管理审批和监管，建筑功能

[①] 李劭杰."双创"政策引领下的厦门旧工业区微更新探索[J].城市规划学刊，2018（S1）：82-88.

改变必须保证符合结构安全、公共安全、消防、环境、卫生、物业管理等相关技术要求。

（四）优化项目审批流程

积极推动相关地方政策法规的出台，完善改造审批程序，协同横向部门打通关键环节，建立长效实施机制，保障工业厂区更新项目的顺利实施。

完善工业建构筑物改造办理程序，促进工业遗存再利用。优化工业区改造项目审批机制，促进重大项目尽快开工。针对工业改造类项目的特点，细化衔接相关前期操作流程，加快推动项目落地。

当前，案例项目涉及区住建、规划和自然资源局、财政、税务、金融、发改委等多条线，沟通成本高昂，且容易受到领导换届影响，建议在住建或自然资源部门创设专职从事城市更新的管理机构，用以协调各类相关部门，保持政策的连续性。

建立简化的审批机制，从规划设计到实施监管，形成全流程的管理体系，相关部门进行联审，提供绿色通道，以保障老工业区更新工作的顺利进行，推动项目快速落地。

四、创新投融资模式

积极出台融资方面有突破性的政策，努力化解历史财务成本压力。促进央企、市企、民企、外资、侨资等各类企业间资源的战略合作，促进各类企业相互配合、各类资金有效融通，形成共促区域发展的良好格局。

建立完善基金等股权投资激励机制，争取更多社会资本参与老工业地区发展建设。支持投资开发企业开展资产证券化、房地产信托投资基金等金融创新业务，加大资本市场直接融资力度，研究置换高息存量贷款。

建立土地融资平台，以改造前后的土地增值收益平衡财政预算，将所获资金用于片区城市基础设施完善，生态绿化建设，保障性住房、医院、教育等设施投资，提升城市服务功能。

第四章 | **老旧商业商务区更新：城市新的活力空间**

摘　要

老旧商业商务区更新是城市更新的重要组成部分，是城市发展模式转型、经济提升的重要契机，其中蕴含着土地增值、产业提升带来的巨大经济价值，同时也是城市历史、文化传播的展示平台。但是，由于涉及多元利益主体且更新内容较为复杂，老旧商业商务区更新不仅面临着空间层级更新，同时也需要考虑产业架构、活力营建等多方面的更新迭代。而长久以来，商业商务区发展以市场力量为主导，政府干预的行政力度较难把握，因此，相较于城市更新的其他领域，老旧商业商务区更新的相关政策与制度设计在体系性与深度上均有待强化。

老旧商业商务区更新政策制定的关键在于，一方面，要理顺市场主体更新的实施路径，进一步优化政府职能，完善审批机制与部门协商机制；另一方面，要强化商业商务区存量开发的市场监管，合理地进行增值收益分配。同时，商业商务区更新制度机制应关注以下十大方面：①更新前进行公共设施、产业发展等要素的全面评估与专题论证。②编制商业商务区存量空间更新的技术标准和设计导则。③创新商业商务区空间管理手段。④鼓励地方探索功能适度混合的用地模式。⑤划定特别政策区，在政策区内给予建筑量容积率、混合用途等支持措施。⑥优化商业商务区更新工程项目建设审批监督机制。⑦完善商业商务片区整体更新的统筹与利益平衡机制。⑧建立商业商务区自下而上自主更新机制。⑨培育存量商业商务专业化运营市场。⑩商业商务区更新智慧化。

第一节　概　述

一、商业商务区更新的意义

商业既是城市发展的基础，也是城市活力的表现，更是城市个性与魅力的彰显。商业商务区更新是城市功能的进化，在保留城市风貌建筑及文化的过程中，通过注入新的产业基因，实现商业贸易的发展与片区活化。

近年来，我国消费市场规模稳步扩大，消费对经济增长贡献率显著增强，线上线下融合、绿色、共享、智慧等新兴消费模式蓬勃发展，消费升级促进商业业态重组。商业商务区作为促进消费升级的重要平台，其更新是构建完善城市商业体系的重要引擎。不仅有利于提升居民消费体验，优化消费环境，也有助于推动传统商业业态转型升级，形成商业聚集效应，构建新经济发展格局。

与促进消费大势相悖的是，商业商务区内大量的商业空间已出现同质化及空心化的问题，部分老旧商业商务区随着建筑物理功能衰退、配套设施的落伍以及新商业商务区的崛起逐步走向衰败。同时，随着居民生活质量和层次的提升，人的需求越来越多元化、个性化，这种消费诉求升级推动更多商业业态的跨界创新发生，传统的商业商务区难以满足商业模式的迭代要求。

商业商务区还是城市中汇聚多种功能的活力地区，成为城市汇聚人气，彰显特色，促进经济的核心地区。在商业环境中，城市活力的聚集激发离不开运营、策展以及活动的支撑。通过将内容活动与空间场所结合，构筑全新的场所精神，真正焕发商业商务区的活力。这要求城市商业商务区在更新改造中明确自身定位，同时重视区域内消费者的体验与反馈。商业商务区通过丰富区域内商业商务活动类型，推进较为单一的商业空间转变为可容纳更广泛生活方式的空间，可以满足创意阶层生活方式的需求，将个性化、精品化和艺术化融为一体，形成新的城市活力空间。

商业商务区更新是城市更新与进化、激发城市活力、提升城市功能形象的重要方面之一，存量商业商务区的升级焕新已日渐深入城市发展的新格局中，其更新需要对经济、产业、历史文化、空间环境等进行综合考量。伴随着城市中商业更新市场力量的参与，各方需求愈发多样、复杂，在城市更新的背景下积极推进商业商务区更新，优化更新路径，使其既能够顺应居民消费升级趋势，增强对内需体系完善的基础性作用，又能够在推进高水平对外开放中发挥作用，促进国内国际双循环，同时还能够成为展示城市文化、生活、经济的窗口，优化城镇空间布局，对于实现城市高质量发展与高品质生活意义重大。

商业商务区更新助力培育完整内需体系，促进内外双循环。"十四五"规划对促进消费提出了总体要求，即"营造现代时尚的消费场景，提升城市生活品质。"同时，规划还明确提出："全面促进消费，培育建设国际消费中心城市。"从国家政策导向来看，商业商务区更新是提升城市消费能级，顺应经济发展要求的必然举措。商业商务区往往是城市活力的核心聚集区，在城市更新和消费升级的双重作用下，作为多维空间功能的聚焦点，商业商务区将人有效地连接与汇聚起来，让沉寂已久的城区和老旧建筑活化并焕发新的生命力，加速城市核心区的活力再生。

商业商务区更新助推城市开发建设方式转型。为积极稳妥实施城市更新行动，2021年，《住房和城乡建设部关于在实施城市更新行动中防止大拆大建问题的通知》（建科〔2021〕63号）强调，实施城市更新行动，要顺应城市发展规律，尊重人民群众意愿，以内涵集约、绿色低碳发展为路径，转变城市开发建设方式，坚持"留改拆"并举、以保留利用提升为主，严管大拆大建，加强修缮改造，注重提升功能，增强城市活力。商业商务区作为城市更新的重要场景之一，成为促进城市建设方式由"拆改留"向"留改拆"转型的重要实践场。

促进城市更新政策创新不断深化。一方面，应对商业商务区发展的现实问题。城市中部分老旧商业商务区随着建筑物理功能衰退，活力缺失，更新过程较为艰难。在过去的增量规划中，由于城市蔓延和郊区化导致旧城商务区的投资缩减、功能抽离和活力衰退，使得旧城商务区逐渐失去集聚效应，出现空心化的问题。同时，随着城市产业发展的快速迭代，高附加值产业与其相适应的商务区空间出现了较大差距，亟需创新政策手段推动商业商务区更新。另一方面，加强政策机制创新。商业商务区承载的消费提升与产业升级的经济发展任务需要相应的空间更新政策予以支持，如各类城市功能在商业商务区混合交叉，公共物品与公共服务短板突出，更新主体力量分散难以形成合力等问题，需要研究相应的政策机制，大胆创新，才得以达成商业商务区更新完善城市功能、提高城市活力、促进社会资本参与路径畅通的目标。

二、商业商务区更新的内涵

（一）商业区更新内涵（含步行商业街）

1.商业区

商业区是指城市内部商业网点集中的地区，一般位于城市中心或交通方便、人口众多的地段，通常以全市性或区级的大型综合性商店为核心，由几十家甚至上百家专业性或综合性商业企业组成。商业区的特点是商店多，规模大，商品种类齐全，可以满足消费者多方面的需要。商业城市或历史文化名城中的著名商业区，在本市或外来消费心理上占有特殊地位，不仅具有商业意义，也有旅游观光意义。

2.商业区更新

商业区更新包含两层含义：一种指破败地区通过土地整备、区段征收或旧建筑利用，将其原有的功能置换为商业区，成为新型商业区；另外一种为原有商业区的整建、修复和活力提升。其中，对于城市中心的旧商业区更新而言，通常选择具有悠久历史，见证了城市发展沧桑且具有重要历史文化价值，同时也承载了当地居民精神价值的商业区。不同城市的旧商业区的特点虽然有所不同，但与城市其他功能区相比，旧商业区大多都会表现出区位重要、建筑密集、功能复合以及历史悠久等特点，因此，旧商业区的更新改造除了物理空间的改善，还需注重文化延续与活力提升。

目前，城市商业区更新并没有规范化、明确的定义。根据多年来国内外学者从各自学科角度的研究，可对商业区更新的概念作出初步界定，即商业区更新是对缺乏活力的老旧商业区，通过完善其基础设施、公共空间、业态功能和消费升级，融合历史文化深度，使商业区更具独特性，彰显地方特色且提升街区活力的升级改造。

（二）商务区更新内涵

1.商务区

商务区是指在城市里主要商务活动进行的地区。商务区高度集中了城市的经济、科技和文化力量，作为城市的核心通常具备金融、贸易、服务、展览、咨询等多种功能，并配以完善的市政交通与通信条件。商务区是在现代城市的不断发展与完善过程中出现的一种城市空间形态，是工业化和经济全球化发展为中心商务区的根本动力。而中央商务区主要在一些国际化程度较高的全球化城市之中，我国的中央商务区（CBD）是集金融、贸易、展销、购物、文化、服务功能及商务楼宇、公寓为一体的区域，常作为一个拉动投资、集聚产业和人口、提供就业的独立分区。

2.商务区更新

中央商务区更新演化主要分为两种类型：一是以商务办公区为特征，如纽约曼哈顿、上海陆家嘴。二是在原有中心区的商业中心基础上发展起来，具有混合中心的特点，但已经或正向商务设施主导功能方向转变，如南京新街口商务中心。

目前，城市商务更新理论暂无规范化、明确的定义。但各界学者从各自学科角度对其进行大量研究，初步界定商务区更新是对由于城市蔓延和郊区化导致投资缩减、功能抽离和活力衰退以致失去集聚效应的旧城商务区,通过管理和更新进一步集聚产业,使其在空间、功能、用地、产业、环境、智慧等方面优化升级,从而将社会存量资产变为社会良性资产,提升城市活力,彰显城市形象的改造过程。

当前阶段,对城市商业商务区并无规范明确的定义,但通过对商业区和商务区相关概念的大量研究与分析,发现商业区和商务区之间存在一些共性的功能与需求,特别是针对二三线城市的商业、商务混合区域。因此,对商业商务区的概念作出了初步的界定,即主要是指以商业服务业、商务办公及娱乐休闲等功能为主的核心空间,既可以反映城市文化特色与活力,同时又满足人们的经济活动、文化娱乐活动、社会生活及就业需求的综合活动区域。

第二节 商业区更新概述

一、发展历程

作为城市公共活动空间和商业空间的重要组成部分,城市商业区在我国近30年来的城市建设发展过程中占据着重要地位。伴随着中国城市化进程的推进,商业街区处于不断发展的热潮之中。商业区承载着城市的许多重要功能,是商品交换、文化娱乐、金融服务以及其他活动的场所,同时还体现了城市的风貌提升。由于受到形成时期经济、交通等条件的制约,旧城中的商业街区不能适应社会、经济、文化的发展要求,地段传统格局和特征的保护也受到冲击。

改革开放到20世纪80年代中期,商业区更新以"见缝插针"的单体美化理论为主导。城市针对一些大型的商业中心街区开展了局部改造,特别是对商业区内的单体建筑与设施进行了"见缝插针"式的美化建设,如北京琉璃厂商业街、南京夫子庙、上海城隍庙、苏州观前街等。商业建筑从建国初期单层百货商业形式发展成为多样业态形式的百货商场。

20世纪80年代末到20世纪90年代,商业区更新逐渐开始关注更新空间的综合性与完整性,发挥步行街的引领带动作用,引导商业区内的商业体聚集。在这一时期,随着房地产的兴起,商业地产成为其重要组成,进入了快速发展阶段,多数城市开展了步行街的改造,并以步行街为依托,呈现出商业体聚集的商业区。例如20世纪90年代末,北京王府井商业大街进行的改造,是以更新基础设施和拆小建大为主要改造形式，在街道上增加休息长椅、水景喷泉绿化及雕塑等；同一时期，在上海南京路的两次改造中，保留了商业街的空间尺度，对旧建筑进行改扩建或原址重建，将原有的车行交通街道改造成长度达1000多米的商业步行街。商业业态扩充了餐饮、娱乐、影院及专卖店比重。

20世纪90年代至今，在人本导向下，更新理念向更加综合动态的整体复兴深化发展。随着规划理念的演进，开始意识到商业区所在的区域在记载城市活动多样性与历史演变过程中的作用，更新理念开始强调传统商业区经济、职能的复兴，将促进投资和推动地区的经济发展作为目标，除了物理空间提升以外，还涵盖了更广泛的社会改良和经济复兴，常见的有维修置换、功能重组、功能置换等手段。广场式、街区式的商业综合体开始出现，由此将步行街的概念引入建筑内部，使室内外空间联系更加紧密，同时注重将主题性、体验性注入商业区，并加入文化、旅游、展览等公共文化活动，使其进一步融入城市生活，如北京三里屯太古里、蓝色港湾，上海新天地、大宁国际广场等。

从更新实践来看，国内商业区更新经历了从传统线性商业街到百货商店，到商业综合体，再到商业区的发展历程；商业区范围内的公共空间和交通空间，经历了从室外到室内再到室外的回归。当前，国内传统商业区保护与更新尚缺乏能够达成多方共识的指导性理论，但是经过实践研究发现，引导商业区更新的核心理念也正在不断深化：从最初机械、单一的更新观念，到综合、动态的更新观念，再到如今整体复兴的更新观念。

二、政策要求

自2016年以来，国家陆续出台的若干政策中均提及商业区更新，对存量商业转型方向提供了引导。总体来看，商业区内存量空间转型为租赁住房、场景化体验式综合购物场所、社区商业及养老设施是国家层面引导存量商业转型的方向。

2021年，国家发展改革委等28个部门印发的《加快培育新型消费实施方案》，就文旅融合、智慧商圈、完善基础设施和消费中心布局等方面，对商业区提质升级提出了要求。该实施方案聚焦商业区多业态融合发展，加强智慧配套建设，提升国际—区域—城市—社区消费中心建设水平，优化消费用地支持等方面。为激发市场主体参与商业更新，国家在优化营商环境与工程项目审批改革方面也提出了要求（表4-2-1）。

时间	类型	政策名称	主要内容
2023年	政策文件	《国务院办公厅转发国家发展改革委关于恢复和扩大消费措施的通知》（国办函〔2023〕70号）	提升城市商业体系，推动步行街改造提升，发展智慧商圈，打造"一刻钟"便民生活圈，构建分层分类的城市消费载体，提高居民消费便利度
2022年	政策文件	《中共中央办公厅 国务院办公厅印发〈关于推进以县城为重要载体的城镇化建设的意见〉》（国务院公报2022年第14号）	围绕产业转型升级和居民消费升级需求，改善县城消费环境。改造提升百货商场、大型卖场、特色商业街，发展新型消费集聚区
2021年	政策文件	《关于印发〈加快培育新型消费实施方案〉的通知》（发改就业〔2021〕396号）	1.深入发展数字文化和旅游。在国家文化和旅游消费试点城市、示范城市优先建设一批新型文化和旅游消费集聚地，加强文创商店、特色书店、小剧场、文化娱乐场所、艺术展览、沉浸式体验型项目等多种业态集合。 2.加强各层级消费中心规划布局，培育建设国际消费中心城市，着力建设辐射带动能力强、资源整合有优势的区域消费中心，加强中小型消费城市梯队建设。 3.优化消费相关用地支持。支持各地在符合国土空间规划和用途管制要求前提下，探索二三产业混合用地方式，合理增加能更好满足居民消费需求的重大基础设施建设用地供给
2021年	政策文件	《国务院关于开展营商环境创新试点工作的意见》（国发〔2021〕24号）	深化投资审批制度改革。推进社会投资项目"用地清单制"改革，在土地供应前开展相关评估工作和现状普查，形成评估结果和普查意见清单，在土地供应时一并交付用地单位。推进产业园区规划环评与项目环评联动，避免重复评价。在确保工程质量安全的前提下，持续推进工程建设项目审批制度改革，清理审批中存在的"体外循环""隐性审批"等行为
2021年	标准规范	《城市商圈建设指南（征求意见稿）》	编制城市商圈总体发展规划，合理安排商业网点空间布局、业态结构和发展规模，因地制宜确定不同层级商圈占地面积、辐射范围、建设规模、功能要求、业态配置、消防设施等建设标准
2020年	政策文件	《国务院办公厅关于以新业态新模式引领新型消费加快发展的意见》（国办发〔2020〕32号）	规划建设数字化新型消费网络节点，积极发展"智慧街区""智慧商圈"。深化步行街改造提升工作，鼓励有条件的街区加快数字化改造，提供全方位数字生活新服务
2020年	政策文件	《国务院办公厅关于进一步优化营商环境更好服务市场主体的实施意见》（国办发〔2020〕24号）	1.全面推行工程建设项目分级分类管理，在确保安全前提下，对社会投资的小型低风险新建、改扩建项目，由政府部门发布统一的企业开工条件，企业取得用地、满足开工条件后作出相关承诺，政府部门直接发放相关证书，项目即可开工。 2.加快推动工程建设项目全流程在线审批，推进工程建设项目审批管理系统与投资审批、规划、消防等管理系统数据实时共享，实现信息一次填报、材料一次上传、相关评审意见和审批结果即时推送

时间	类型	政策名称	主要内容
2019年	政策文件	《国务院办公厅关于加快发展流通促进商业消费的意见》(国办发〔2019〕42号)	鼓励传统百货转型升级。鼓励经营困难的传统百货店、大型体育场馆、老旧工业厂区等改造为商业综合体、消费体验中心、健身休闲娱乐中心等多功能、综合性新型消费载体。在城市规划调整、公共基础设施配套、改扩建用地保障等方面给予支持
2019年	政策文件	《国务院办公厅关于推进养老服务发展的意见》(国办发〔2019〕5号)	完善相关供地政策。存量商业服务用地等其他用地用于养老服务设施建设的,允许按照适老化设计要求调整户均面积、租赁期限、车位配比及消防审验等土地和规划要求
2018年	政策文件	《国务院办公厅关于开展工程建设项目审批制度改革试点的通知》(国办发〔2018〕33号)	1.统一审批流程。优化审批阶段、分类细化流程、大力推广并联审批。 2.精简审批环节。精简审批事项和条件、下放审批权限、合并审批事项、转变管理方式、调整审批时序、推行告知承诺制
2016年	政策文件	《国务院办公厅关于加快培育和发展住房租赁市场的若干意见》(国办发〔2016〕39号)	允许将商业用房等按规定改建为租赁住房,土地使用年限和容积率不变,土地用途调整为居住用地,调整后用水、用电、用气价格应当按照居民标准执行

在城市层面,通过对城市更新走在前列的城市实践经验进行梳理发现,有些城市将传统商圈作为城市更新的重要命题之一,并通过不断完善顶层设计助推传统商圈升级改造;有些城市以提振消费为目的出台特色商圈培育政策,强调商业区特色塑造;有些城市从城市更新管理机制入手对商业更新提出支持性政策,同时结合城市自身发展特点,对不同层级商业区在建筑规模奖励、优化商区管理、优化消费业态、数字化改造等方面提出了政策要求(表4-2-2)。

城市层面对商业区更新相关政策 表4-2-2

政策创新	城市	政策名称	相关内容
完善传统商圈转型升级顶层设计	北京	《北京市城市更新行动计划(2021—2025年)》	鼓励传统商圈围绕产业结构调整、商业业态优化、空间品质提升、营销模式创新、区品牌塑造、管理服务精细、开放水平提高等进行全方位改造升级,促进功能混合,创新服务供给方式;同时鼓励多元社会资本参与,提高业主和改造机构创新转型主动性,推动更新项目建立自给自足的"造血"机制
		北京市商务局出台《关于本市传统商场"一店一策"升级改造工作方案》	通过升级软硬件、业态调整,有效改善消费环境

政策创新	城市	政策名称	相关内容
培育特色商圈	深圳	《深圳市人民政府办公厅印发关于进一步激发消费活力促进消费增长若干措施的通知》(深府办规〔2020〕8号)	通过规划引领、设施改造、业态优化等方式,引进高水平运营机构整体开发,打造场景式、品质化、时尚潮流的特色商圈。重点推动东门步行街改造提升、福田中心区商业连廊改造,全面提升消费空间和消费环境。推动主题IP购物中心尽早营业,提升消费人气,扩大新增消费规模
		《深圳市关于加快建设国际消费中心城市的若干措施实施细则(征求意见稿)》	特色商圈(步行街)是融合购物休闲、餐饮美食、文体娱乐、公共服务等业态和功能于一体的以消费为主的商业集聚区或步行街区。夜间经济示范街区是指融合"夜购、夜游、夜赏、夜食、夜读、夜健、夜宿"等多个业态于一体的,以"夜间经济"为特色的商业街区。按照实际投入的25%,市财政最高给予1000万元奖励,区财政按照1:1比例进行配套
	成都	《成都市人民政府办公厅关于印发〈成都市特色商业街区精品建设工作方案〉的通知》(成办函〔2010〕119号)	从科学制定规划、打造街区特色、完善综合功能、商旅文会联动以及验收认定授牌为特色商业街区的发展提供指导
挖掘消费新增长点,创新发展夜间经济	上海	《上海市人民政府办公厅印发〈关于提振消费信心强力释放消费需求的若干措施〉的通知》(沪府办规〔2020〕4号)	聚焦地标性夜生活集聚区,探索24小时营业区试点。举办上海夜生活节,围绕夜购、夜食、夜秀等主题,推出购物不眠夜、博物馆不眠夜、深夜书店周等特色活动。在不影响周边居民和单位正常生产生活的前提下,有序放开酒吧、咖啡店、轻餐饮店等的"外摆位"限制。延长重点地铁线路夜间运营时间,完善夜间公交线路配套,增设出租车候车点。增设夜间道路临时停车场,扩容夜间停车资源。简化大型活动审批,落实活动审批时间、材料"双减半"。对同一场地举办相同内容的多场次大型活动,实行一次许可
		《中共上海市委办公厅 上海市人民政府办公厅印发〈关于进一步优化供给促进消费增长的实施方案〉的通知》(沪委办〔2019〕12号)	推动"单身经济""她经济""童经济""银发经济""婚庆经济"等新兴消费领域发展
加强相关用地支持与引导	上海	《关于印发〈上海市城市更新规划土地实施细则(试行)〉通知》(沪规划资源详〔2022〕506号)	在建设方案可行的前提下,规划保留用地内的商业商办建筑可适度增加面积,增加的商业商办建筑面积按所提供各类公共要素面积的规定倍数计算。提供的公共要素面积超出相关标准规范要求的,增加的商业商办建筑面积按规定系数予以折减。能同时提供公共开放空间和公共服务设施的,按上述分类测算方法的叠加值给予建筑面积奖励

政策创新	城市	政策名称	相关内容
加强相关用地支持与引导	深圳	《深圳市城市规划标准与准则》(2013版)	新建及重建项目应提供占建设用地面积5%～10%设置独立的公共空间,建筑退线部分及室内型公共空间计入面积均不宜超过公共空间总面积的30%
借助数字化改造提升消费新体验	成都	《成都市关于持续创新供给促进新消费发展的若干政策措施》	要求加快5G、物联网为代表的新型基础设施建设和商用步伐,利用大数据、人工智能、区块链等技术开展数据整合和应用,打造数字化商圈、数字化特色街区、数字化社区

三、更新实践

通过对相关文献资料的查阅,深入搜集整理国内外典型传统商业区更新的具体案例,包括新加坡乌节路、日本高松丸龟町商店街、中国北京望京小街、中国长沙"超级文和友"和中国成都宽窄巷子步行街等。具体实践案例经验表明,城市更新与物业改造可以帮助日渐陈旧、收益低下或业已闲置的商业资产焕发出新的生命力,成功的商业区更新项目往往注重功能特色、空间规划、更新实施和项目运营四个方面的综合提升。

从功能维度来看,国内外商业区更新实践大多涉及两方面内容:一是积极挖掘街区特色资源,培育新消费体验。比如,在步行街全面整合街区商业、文化和旅游资源,将步行街商业发展与历史文化传播、旅游购物消费相结合,发展工艺美术、创意空间、休闲旅游、文化传媒等产业形态,以此丰富消费体验。在一些街区还可以尝试将科技元素与文化内涵、消费场景相融合,发展地方特色美食、手工艺品、老字号和非物质文化遗产等"直播带货"新消费模式,增加用户黏性,实现线上线下融合发展。二是优化业态结构、推动业态创新发展。为满足多元化和个性化消费需求,国内外商业区不断探索调整业态组合结构与比例。与此同时,适应消费升级趋势需要,培育消费新增长点,比如,增加休闲娱乐、亲子体验、生活服务、文创艺术、文化展演等体验业态,举办各种新奇特、参与感强的活动,吸引更多年轻消费群体,满足新兴消费需求。利用现代信息技术,发展无人便利店、无人餐厅、快闪店、3D试衣间等零售业态,引领新业态发展,促进市民和游客便利消费、体验消费。

功能维度国内外实践经验总结

充分挖掘街区特色资源	沈阳中街步行街立足最大程度展现400年来的中街盛景，编制中街、通天街等50余个设计方案，坚持修旧如旧原则，采取政府统一规划、统一设计，结合建筑老照片，分别研究确定建筑立面提升改造方案的思路，对利民商场等8处历史风貌建筑进行修复，对楼体老雕塑、老牌匾等标识进行艺术性加工，通过巧妙的细节设计，充分展现中街历史文化
优化街区业态结构	成都宽窄巷子步行街中的宽巷子重点引入川菜、川茶、川酒及具备本地特色文化标签类业态，窄巷子重点引入文创、民谣、艺术、书店类优质业态，井巷子重点打造创意文化市集，南北沿线打造网红咖啡区，促进宽、窄、井三条巷子业态优化提升。同时，针对街区内餐饮企业数量多、集聚度高的特点，推动餐饮菜单标准化及餐饮企业诚信体系建设
借助新技术、新方式、强化街区特色传播	成都宽窄巷子步行街挖掘一批川菜名师、民间艺人，为其接入抖音、快手、淘宝等线上直播平台，在宣传传统文化的同时，通过网络直播营销，提高企业网络销售和电商运营能力，活化了街区市场氛围

　　从空间维度来看，主要实践内容包括三项：一是以外摆空间打造为切入点，增加商业街区活力。在国外商业区多采用"底商外摆空间+多元化活动"的形式，来增强街区活力。一方面允许专卖店、西餐厅、咖啡店等商业功能占用公共空间，模糊公私边界；另一方面允许企业占用公共空间举办活动，如企业路演、产品展示、销售等，使公共空间成为汇聚娱乐、交往、休憩、艺术表演等活动的场所。二是重视区域联动发展，推动周边区域同步改造。与周边区域联动，同步开展改造提升工作，优化基础设施建设水平，完善功能配套，美化环境，打造舒适、美观、便利的城市空间。三是改善公共交通环境，加强对街区规划范围内各类交通要素的组织和引导，确保人流、车流疏导有序。具体行动包括完善街区周边公共交通系统网络，科学布局公交站点、公交环线，扩大公共交通的覆盖面，以推动各类公共交通站点与商业设施结合设置；优化街区慢行系统，建设连贯街区与各类配套设施、公共活动空间、周边路网的慢行系统，合理设置慢行交通廊道、慢行连接道，提高街区互通性。

空间维度国内外实践经验总结

从外摆空间打造入手,增强商业街区活力	新加坡乌节路改造过程中十分重视公共空间的完善。其主要行动:一是对露天茶座、户外零售商铺、户外标志等设施提出弹性控制要求,鼓励设计具有创意感的户外商铺,使公共空间成为汇聚娱乐、交往、休憩、艺术表演等活动的场所;二是加强建筑与建筑之间的联系与协调,形成丰富连续的商业空间,在重要商场建设前预留公共空间。 韩国数字媒体城对商业区人行道两侧的公共空间实行"宽松管理",鼓励设计具有创意感的户外商铺;允许企业占用公共空间举办路演、产品展示与销售等活动,在提升企业知名度的同时为空间注入活力
公共空间的优化更新与特色塑造	日本高松丸龟町商店街改造过程中,为提升街区活力,通过放宽规划控制指标完善空间设施。修改后的规划管控指标适度放宽,获得了商业街道路设施优化、建筑功能转变、临时商业设施设置及容积率提升的条件。同时,对商店街空置土地进行整合与集中,实施商业店铺、居民住宅集中安置与集中开发,对商店街不同街区进行分阶段、多样化的街区道路整治和功能开发,主要内容包括拱廊重建、路面翻修、店铺更新、引入文化艺术设施、开发住宅、购物中心扩建、补充停车医疗等设施、公共空间人性化设计。 北京市望京小街更新改造过程中,朝阳区政府和项目投资方共同确定了望京小街的改造方向:开放性、轻时尚、生活化、交流性的国际商业街区。一条具有活力的商业步行街,一个回应社区居民需求的线性城市空间,而步行街的英文名 Wangjing Walk 也意在强调其可行走性和慢生活的调性。从通行性道路变成以步行为主的道路。其次是增大了公共空间,特别是万科时代中心的中庭释放出一部分空间并变成公共的开放空间。两侧商业街增设外摆区域,拓展商家经营界面,营造活力商业氛围,同时统一升级了店招设计。在重点空间结合科技、互动、展示等元素设置了景观标志节点、互动装置,以及艺术装置布设等12处国际化设计的景观打卡点,增强体验和记忆,突出小街的艺术与时尚氛围
带动周边区域提质扩容	重庆以解放碑步行街为核心,推动区域联动发展,打造6.2公里城市级休闲景观大道,连接朝天门、解放碑、十八梯三大城市节点和两岸滨江带,串联47个历史文化景点,推动文商旅融合发展,打造代表重庆母城特色的"半岛文旅通廊"。重点对步行大道沿线的27处关键节点进行优化,提升沿街建筑立面形象,增设旅游服务网点,改善沿街绿化景观,美化街道家具,建立统一的城市空间标识系统。带动周边6.5平方公里的两江四岸核心区全面提升,着力彰显"山城""江城"的独特魅力
改善公共交通环境	新加坡乌节路步行街以现金、建筑面积等奖励方式,鼓励业主增强地下空间、地面建筑、高空步行空间的连通性,使其与公共空间、公交站点、地铁站点之间密切联系,以加强街区步行系统的整体性与便捷度。同时,乌节路实施公交优先策略,在公交车站停靠后再从车站弯道重新启动离开的公交车授予路权,避免出现在车站弯道旁其他车辆不给公交车让路而导致公交车延误的情况发生。 德国慕尼黑内城步行街在街区两端设有两个主要的地铁站:玛丽亚广场站和卡尔广场站,不仅设有地铁线路,还设有服务郊区的城市轻轨站点,两个站均为三线换乘。地铁站出入口四通八达,不仅分布在步行街的两端,还设置在步行街的中间,游客逛街后可以直接下到地铁站,通过地下通道坐上地铁返回,同时也避免了游客大量聚集在步行街东西两个起终点

体验式商业的场景空间再造	长沙"超级文和友"利用原经营压力较大的海信广场传统商业空间，还原了长沙20世纪80年代市井生活场景，在7层楼、2万平方米的空间里构建了已消失的完整市井社区、生活场所。通过创新的造景、特色餐饮聚合运营，以及"餐饮＋文创"构建文化空间，为城市提供了被称为"市井博物馆"的新文化空间、新消费空间，并点燃"城市烟火气"，也实现对城市文化的发掘与呈现。 北京BOM嘻番里，位于海淀区六道口，利用原"五道口服装市场"金码大厦升级改造，成为"首个线下'元宇宙'主题商场"，针对周边高校年轻人，将二次元周边、三坑服饰、卡牌游戏、剧本杀、猫咖等新消费、"小众"品牌作为主业态，整个商场被打造成为大型实景解谜"游戏场"，顾客身处其中既可以享受传统的购物、消费，也能够在专业NPC演员的引导下沉浸式体验解谜游戏

从实施维度来看，各地实践的创新经验可以归纳为两方面，一是积极探索自主更新实践路径。充分发挥市场在资源配置中的决定性作用，突出企业主体地位，鼓励和支持商业企业、科技企业、社会组织共同参与，探索建立多方共赢的市场化运作机制。与此同时，加强沟通合作，搭建招商引资、品牌引进、连锁经营、跨界融合、创新转型等交流合作平台，建立互利共赢的合作机制。二是政府出资引导社会资本进入。通过完善市场投资建设机制等方式，提高要素资源集聚供给能力。比如，发起成立街区发展基金，吸引街区商户、金融机构、社会资本等广泛参与，引入专业团队，按照市场化方式，用于街区环境设施以及重点"商旅文"项目的债权、股权投资，建立市场化运作的多元投建机制。

从运营维度来看，商业区更新本身会带来可观的增值收益，政府和市场等主体推进和参与这类更新项目的潜在动力大，而从国内外实践来看，这类更新的运营关键聚焦在如何实现更新增值收益的合理分配、如何保障更新对地区综合长远发展的贡献等问题上。除此之外，还有两大方向的内容同样被赋予了较多关注。一是不断完善多主体共治共建运行机制。以商户自治自律为重点，探索商户自律组织建设，比如建立联盟、商会、协会等自律自治组织，维护各方合法权益，搭建政府与市场、社会沟通的桥梁纽带，及时向有关部门反映意见和诉求。二是借助智慧商区建设赋能精细化管理。综合运用大数据、移动互联网、物联网、人工智能等信息技术，对街区进行数字赋能，全面提升街区经营、管理和服务水平，进而满足政府、街区运营管理主体、商户和消费者的需求。

实施维度国内外实践经验总结

探索自主更新的实施路径	新加坡乌节路的更新实践过程中，为鼓励私人业主对现有物业进行重建，国家发展部和市区重建局成立乌节路发展委员会（ORDEC），下设经济发展局、陆路交通局、旅游局等成员单位，搭建业主与规划管理机构沟通联系的平台。对于乌节路的重建项目和大型改建项目，业主可以向乌节路发展委员会提出申请，要求委员会评估现有的规划参数可否调整、可否给予容积率奖励等政策，乌节路发展委员会可对容积率、土地用途、建筑高度提出调整建议，由此形成了完善的公众意见反馈、处理程序与机制。 日本高松丸龟町商店街改造是在民间主导下的自主更新。由商店街居民、业主和开发商等各类地权人自发成立商店街振兴委员会，而后由委员会组织成立城市建设公司，将商店街开发、建设、运营等相关管理事权下沉至民间公众群体，搭建一个"政府牵头、委员会负责、业主自发参与"的全新街区更新治理平台。实行"全体一致协议"
政府出资引导社会资本进入	北京望京小街改造，由望京街道办事处与"万科""方恒"共同开展街区更新，望京街道办事处出资1300万元改造小街的基础设施硬件，"万科"投入3500万元提升小街环境和智慧化等软件水平，带动了区域整体的空间及业态升级，项目带来了销售额增长

运营维度国内外实践经验总结

保证更新运营利益平衡与共赢	日本高松丸龟町商店街改造，在土地征收阶段，采取分类征收模式：对商店街居民采用地权入股形式征收土地；对租赁经营的商户通过设立专项事业费，采用统一收购模式征收土地财产权。在更新实施阶段，通过"定期借地权"创新地提出新的土地运营方案：在地权征收基础上，与街区居民（土地所有者）签订为期60年的定期借地权契约，并委托城市建设公司统一经营管理，从而实现土地所有权与使用权分离，提升土地价值。在经营阶段，城市建设公司在保证土地经营合法化基础上，以地费形式将土地经营盈利分配给地权人，以实现地权人入股成本最低和土地价值回归。通过城市建设公司实现土地统一整理，实施街区整治与开发，商店业主则可以依托商业经营获得大量利润，并享受政府所制定的税收优惠政策红利
多主体共治共建	北京望京小街改造涉及产权主体复杂，两侧分属不同产权主体，同时还有大量零散商户持有部分产权，更新涉及利益方数量较多，在更新过程中由望京街道办事处牵头，以"万科""方恒"两家商业地产企业为主要市场力量，建立党建协调委员会和小街自治委员会为支撑，同时辅以商户自治联盟和流动党支部。将望京小街产权方（企业）、管理方（职能部门）、使用方（商户、居民、消费者）系统整合。成立望京小街街区共治委员会，经过10余次区级层面的小街治理调度会，上百次的街道级"吹哨报道"，推进解决各类问题

借助智慧商区建设，赋能精细化管理	北京望京小街改造，由望京街道办事处联合"万科"，对街区设施进行智慧化升级，开发建设了"智慧之芯"管理平台，连接智慧停车、绿色节能、小街商圈、社区公约、小街安防等五大运营场景，可对小街商户人流车流、垃圾箱、温度、湿度、能耗、消费指数等进行实时数据分析，形成智慧生态闭环。在停车和环境两大难题上，通过精细化的垃圾分类及智慧停车，望京小街的城市管理负面问题投诉量下降了80%。停车方面，在尽可能利用存量停车位的前提下合理利用信息技术和大数据，一是采用了"共享停车"的理念，利用办公和住宅停车位的需求不同，实行分时停车；二是在实时监控及分析停车场动态数据的基础上，分配空置停车资源，实时发布临停空余车位信息，且停车资源可视化

四、发展趋势

在国内商业街区风行的数十年中，大量的城市传统商业街区都在不同程度上进行着自我更新与迭代升级。从各地实践的总结可以看出，当前商业区更新发展呈现出几大趋势。

第一，特色化发展诉求逐渐增强。加强与城市经济民生的联系，关注与所在街区整体定位的衔接、与消费升级趋势相适应，是上海、北京、深圳等商业活力较强城市的更新实践普遍涉及的内容。在此过程中，一些走在更新前沿的城市，一方面积极推动业态结构调整和升级，布局体验式、互动式、沉浸式新兴业态，引进国内外特色品牌，打造品质更好、更有特色的商品和服务，以避免"千店一面"的问题；另一方面，推动跨界融合，整合街区商业、文化和旅游资源，促进商业与文化、旅游、会展、艺术、创意、科技等跨界融合，培育消费新场景、新业态，打造沉浸式、体验式街区。

第二，空间系统性更新观念逐渐加强。从国家层面到地方层面出台的政策来看，对商业街区更新建设的系统性意识正在逐渐加强，愈发关注街区整体的统筹协调，比如，在上海、深圳等地的商业区更新规划中，普遍提倡对街区商业功能、结构、空间布局和建设规模进行统筹设计，统筹推进街区公共空间功能和景观风貌设计，努力实现街区整体设计和建筑风格与周边环境和设施的协调。

第三，人本导向愈发清晰。越来越多的商业区在更新过程中引入步行友好理念，为行人打造更加开放、包容的集聚地和公共活动空间，在为顾客提供更多安全保障的同时，也借此提升顾客的购物体验以及街区整体空间在视觉上的舒适感，进而拉近街区与顾客之间的距离。在此基础上，定期举办高质量活动，打造出充满活力的场所。

第四，建设运营全过程管理的精细化不断凸显。各地根据行政资源和市场培育情况，在适应街区更新实际的管理机构以及工作推进机制方面有所探索。在此过程中，社会组织在商业街区更新的重要性逐渐被认识，市场上逐渐有开发企业参与到街区更新治理中来，推动了商业街区更新工作。

五、影响因素分析

由于社会经济的复杂性，很多方面都可能影响传统商业区的更新。国内外成功的商业区更新实践往往注重在功能特色、空间规划、更新实施和项目运营四个方面的综合提升。因此，从上述四个维度对传统商业区更新的影响因素进行进一步分析，深入了解街区活力产生的源头及其发展，进而探索让传统商业区重焕活力并长久繁荣发展的关键因素。

总结来看，功能维度主要因素包括区域特色文脉延续与多元复合的功能业态；空间维度主要因素包括优质的公共空间、完备的配套服务设施、良好的交通环境以及规划指标适应性管理；实施维度主要因素包括吸引社会资本、创新投融资与利益平衡机制；运营维度主要因素包括空间弹性化管控、多业权的协同共治、片区更新的统筹协调、运营管理的专业化、更新管理技术的数字化。

在上述因素的共同作用下，传统商业区通过更新使得特色更加鲜明，城市经济产业实力得到提升，进而肩负起更多城市功能；公共空间、配套设施更加完备，助力城市空间品质提升；逐步深化政企联动，完善更新实施机制，保证更新实施更加顺畅；管理趋向精细化、专业化、长效化，同时促进多业权协同共治，保证商业区的长效繁荣运行（表4-2-3）。

商业区更新的核心影响因素   表4-2-3

维度	影响因素	案例	实践内容
功能	区域特色文脉延续	新加坡乌节路	植物美化展示乌节路历史
		北京望京小街	突出艺术与时尚特色
	创新功能业态	成都宽窄巷子	引导主街和辅街商业项目实现错位经营
空间	高质量公共空间	新加坡乌节路	建筑面积奖励优化空间； 鼓励建设连续丰富的商业空间

维度	影响因素	案例	实践内容
空间	完善的配套服务设施	北京望京小街	通行性道路变成步行街; 公共空间艺术设计
	规划指标适应性管理	日本高松丸龟町商店街	放宽规划控制指标,完善空间设施
实施	利益平衡机制	日本高松丸龟町商店街	更新运营利益平衡
	吸引社会资本	北京望京小街	政府出资引导社会资本进入
运营	空间弹性化管控	新加坡乌节路	户外标志等设施提出弹性控制
	多业权的协同共治	北京望京小街	建立共治委员会
	精细化管理	北京望京小街	智慧商区精细化管理

六、商业区更新面临的问题与难点

(一)定位产品同质化,特色缺失

街区发展定位模糊,特色挖潜不足。当前,国内很多商业区更新项目,执着于"潮流""时尚"等内容,与城市以及街区本身的文化脱节,无法彰显其特色价值。特别是一些步行街,虽然掌握丰富的历史文化资源,但是在挖掘自身独特的建筑、典故、习俗等历史文化遗产,以及提炼主题文化、提高品位、提升形象等方面力度不足。没有真正找到商业与街区丰富历史文化遗迹、场馆和景点的适宜切入点,使街区呈现"有形而无神"的状态。

业态结构不合理,且业态重合度高。相当一段时间以来,各界普遍认为商业完全是市场行为,"政府要减少干预或不需要干预",导致政府对城市商业发展的统筹协调和指导性干预不足。加之,地产开发商逐利"绑架"商业布局和业态。多重因素累积叠加,导致"餐饮+零售"为绝对主导的畸形业态结构在国内各大商业区蔓延。

(二)空间利用率低,活力缺失

公共空间管理粗放,管理层面的冲突与制约影响商业区空间活力。商务、住建、城管等不同部门因工作重心不同,对公共空间管理标准、管理要求不一,各部门标准之间,以及与实际需求之间潜藏的矛盾,有待沟通协调。如当前对于公共空间管理,特别是在商业街区外摆空间建设上,虽然当前由商务部门牵头,各地都出台了相关政策提倡适当放宽对外摆空间管理,但是,出于优化市容市貌和城管秩序等考虑,大部分城市的城管部门对于外摆等户外商业行为采取"管进来"甚至"赶出去"的做法,管理过于严苛,导致商业

街区公共空间未得到充分有效的利用。

商业区各类空间缺乏整体规划设计。当前，商业建筑更新多以单独的商场、个体项目为主，对商业区整体的空间规划设计不足。一方面，缺乏空间整体设计，建筑风格不协调。比如，在很多城市的改造中都未能在统一形象的基础上进行综合设计，导致商业区未形成整体一致的形象或风格，构成商业街形象的各种要素如广告、招牌等，也与整体建筑环境面貌很不协调，显得杂乱无章。另一方面，环境品质较差，人文关怀不足。部分城市商业区室外开敞空间缺乏必要的绿化、美化以及可进行社交活动的休闲广场等场所，也未设置任何座椅等休憩设施，使人们难以驻足停留。

交通资源利用效率低。商业区建设与交通规划脱节，使得交通资源利用效率低，影响商业区的通行便利度且潜藏拥堵隐患，制约商业区更新效果。

（三）整体更新协同难，实施推进不畅

多产权主体协同难。传统商业区改造常常面临周边利害关系人比较复杂的情况，需要相关人员付出大量的沟通成本，一定程度上阻碍商业区整体的更新实施推进。比如，有的项目改造前的公众参与环节准备不足，周边商户信访问题较为突出，希望职能部门加大矛盾调处力度。此外，部分商业街区内各项目分属于不同业主，不同业主的背景与利益诉求不同，可能存在信息不对等、对整体规划理解不同的客观差异，如果缺乏统一的沟通平台与合作机制，很可能会产生利益冲突，导致街区内各项目间协同困难。

审批障碍，导致商业区整体更新实施推进不畅。各地实际操作过程中，城市更新项目改造，尤其是对于正在运营的项目而言，更新改造颇为繁琐，需要向建委、规委、消防、辖区派出所、城管、街道等政府内部众多相关职能机构递交申报手续，并等待各单位间多次横向沟通，无形之中增加了更新的时间与沟通成本。

（四）商业更新绅士化，推高地价与租金

房地产开发思维，商业逐利缺乏监管，易忽视公共属性与居民真实诉求。当前，国内商业区更新以自上而下的更新模式为主，由政府主导，开发商提供资金和商业运营，典型代表如成都宽窄巷子以及上海新天地等。这种模式是完全商业化的，出于商业逐利性，商业区的公共属性容易被忽视，造成公共空间被挤压等问题出现。与此同时，开发商与运营商受传统房地产思维影响，容易以快周转逻辑处理更新问题，进而导致出现商业区与城市、居民的真实诉求逐渐脱节等问题。

七、商业区更新体制机制及政策支持

（一）完善商业区功能特色化更新机制建设

1.推动商业规划对接城市总体规划

加强顶层设计，推动商业规划对接城市总体规划。为破解政府长期以来对城市商业发展的统筹协调和指导性干预不足的问题，建议对接城市总体规划，制定城市商业长远规划。强化对城市商业布局、业态导向、区域特点等方面的调控干预和刚性审批，避免不同区域简单的"复制粘贴"。

2.创新制度安排，挖掘街区特色

建立健全更新综合评估制度。借鉴"上生·新所"更新经验，一是对项目所在区域的既有规划进行评估，提供公共要素清单，作为该项目功能结构、公共服务设施、开发容量、公共开放空间调整的依据。二是对商业区文物保护建筑及既有建筑现状评估并制定更新导则。其中包括对总体环境、空间格局和历史建筑的现状记录，历史文化价值的评估，甄别街区主要道路空间骨架，并结合消防和使用需要重新梳理优化，拆除后期搭建和品质不高、改建代价高的建筑，为街区整体有序升级提供依据。

经过系统评估与专家审议，适当放宽商业区内一般性历史建筑活化利用限制。为强化商业区特色，形成地标性商业圈，在武汉、天津等地的商业区更新实践中，大力推进历史建筑保护性开发利用，将历史建筑与现代商业结合。借鉴各地经验，在遵循现行政策法规的基础上，支持有条件的街区活化利用历史建筑，引入博物馆、展览馆、剧场、新型商业设施，并向社会开放，在弘扬传统历史文化的基础上，融入更多现代元素，满足年轻消费人群需求。梳理街巷肌理，在传统历史建筑中加入新景观小品、新节点元素，以现代形态诠释历史文化价值。

3.搭建完善机制保障，推动业态结构调整和升级

完善协同机制，借助专业人士力量完善商业区业态规划。由政府牵头成立"商业街区零售网点改造提升委员会"，成员由政府、企业家、专家和热心人士组成，共同策划和规划商业区零售网点的布局，包括制定每条街道商业业态的负面清单，每条街道各有主题特色的公共环境以及各自的商业管理导则。

完善系统集成，通过专业服务平台的引入，丰富商业区业态结构。借鉴上海豫园商圈经验，积极引入类似东家的专业新型服务平台，一方面收取租金用于商业街区改造后的运营与维护，另一方面可以让服务平台在企业、市场与政府之间发挥桥梁作用，借助其专业力量紧跟市场脉搏，洞悉消费心理，了解品牌需求，嫁接资本市场。

深化激励政策，鼓励本土文化业态经营。在更新改造实施阶段，鼓励支持百年老店和传统名店改造升级，推动步行街中的传统店铺向老字号文化展示中心和定制体验中心转型。比如，借鉴天津等地经验，为老字号店铺建立动态管理档案，并设立专项资金，重点支持店铺内外整修，保证商业区更新落实。在运营阶段，提供租金减免。对于从事文化创意、中华老字号经营、非物质文化遗产保护、民间工艺传承、传统制造业展示等本土文化特色浓厚的店铺可提供租金减免，比如，给予一年的免租金期，第二年开始租金减半收取。此外，还可以推动老字号与抖音、美团、大众点评等新媒体、新平台合作，优化老字号品牌宣传营销模式。

专栏5

借助专业服务平台力量引入丰富商业区业态结构

上海豫园商圈通过引入围绕东方手工匠人的东方造物平台——东家，集聚了各类工匠，颇有设计感的饰品、衣物、茶具、摆件，吸引了诸多年轻人光顾。

（二）优化商业区公共空间规划设计与管理

1.建立弹性管理机制

针对当前面向公共空间的管理粗放，以及各部门标准与实际需求间矛盾难以协调的问题，建议从完善管理体系、增强管理政策弹性和明确相关管理框架三方面入手，建立弹性管理机制。

完善管理体系，由街道办事处牵头开展"条块结合"联合执法。建议借鉴北京市出台的《关于进一步促进商圈发展的若干措施》，创新商业区管理体系和运营机制，鼓励商业区开展"条块结合"联合执法，由商业区所在街道办事处（乡镇政府）统筹协调公安、消防、市场监管、应急管理等部门，依据法律法规规章要求的标准、程序、时限等对商业区开展综合执法监管，避免出现不同部门对同一事项政策标准的执行产生冲突等问题，提升治理水平，优化营商环境。

增强管理政策弹性，适当放宽外摆等户外商业行为的管理。借鉴新加坡、上海等地经验，适当放宽公共空间上的休闲活动及外摆等户外商业行为，并从住建部门角度制定相应导则，在控制与引导两个维度上对商业区公共空间作出弹性控制，即一方面明确休闲活动和外摆等户外商业区域范围，并对用途、构筑物结构、尺寸、高度、建设许可等内容作出规范；另一方面，允许运营者根据需要，在一定范围内改变临时占用许可区域内铺装，但需报送相关部门审核。

明确相关管理框架，推出激活公共空间活力的专项制度。借鉴日本东京经验，推出"街区营造登录制度"，对商业区的环境品质、社会服务量、环境负荷、运管能力等方面进行系统而严格的筛查，满足要求的商业区可享受更多的鼓励政策。比如，在加入"街区营造登录制度"前，任何团体和机构，只能在公共区域进行免费的公益活动；一年之内，公共空间内举办活动的天数不得超过180天；活动举办之前需要经过完整的申请和审批流程，过程较为繁琐；但在引入该项制度后，经过相关认证的相关团体等，可以开展音乐会、展览、露天咖啡、露天集市等收费的公益活动；收费的公益活动举办天数不得超过180天，免费的公益活动则全年均可且简化活动申请流程。

2.编制商业区更新规划设计导则

编制分级分类的城市设计导则。该设计导则作为商业区更新的控制框架，对商业区更新进行积极引导和规范，设计导则可分为两类。

一类是对重建和更新项目的引导控制，以确保单体建筑符合整体风貌要求，并以创造富有吸引力的街区空间环境为目标，对商业区区域内重建更新项目进行全面引导。控制引导项目包括更新项目的土地利用、一层建筑外围区的步行活动空间、室外活动场所、建筑形态、建筑高度、建筑边缘处理、私属公共空间、屋顶形式、步行网络等，具体导则设置内容如表4-2-4所示。

商业区重建和更新项目设计导则　　　　　　　表4-2-4

项目	内容
沿街建筑首层空间	鼓励建筑首层作零售、餐饮、娱乐、体育、休闲等功能，促进活动发生；首层空间纳入步行系统，形成行人友好的连贯步行网络
室外休闲区	允许公共空间设置室外休闲区

项目	内容
建筑形态	建筑尺寸、形态与环境、城市天际线、步行景观融合；处理好主要道路、开敞空间、步行廊道、步行街中建筑看与被看的关系
建筑高度	建筑高度符合控制性规划要求
建筑边缘处理	保持较高的贴线率，允许40%的建筑退线
公共空间	鼓励私人开发商在重要节点和步行街提供公共空间，并和步道系统衔接良好，提升公共可达性
屋顶形式	鼓励平屋顶增加户外活动设施；建筑附属设施需用建筑表皮覆盖，并保持整体美观
步行网络	保证商业区主要空间的步行可达性，通过步行系统串联激发城市活力的公共空间
建筑附属设施、机动车交通组织	建筑场地交通组织需和建筑嵌合；完善地上、地下停车场建设

一类是对特殊空间系统的专项引导控制。将室外公共空间、步行系统和户外广告牌这三类与商业区活力联系最为紧密的空间作为重点关注，设置相关专项引导控制，具体导则设置内容如表4-2-5所示。

商业区特殊空间系统专项设计导则　　　　　　　　　表4-2-5

项目	目的	内容
室外公共空间控制导则	活化公共空间，提升公众体验	对室外公共空间的用地范围、用途、尺寸、立面、结构高度、最高容积率、家具、植栽、电子屏等进行控制引导； 明确公共空间休闲活动设施和售货亭区域范围，并对用途、构筑物结构、尺寸、高度、建设许可作出规范，允许运营者在一定范围内改变临时占用许可区域内铺装
步行系统设计导则	优化行人友好	对商业区内步行系统的铺装提出设计引导； 设置节日游庆路线和文化遗产路线，并对路线铺装提出要求
户外广告牌设计导则	保证街区风貌整体统一、提升区域特色	对广告牌的设置区域、地点、不同地段的设计要求作出规定； 对临时广告牌的设置时间、设置区域、显示内容、尺寸等作出规定； 对其他类型广告牌的设置和设计作出规定，包括位于汽车站内、旗帜上、建筑工地内、待售地产上、热气球上、雨篷上、临时构筑物和私人土地上的广告牌； 对各类楼宇名称显示牌的位置作出规定

3.完善商业区交通一体化体系建设

完善交通一体化建设的顶层设计。针对当前各城市商业区建设与交通规划衔接不足的主要矛盾，围绕整合交通设施与商业，合理设置公共交通车站、停车场与商业、休闲、娱乐设施的相对位置，形成一体化的布局模式，发挥交通对客流的引导作用。具体从步行和自行车交通、公共交通系统、交通设施与商业系统整合三方面开展优化提升工作。

提供一体化建设政策保障。由住建部门牵头，各部门间协调配合，根据商业区用地现状，结合城市中心商业区交通一体化发展规划，制定各交通方式及商业用地控制规划。在此过程中，需要特别关注从交通一体化的角度，强化统筹管理商业区内的各种交通方式，提高其运营管理水平和运营协调能力，为交通一体化提供运营管理保障（表4-2-6）。

商业区交通一体化优化内容

表4-2-6

项目	内容
步行和自行车交通系统	提升路网结构完整性。推动人行道、自行车道设置以及人行天桥、人行地道、人行横道等过街设施形成一个整体，保证出行者在商业区内仅采用步行或自行车骑行能够安全畅通、顺利地实现购物、娱乐等出行目的。 提升设施完善性。①采用一定的标志标线和隔离设施将行人、自行车以及机动车进行隔离，以保证商业区内步行和自行车交通的安全、舒适。②在客流集散集中的商业广场周边综合考虑停车场的位置、面积、车辆停放方式、出入口交通组织以及收费等因素，设置自行车专用停放场地
公共交通系统	针对商业区内轨道交通车站的选址和建设，充分考虑商业区的实际情况，与商业区其他设施的规划建设协调，与商业区内的地下商场、过街设施等有机结合，与商业区的商业环境相适应。 针对商业区内公共交通系统的优化调整，坚持以轨道交通为核心，一方面依据"分级逐条调整"方针，采取取消、新增、调整线路等措施调整商业区内的各层级公共汽车线路网，以均衡客流分布，加强线网间的合理有效衔接，提高各层级线网服务能力。另一方面结合商业区内商业的具体分布情况，调整各公共汽车站的位置，使得公共汽车站合理分布在商业区内，并通过完善的步行系统提供轨道交通间、轨道交通与公共汽车之间便捷的步行环境，扩大轨道交通车站的覆盖范围
交通设施与商业系统整合	扩大车站对商业区辐射范围。合理设置轨道交通车站的出入口位置和数量，使其与大型商业网点有机结合，扩大车站的覆盖范围。 结合商业区特色，利用内部交通资源发展衍生业态。充分利用商业区商业环境成熟的特点，在不影响车站正常运营的前提下，利用轨道交通内部资源开展与商业区特色相适应的衍生性物业业务、传媒文化业务、通信信息业务等，实现轨道交通、乘客、商业区的多方共赢

（三）推动建立商业区整体更新协同机制

1.完善行业协会等自主更新协商机制

加强行业协会等自律自治组织建设。借鉴日本通过设立商店街振兴协会、事业协同协会等非营利法人组织，以此改善商业区环境，促进商业区健康发展的经验，鼓励商业区经营零售、服务等业态的企业联合设立商业联盟。联盟发起主体为商业区主要商户，负责的主要工作内容包括三项：一是制定《街区自治公约》和例会制度，从准入条件、经营规则和管理奖惩等方面进行自我约束，由"被动管理"向"自我管理"转变；二是调动街区商户自觉管理街区的积极性，比如成立街区日常管理志愿者队伍，承担街区日常巡视等维护市容秩序的工作，培育街区持续改善的内生动力；三是制定和实施共同销售促进计划，包括共同打折促销，联合发行积分卡和优惠券，宣传促销广告以及举办主题展销会等。此外，为保障商业联盟的长期有效运行，需要设立一定的运作经费，经费主要来源于会员会费的缴纳，但是与此同时政府也需要给予一定的财政补贴。运行机制方面，建立日常联络工作机制，定期组织内部成员大会，对街区商业运营和发展相关事项进行协商。

搭建公私合营规划管理平台。参考欧美BIDs模式、新加坡SRO模式（由私人部门发起的场所营造和地区管理平台非营利组织，和城市更新局协作，形成公私合营的规划管理）等经验，在有更新需求的商业区，建议政府与商业区商家、业主、相关居民之间搭建中间平台，从公共空间使用与活化、城市管理、商业运营等方面，对商业区更新与维护进行自下而上的补充。首先，管理委员会成员由政府部门、商业物业业主、商业租户、居民和社会组织组成。其次，负责工作内容方面，平台主要提供三类服务：公共空间管理、公共空间设施维护和社会化活动组织。同时，作为政企沟通桥梁纽带，及时宣传政策、普及政策，及时反映街区商户、居民核心诉求，协调解决各个利益群体间的突出问题。另外，运作的经费来源主要依靠区域内物业业主缴纳，同时，也可以接受社会捐赠等。各业主缴纳费用标准可根据具体经营项目不同而有所变化，但是缴纳标准、缴纳情况均需对公众公示。

加强党建引领，培育街区共同感。充分发挥党组织在商圈微治理的核心作用，以党组织和党的工作全覆盖引领商圈微治理，按照辖区内党员队伍和党组织基本情况，合理分配党建力量，按照"一店一党员"进行力量配备，熟悉商户情况，了解商户诉求，开展党务、政务、商务、社务四方面服务，形成上下贯通、纵横联动的商圈治理网络。

2.强化政府部门对片区更新的协调管理

建立健全多级联动工作机制。借鉴宁波老外滩步行街街区建立"市、区、街道、中心、公司"五级联动的工作机制，推动步行街街区转型升级落实的实践经验，建立健全商业街区多级联动的运营管理机制。市级层面，成立领导小组，并制定商业区更新行动计划；区级层面，建立商业区改造提升指挥部，建立街道、区商务局、区政府办公室等职能部门共同参与的联席会议；街道层面，统筹协调街道人力物力资源，以"交叉任职"的方式支持创建工作；具体运营管理层面，可以通过"政府+公司"的模式，由公司负责日常运营管理和改造提升等工作，并引进专业的第三方招商运营公司进行招商和专业化、精细化管理，围绕商业区招商、店铺、公共物业等项目内容，制定装修手册、活动开展、招商流程等规范要求。

3.探索商业区自主更新的简易流程

建立健全商业区自主更新的简易审批流程。一是明确审批权限。结合前文提到的政府部门多级联动工作机制，由区级层面相关职能部门主要负责商业区更新审批工作。在审批过程中，如遇特殊情形需报市级相关部门审定。举例来讲，在实施主体确认方面，可由区级层面相关职能部门负责实施主体确认审批，但是涉及规划申报主体与实施主体不一致的；涉及以集体资产或区级国有资产为主，且需经区级集体资产主管部门或国有资产主管部门审批备案等情形下，需要报市级相关部门审定。二是简化审批流程。更新项目单位取得实施主体确认批复文件后，即可申请签订公配等监管协议，并同步申报建设用地审批。与此同时，为缩短审批流程，一方面，在多方论证的基础上，探索建立更加高效的跨单位合作机制；另一方面，简化意见征集流程，征求意见部门数量原则上不超过5个，并严格落实5个工作日内反馈意见的要求。三是灵活审批标准。为调动市场主体参与积极性，对特殊情形适当放松审批标准。比如，针对步行街改造，特别是历史文化价值较高的步行街，考虑适度放松街区改造不能转变建筑功能、不能拆改容量等"困局性"规划限制，缩短审批流程和环节。

（四）强化商业区更新监管

1.完善面向公共空间的管控体系

制定精准、全面、量化的公共空间设计技术标准，作为管控的重要参考依据。对商业区公共空间形式、位置、朝向、可视性、步行路径、高程、台阶、座椅、植被、照明、标识牌等具体内容，制定具体量化的细节标准，并以此作为后续管控工作开展的重要依据。以纽约市经验为例，其区划条例以专章明确私有公共空间设计量化标准，比如，在空间形式方面，公共广场被分为主要部分和次要部分，主要部分的面宽和进深的平均值均不低于40英尺，不足40英尺部分的面积不超过总面积的20%；对于次要部分，最小面宽和进深均为15英尺，若不临街则面宽与进深值之比还须不低于3∶1。

完善审批制度与批后管理制度，保障高质量的公共空间设计与建设。首先，面向不同类型的公共空间，制定不同类型审批制度。重要程度与质量要求越高，审批程序就越复杂，涉及主体就越多。比如，借鉴国际经验，对于以连廊为代表的空间，使用一般审批制度，开发商只需证明符合城市规划要求，无需城市规划部门审查；对于以公共广场为代表的空间，采用更加严格的审批制度，规划方案需要提交住建等相关部门进行裁量批准；对于有重要影响的公共广场，采用最严格的审批制度，经住建等相关部门审议通过后，还要进一步提交市长等市级领导批准。在批后管理阶段，采用行政经济双约束的管理手段，保障公共空间建成质量。比如，美国POPS模式要求开发商缴纳足以覆盖承诺的公共空间、服务设施建设成本的保证金，相关部门方颁发建设许可证，允许开发商进行建设。同时，公共空间竣工后由市住建及相关部门对施工情况及建设质量进行验收，通过验收后方颁发建筑使用许可证。

充分调动多方力量开展公共空间运营管理监督。从政府角度出发，一是明确各方主体责任，比如明确开发商是商业区公共空间运营管理的责任主体，并具体规定其所肩负的公共空间管理权限和责任义务（运营管理责任义务随产权转移而转移）；制定自查审查制度，比如由开发商提交自查报告，送交住建等相关政府部门审查和备案。针对自查问题，由住建部门督促其整改提升；对于整改不力的开发商，可将其列入审批黑名单。除此之外，政府也需要凝聚公众，启动社会监管力量，形成多方合力。比如，要求开发商在公共空间的醒目位置设置标识牌，公示公共空间管理单位联系方式以及投诉热线，方便公众问题反馈。

建立公共空间监督审计工作机制。定期开展商业区公共空间使用情况的监督审计工作，对其开放情况、使用热度、可达性、标识系统、设施配置与维护、场地管养、信息公开、政府监督检查、公众意见反馈及落实情况等进行全面深入的评估，并针对问题提出相关整改和优化建议，作为后续公共空间政策调整的参考依据。

2.探索智能化监管模式

推出商业区动态地图，为商业运营监管提供参考。基于北京市面向生活服务业推出商业网点动态地图的经验，建议各城市推出商业区动态地图，从消费、供给、便利性等维度动态监测各商业区。具体来讲，一是准确了解市民消费需求。通过数据统计和分析，展现城市消费群体的年龄画像和消费者线上搜索高频词汇，帮助相关部门准确了解居民消费需求，有针对性地引导商业区调整业态，更好地满足市民群众便利性、多样性的消费需求。二是动态掌握商业区供给情况。动态地图需要汇集城市主要商业区，系统掌握全市商业区建设底数，通过供给和消费指数动态反映商业区营业率和市民消费变化情况。除此之外，还可以探索实现对商业区的便利性刻画。比如，尝试将商业区辐射的周边社区作为分析对象，通过单位面积服务业供给情况和人均消费频次反映商业区对于周边社区的便利度。

借助信息化手段加强商业区建设指导与运营监管。借鉴纽约、新加坡等的经验，特别是对于公共空间，加强通过市区住建公众服务门户和电子服务等在线网站的管理，对其申请、设计指引、后期监管和信息公开等阶段都通过在线网站进行公示，并用数据和可视化的工具帮助建筑师、开发商和公众进行参与和决策。同时，网站也接收投诉，居民可针对商业区在建设及使用过程中的问题，上传照片或文字描述，由市区住建相关部门进行实地核实并提出整改要求。

3.以激励政策为核心加强公共空间建设

针对商业逐利性导致的商业区公共属性不足问题，以更加精细化的奖励性政策引导公共空间营造，并保障公共空间质量。

完善奖励机制，提高激励效用。一是设置差异化奖励额度。考虑不同公共空间的建设和维护成本差异，兼顾区域间地租不同带来的土地成本差异，对不同的特殊区域设定不同的容积率奖励机制，且随着城市发展不断更新调整。二是保证奖励的使用率。通过设置转移容积上限、控制奖励容积中其他方式的奖励额度，合理分配奖励额度，为公共开放空间奖励腾出一定额度，保证此奖励政策的使用率。三是制定多样化奖励方式。以提高开发商的利润和降低开发商的成本作为出发点，引入国内外创新的多种奖励方式，比如放宽规划条件（红线后退、建筑体量、设计风格等）、审批流程简化、相关费用减免或现金补偿等，允许叠加使用，提高奖励性政策的适用性。四是放开奖励对象范围，从深圳等地对以容积率鼓励公共空间建设的实践来看，当前奖励对象多局限在公共通道和架空廊道，考虑到商业区实践运营特点，建议同时将商业区室外空间、半室外空间以及室内型公共空间纳入奖励范围。

细化管理制度，强化激励的吸引力和公众监督。一是建立规划、开发、运营、管理一体化的管理制度。将可获奖励的公共空间不同阶段的设计因素纳入方案审核，把控空间审核要素。在颁发建设工程规划许可证前，政府与开发单位签署协议，明确其对公共开放空间的权利与义务，避免空间建成后损害公众利益。对于未遵守协议的项目，没收奖励建筑面积的租金收入。二是完善公众参与制度，及时改善不满足公众使用要求的空间，实现有效的规划管控和可持续性设计。比如，建立奖励性公共开放空间数据库，将其位置、面积、开放时间等信息及时公布在网上，发挥公众监督的作用；设立第三方机构，负责收集公众意见，维护和改造公共开放空间。

第三节　商务区更新概述

一、发展历程

20世纪初，"同心圆理论"和"经济学地租理论"下，商务区占据城市中心区位，是高端商务的集聚区。美国学者伯吉斯（Burgess）于1923年从社会学角度首次提出中央商务区（CBD）的概念，伯吉斯提出的同心圆理论是将城市以同心圆的方式，按照不同的功能结构，分为五个圈层，其中最中心的成为中央商务区，向外依次是过渡区、低收入人群住宅区、中高收入人群住宅区和工作通勤区。在同心圆理论的基础上，阿隆索（W·Alonso）运用经济学地租理论赋予了中央商务区土地经济学的新解释。城市中央商务区因其便于进行社会活动和商业活动的区位环境，土地价格和租金处于城市中的较高水平，有限的土地供给和大量需求，导致中心区只能满足单位土地产值更高的企业或承租能力较强的商业活动进驻，这就逐渐形成了有能力支付高租金的商务企业集聚的基础，金融、保险、房地产、商贸企业的总部等承租能力强的高端商务企业在这个过程中占据了城市中心区位条件最好的部分。

20世纪50年代起，功能单一问题凸显，商务区的发展开始意识到功能多样性和混合性的重要性，容积率奖励成为有力工具。这一时期正是美国城市化的高速增长时期，伴随着郊区的迅速发展，美国大城市普遍出现了城市中心区衰败的现象，例如，底特律中心商务区在每晚七点后成为令人沮丧的"城市沙漠"，纽约曼哈顿中心区的华尔街，由于餐饮零售业仅服务于办公人群，导致使用程度低，商业逐步衰败，街上一片萧条。美国社会学家简·雅各布斯认为，"将人们的出行时间分散在一天内的各个时间段里"是功能混合的基本前提。基于此，简·雅各布斯将城市的多样性分为两个层次，即主要功能（Primary Uses）和次要功能（Secondary Uses）。将主要功能较为复杂紧密地结合在一起，可以有效形成一个城市功能聚集中心，其中的商业商务在数量和类型上会非常丰富，主要功能的混合支撑了城市功能的多样性。基于简·雅各布斯的理论，为了实现商务区的功能混合和多样性以及公共空间的可持续活力，美国政府鼓励建设更多广场，设置底层零售业等公共空间和公共设施，但各方政府普遍存在财政危机，因此，美国于1961年对第一部纽约区划法进行修改，首次提出容积率奖励。同一时期，美国创建POPS模式（Privately Owned Public Space），通过容积率奖励的方式鼓励商务区内的私有空间公共化，该模式至今依然是全球采用最多的城市空间管理模式之一。

21世纪初，"产业全球迁移"理论下，商务区从重视物质建成环境转向强调空间品质，"活力""多元"成为商务区提升全球竞争力的重要策略。这一时期，为实现融资、生产、管理、物流的全球化，跨国公司主导的高端生产性服务业在国际化城市中集聚，传统商务区面临复兴与转型。伦敦2008年发布的《伦敦规划——大伦敦空间发展战略》，提出增进城市中心传统CBD活力的战略目标，将伦敦城市传统中心定义为"中央活动区（CAZ）"，通过制定政策和空间策略，以空间使用效率提高为基础，提升中央活动区的高端零售、金融、旅游与文化娱乐活动品质，吸引全球优质企业进驻，并满足本地居民需要，为伦敦城市和整个国家提供持续的发展机会。CAZ区域将商务和商业功能融为一个整体性政策区域，强化西区国际购物和休闲目的地建设，提升牛津街、摄政街、邦德街、骑士桥及其他零售休闲特别政策区的活力和多元性，改善环境质量和公共空间。CAZ的规划延续至今，最新版的规划中提出，要将更多创新商业理念和前沿实践植入CAZ。伦敦得益于CAZ混合商业功能的吸引力，让伦敦金融城在国际商务区排名中连续多年位列全球第一。

二、政策要求

目前，城市商务区更新的相关经验探索尚未能转化为固定的体系化政策，并以此来指导实践。从国家层面颁布的相关政策可以看出，对于商务区更新的重点从土地集约利用，正逐步转向功能混合和强化产业用地保障。在国务院颁布的"十四五"规划中，还强调了数字化转型、激发各类市场主体活力、智慧、绿色转型以及城市治理在城市更新中的重要作用。可以看出，国家

层面对商务区更新的指导已从单纯的用地集约转向更加综合的城市发展考量
（表4-3-1）。

国家层面对商务区更新相关政策　　　　　　　　　　　　　　表4-3-1

时间	政策类型	政策名称	主要内容
2021年3月	政策文件	《中华人民共和国国民经济和社会发展第十四个五年规划和2035年远景目标纲要》	推进产业数字化转型。加快产业园区数字化改造。激发各类市场主体活力。调整盘活存量资产，优化增量资本配置。推动国有企业完善中国特色现代企业制度。健全以管资本为主的国有资产监管体制。优化民营企业发展环境。促进民营企业高质量发展。加强土地节约集约利用，加大批而未供和闲置土地处置力度，盘活城镇低效用地。完善土地复合利用、立体开发支持政策。推行功能复合、立体开发、公交导向的集约紧凑型发展模式，统筹地上地下空间利用。建设智慧城市、绿色城市。提升城市智慧化水平，推行城市楼宇、公共空间、地下管网等"一张图"数字化管理和城市运行一网统管。优先发展城市公共交通，建设自行车道、步行道等慢行网络，发展智能建造。提高城市治理水平。坚持党建引领、重心下移、科技赋能，不断提升城市治理科学化、精细化、智能化水平。运用数字技术推动城市管理手段、管理模式、管理理念创新，精准高效满足群众需求。加强物业服务监管，提高物业服务覆盖率、服务质量和标准化水平
2021年7月	政策文件	《国务院办公厅关于加快发展保障性租赁住房的意见》（国办发〔2021〕22号）	允许将存量闲置和低效利用的商业办公房屋改为保障性租赁住房。原房屋权属不变，用作保障性租赁住房期间，不变更土地使用性质，不补缴土地价款
2020年3月	政策文件	《中共中央 国务院关于构建更加完善的要素市场化配置体制机制的意见》	鼓励盘活存量建设用地。充分运用市场机制盘活存量土地和低效用地，研究完善促进盘活存量建设用地的税费制度。以多种方式推进国有企业存量用地盘活利用
2019年11月	政策文件	《关于推动先进制造业和现代服务业深度融合发展的实施意见》（发改产业〔2019〕1762号）	保障"两业"融合发展用地需求。鼓励地方创新用地供给，盘活闲置土地和城镇低效用地，实行长期租赁、先租后让、租让结合等供应方式，保障"两业"融合发展用地需求。鼓励地方探索功能适度混合的产业用地模式，同一宗土地上兼容两种以上用途的，依据主用途确定供应方式，主用途可以依据建筑面积占比或功能重要性确定。符合产业用地政策，具备独立分宗条件的宗地可以合并、分割。对企业利用原有土地建设物流基础设施，在容积率调整、规划许可等方面给予支持

时间	政策类型	政策名称	主要内容
2016年11月	政策文件	《国土资源部关于印发〈关于深入推进城镇低效用地再开发的指导意见(试行)〉的通知》(国土资发〔2016〕147号)	鼓励产业转型升级,优化用地结构。促进产业转型升级,提高土地利用效率。 鼓励集中成片开发。鼓励市场主体收购相邻多宗低效利用地块,申请集中改造开发。城镇低效用地再开发涉及边角地、夹心地、插花地等难以独立开发的零星土地,可一并进行改造开发。 加强公共设施和民生项目建设。在改造开发中要优先安排一定比例用地,用于基础设施、市政设施、公益事业等公共设施建设,促进文化遗产和历史文化建筑保护。对涉及经营性房地产开发的改造项目,可根据实际配建保障性住房或公益设施,按合同或协议约定移交当地政府统筹安排。对参与改造开发,履行公共性、公益性义务的,可给予适当政策奖励

纵览全国的政策规定,仅有北京对商务楼宇更新进行了较为详细的规定,其他城市多关注楼宇经济的发展。北京出台的《关于开展老旧楼宇更新改造工作的意见》(京规自发〔2021〕140号)对商务办公楼宇更新从产业功能引导、更新规划方案编制、更新实施管理、规划土地资金等支持政策均提出了要求,为商务楼宇更新提供了较为全面的工作指引。此外,区级部门对商务区更新建设从产业培育出发,在支持发展现代服务业、优化审批管理、部门协调、提供资金补助等方面有所支持。而其他城市对于楼宇经济的政策多集中在拉动市场需求和培育新经济增长点等方面,具体表现为鼓励打造重点楼宇示范工程,从供给侧推动市场需求;资金支持主要集中在增加财政收入、培育亿元楼宇、特色楼宇,通过奖励运营主体进一步提升楼宇品质等(表4-3-2)。

城市层面对商务区更新相关政策　　　　　　　　表4-3-2

城市	政策名称	相关内容
上海	《青浦区加快推进现代服务业高质量发展实施细则》(青商规〔2021〕2号)	**支持楼宇经济发展** (1)对具有独立招商运营管理团队或整体委托本区开发园区或经济小区统一招商运营管理的,实施租税联动等机制。对企业入驻率、属地注册率和纳税率均达到70%及以上的办公楼宇进行扶持。 (2)对于年税收总量认定的重点楼宇和示范楼宇进行扶持;对运营主体和引进重点企业进行扶持。 **支持高新技术产业和新兴&专业服务业发展** (1)鼓励软件信息等拥有高新技术的企业进入特定的商务区。 (2)支持新兴及专业服务业发展,重点支持数字经济、电子竞技、直播电商、专业服务业(律师事务所、会计事务所、知识产权服务、科技中介服务、人力资源服务机构)等,给予政策和资金支持

城市	政策名称	相关内容
广州	《广州市越秀区人民政府办公室关于印发广州市越秀区促进产业园区发展和商务楼宇提升暂行办法（修订）的通知》（越府办规〔2019〕5号）	**鼓励楼宇改造** （1）经园区登记认定的升级改造项目，每个项目最高补助500万元。 （2）楼宇经登记认定的升级改造项目（含室内外改造、停车位增设等），每个项目最高补助300万元。 **鼓励特色楼宇打造** （1）经认定首次打造成为亿元楼宇的，对现有经认定的亿元楼宇，按对本区经济贡献一次性给予楼宇业主或运营单位最高500万元奖励和最高200万元奖励。 （2）经评定的星级楼宇给予楼宇业主或运营单位最高150万元奖励。 **鼓励创新载体提升** （1）新认定区级、市级、省级和国家级创新载体分别给予最高20万元、30万元、50万元和400万元奖励。 （2）创新载体培育的企业，根据其对本区经济贡献按每家最高20万元给予载体运营单位相应的奖励。 **鼓励运营平台建设&企业培育** （1）获得市级以上认定的公共服务示范平台，给予平台建设（或运营）单位最高100万元奖励。 （2）园区运营单位投资本园区内企业，根据被投资企业对本区经济贡献，给予该园区运营单位最高100万元奖励。 （3）纳入园区管理的企业可在房租补助、品牌提升、知识产权、资质认证等方面给予最高累计300万元奖励
北京	《北京市发展和改革委员会关于印发加强腾退空间和低效楼宇改造利用促进高精尖产业发展工作方案（试行）的通知》（京发改规〔2021〕1号）	**用投资补助和贷款贴息两种方式给予资金支持** （1）投资补助。腾退低效楼宇改造项目，按照固定资产投资总额10%的比例安排市政府固定资产投资补助资金，最高不超过5000万元。 （2）贷款贴息。对于改造升级项目发生的银行贷款，可以按照基准利率给予不超过2年的贴息支持，总金额不超过5000万元。 **发挥政府资金引领带动作用，推动绿色、高质量发展** 固定资产投资补助资金分两批拨付。第一批为项目资金申请报告批复后，拨付补助资金总额的70%。第二批为项目交付后一年内，经评估符合以下条件中2条及以上的（其中第1条为必选项），拨付剩余30%资金。 （1）项目改造后综合节能率达到15%及以上。具备可再生能源利用条件的项目，应有不少于全部屋面水平投影40%的面积安装太阳能光伏，供暖采用地源、再生水或空气源热泵等方式。 （2）入驻企业符合引导产业方向，且腾退低效楼宇项目改造后入驻率不低于80%，老旧厂房项目改造后入驻率不低于70%。 （3）落地市级重大产业项目、引入行业龙头企业或区政府认定对产业发展具有重大示范带动效应。 **鼓励产权统一、统筹改造、绿色低碳循环化改造** （1）将原来分散产权的腾退低效楼宇、老旧厂房通过转让收购集中为单一产权主体，具有较强示范带动作用的项目。 （2）对实施主体单一、连片实施、改造需求较大的区域，整体更新区域内楼宇、老旧厂房等各类产业空间以及道路、绿化等基础设施，构成若干区域性、功能性突出的产业园区更新组团，加快形成整体连片效果的项目。

城市	政策名称	相关内容
北京		（3）对建筑本体、照明、空调和供热系统实施节能低碳改造，使用光伏、热泵等可再生能源，积极打造超低能耗建筑。高标准建设垃圾分类设施，充分利用雨水资源，为绿色技术创新提供应用场景
北京	《北京市规划和自然资源委员会 北京市住房和城乡建设委员会 北京市发展和改革委员会 北京市财政局关于开展老旧楼宇更新改造工作的意见》（京规自发〔2021〕140号）	鼓励原产权单位（或产权人）作为实施主体进行自主更新；编制老旧楼宇更新改造实施方案等。 **明确并简化审批手续办理** （1）对不改变规划使用性质、不增加现状建筑面积，对现状合法建筑进行内外部装修、改造的无需办理规划审批手续，只需申请办理施工许可。 （2）不改变既有建筑建构，仅改变建筑使用功能的，可办理工商登记等经营许可手续。 （3）属于低风险工程建设项目的按照低风险工程建设项目进行审批。 **规划土地政策支持** （1）鼓励功能混合与转换兼容。 （2）增设必要的建筑规模不计入街区管控的总规模。 （3）允许地下空间多种途径复合利用
成都	《成都市新都区促进楼宇经济高质量发展扶持政策》（新都府办函〔2020〕102号）	支持楼宇通过产业提质升级、运营提质升级、配套提质升级，大力培育新技术、新产业、新业态、新模式，推动新都区以总部经济、新经济为引领，商贸流通、现代物流、文创旅游为主导，科技服务、新兴金融、健康服务为配套的产业生态圈建设，实现全区楼宇经济高质量跨越式发展。 **鼓励产业提质升级** （1）鼓励楼宇引进和培育总部企业。 （2）鼓励打造专业（特色）楼宇。 （3）支持楼宇产业规模发展。 **鼓励运营提质升级，统一产权主体和运营主体** （1）支持楼宇增加自持比例。 （2）支持楼宇增加属地注册率。 （3）支持楼宇服务产业发展。 （4）鼓励购买或租赁楼宇开展统一运营。 **鼓励配套提质升级** （1）支持存量楼宇提质改造。 （2）支持开展楼宇应用场景建设。 （3）鼓励楼宇加强信息资源开放共享。 （4）支持楼宇物业服务升级。 （5）鼓励楼宇参加等级评定
宁波	《2019年海曙区楼宇经济专项扶持资金实施办法（征求意见稿）》	**鼓励引导楼宇提高产出贡献** （1）对楼宇内注册企业年实缴税收总额首次达到1亿元及以上、5千万元～1亿元以下的楼宇，分别给予培育主体50万元、20万元的一次性奖励。 （2）对商务面积达到2万平方米及以上，当年税收超过5000万，入驻率、注册率均超过80%的商务楼宇，当年税收超过5000万，且当年单位面积税收产出同比增长超过10%的楼宇，进行奖励。 **鼓励发展专业特色楼宇** 对商务面积1万平方米及以上、当年税收超过1000万元、楼宇入驻企业总

城市	政策名称	相关内容
宁波	《2019年海曙区楼宇经济专项扶持资金实施办法（征求意见稿）》	数超过10家、产业定位符合楼宇经济发展导向、同一产业企业总数占楼宇入驻企业总数比例超过50%且使用面积超过楼宇总商务面积50%的楼宇，经认定，给予培育主体最高50万元的奖励。 **鼓励老旧楼宇有机更新** 对年纳税5000万元以上单一业主的楼宇，通过征收、改造、回购、回租等途径推进老旧楼宇有机更新。 **鼓励楼宇公共配套升级改造** 每年安排1000万元专项资金，对商务面积2万平方米及以上的楼宇，经实施主体向区商务局备案，实施楼宇停车位、电梯、外立面等公共部位升级改造的，给予实施主体总投资额30%的补助，最高200万元。跨年度完成改造的项目于完成年度进行申报

三、更新实践

（一）功能多元混合化

国内外的商务区更新都强调功能的多元和混合。中心活力区（CAZ）和围绕TOD展开的商务区更新都以导入城市复合功能为重要策略，来重焕城市活力，其中国内的实践以补充周边配套设施为主。

日本东京的六本木商务区，呈现了典型的中心活力区（CAZ）功能特征，容积率达到4.2（含地下部分）。由于混合了办公、居住、购物、休闲、文化艺术等多种功能建筑，且在交通组织上处理好功能组团与轨道交通的关系，体现了"让居住区和办公区更接近，让在六本木新城办公、居住的人享受足够的便利"的设计理念，通过土地高强度混合开发，功能空间分布的立体化，兼顾不同时段对各功能的使用。

日本大阪商务区紧邻大阪市的北部门户——JR大阪站及6个轨道交通站组成的日本西部最大的铁路交通枢纽，北区的土地利用政策与规划，突出城市复合功能导入的主题。

北京新街高和项目将家具销售中心更新改造为商务办公功能区。新街高和的最大亮点是通过专业运营机构完善了楼宇配套服务设施，提升办公配套品质，配套了丰富的社区商业与服务，集合了知名品牌餐饮、自助便利店、银行、生活服务、健身瑜伽、休闲社交空间等多元业态。通过营造丰富的办公生活场景与体验，为企业员工提供便利的日常生活服务。中粮广场植入自有写字楼餐饮品牌"中粮生活"和写字楼资产管理服务智慧运营平台"Coffice管家"，通过楼宇专属APP链接物业管理、餐饮美食、健康生活等人性化细节服务。

（二）空间体验多样化

具有活力和吸引力的商务区同样也是高品质游憩空间，为各类人群提供多样化的空间体验，让人们驻足、放松、沟通、消费，因此，位于滨水区的商务区具有强大的景观游憩资源价值，例如，滨水岸线提供游艇和客运码头建设的场地，滨水活动广场和滨水步道提供多样化的游憩体验。

纵览全球滨水商务区，例如美国的曼哈顿和芝加哥、伦敦金丝雀码头、新加坡河南岸、中国香港维多利亚湾中环、上海陆家嘴等，都有着各具特色的水域和滨水岸线形态，拥有步行可及的亲水绿带公园以及多样化的活动体验，重视滨水空间活力的营造，例如差异化植入各类公共活动设施、运动设施、步道联通，并结合游憩步道布局新兴设施，促进人群交往和消费。

金丝雀码头引水入城，创造了活力公共空间。针对这些开放空间，区域通过整合用地、建筑界面和休闲功能，形成了滨水活动广场和滨水步道两种空间类型。道路系统和城市交通的联系通过立交形成。针对交通节点空间，整合集散、换乘、游憩功能，最大限度地提高整体的空间利用效率。注重地下、地上空间的整合。在金丝雀码头用地南侧的建筑群中，有两个尺度巨大的玻璃中庭，直接连接南码头步行桥，24小时对外开放，使地上、地下空间融为一体。

（三）规划管控弹性化

灵活的规划管控措施是商务区更新实施的有力保障。国内外最普遍运用的管控工具包含建立容积率奖励机制、划定特别政策适用区、加强灵活高效的审批流程。

日本东京大手町商务区运用容积率灵活管理支持片区型开发。为了鼓励民间业主与企业共同参与再生开发，此区被划设为"容积率特别适用地区"，容积率由10放宽至13。未完全使用的容积率可转售给其他大楼，将所得用于进行整修复旧工程。因此，部分大楼的容积率可达16～17。

北京中粮广场在改造过程中，政府支持审批优化。东城区规划自然资源、住建、消防、工商、城管等部门和属地街道始终关注改造进展，积极为企业提供报批报规、工商注册等一系列"一站式"服务，简化了繁琐的报批流程，因此，中粮广场改造项目从报批送审到竣工开业，仅耗时227天。

（四）多方合作制度化

政府授权、企业参与的城市更新模式在发达国家已趋于成熟，我国正在积极探索多方合作的模式，最常见的形式是搭建以党建为引领的多方合作平台。

英国伦敦金丝雀码头的更新通过政府赋权、减免流程、设立企业特区制定优惠政策等方式激发社会资本参与城市更新。1981年，英联邦政府成立了半官方性质的"都市综合体开发商"——伦敦道克兰开发公司（LDDC），以整合政府投资的资金使用，并在城市更新措施中赋予其一定特权。例如，《英国地方政府规划与土地法》规定了土地归属顺序：城市开发公司经国务大臣和有关部长批准后，可以不经公众质询，强制获得属于公共部门的土地。此外，还有发展控制权，运输和道路基础设施规划权等。英国政府在码头区的道格斯岛上设立企业特区，制定优惠政策：例如在企业特区内免除规划控制（除少数特例外）、免征物业税、企业税收负债可以冲抵资本收入等。政府通过这些政策，吸引伦敦其他富裕地区的投资到码头区，并通过分期开发住宅、商业物业等所获得的收益滚动开发。

上海建立党建引领下的"楼事会"机制。上海90%的重点楼宇已建立了楼宇党组织，浦东形成"楼长—楼事会—楼宇党群服务站—楼宇党群组织联盟—楼事工作联席会议"的工作网络。这是一个汇聚政府、社会、楼宇等各方力量的协商共治平台，成员包括楼宇联合党组织书记、物业管理方负责人、党群服务站负责人、入驻企业党组织书记、企业行政负责人及党员职工代表等，市场、税务、公安等部门相关人员也在其中。

四、发展趋势

商务区的社会空间呈现活力、开放、包容、多元特征，拥有高度的产城融合水平。商务区正在从提供办公空间转向交通完善、建筑功能综合、工作、生活、娱乐等功能齐全的新一代商务区，同时更加关注于打造全天候的体验，将商务区转变为多场景功能目的地，并提供多样化的服务体验。另外，商务区作为城市综合功能服务中心，同样服务于由就业群体、消费群体以及进行商务交流、购物或旅游等活动的外来人群构成的多样化社会群体。各类群体在商务区紧密的社会联系也是整合都市社会资源、提升城市竞争力的重要部分。商务区作为容纳就业阶层最广泛、区位条件最便利、空间使用率最高、土地市场化开发和空间开放程度最强的城市核心区域，应当致力于成为具有包容性与多样性的城市综合功能发展平台，通过改善当地居民的居住条件、提供多样化的居住与文化休闲设施、促进当地居民参与就业等措施，保留部分原有居民并吸引不同社会阶层来此工作与生活。

商务区的产业呈现创新、高端、细分特征，要求具备"精品化"宜人舒适的环境品质。伴随着信息技术与网络经济的发展，商务区与高科技产业的关系日益密切。一些新兴产业总部，大型公司更加关注高端服务要素集聚，对高端商务、金融信息、商业服务、居住配套等城市需求进一步升级。一方面传统商务区作为全国性公司及跨国公司的地区总部所在地的功能在弱化，另一方面又使其成为周边区域金融、法律、咨询等高度专业化与市场化的生产服务行业集中地，以及文化艺术娱乐活动的集聚地。由于具有专业技能的高学历精英阶层对宜人舒适的环境品质有高标准要求，他们的消费需求使得商务区作为体验性消费与休闲活动中心的地位逐渐占据主流，商务区逐渐成为践行中产阶级精品化都市生活方式的场所。

商务区的更新建设和管理运营依赖于多方合作，通过积极协商的沟通机制，实现共建共治共享。产权分散是国内外城市在商务区更新中面临的普遍问题，资产分散在各个小业主或各类公共事业部门手中，使得更新实践无法推进。建立利益协商平台成为解决这类问题的有效方案，但这种协商伙伴关系的作用取决于各利益主体之间对目标的共识程度、具体的组织形式和执行机构的执行能力。多方协商已成为国内外商务区更新决策的基础，也是促成商务区长效管理和可持续发展的必然途径。

五、影响因素分析

通过对商务区更新的发展历程、政策变化以及国内外一系列成功案例的分析，梳理总结出成功商务区更新在功能产业特色、空间规划、更新实施、项目运营四个方面的十大影响要素（表4-3-3）。通过商务区更新，实现特色鲜明、城市经济产业实力增强的城市功能提升；公共空间、配套设施、交通基础设施完备，管理应对合理的城市空间品质提升；社会参与路径顺畅，审批环境友好，投融资机制成熟的更新实施机制；管理专业化、多业权协同共治的运营管理机制。

国内外商务区更新影响要素 表4-3-3

维度	影响因素	案例	实践内容
功能产业特色	复合功能	伦敦金丝雀码头	综合功能导向的功能转型
		日本大阪站	多层城市复合功能

维度	影响因素	案例	实践内容
功能产业特色	高附加值的产业转型	北京新街高和	家具销售中心更新改造为商务办公功能区
空间规划	高质量公共空间	滨水商务区：美国的曼哈顿、芝加哥，伦敦金丝雀码头，新加坡河南岸，中国香港维多利亚湾中环、上海陆家嘴	步行可及的亲水绿带公园；多样化的活动体验
	完善的交通基础设施	伦敦金丝雀码头	畅通交通体系
	空间弹性化管控	日本东京大手町商务区	运用容积率灵活管理支持片区型开发
更新实施	审批优化	北京中粮广场	简化报批流程
	吸引社会资本	伦敦金丝雀码头	成立了半官方性质的平台公司，整合政府投资的资金使用，并在城市更新措施中赋予其一定特权
	创新的投融资与利益平衡机制	伦敦金丝雀码头	设立企业特区，制定优惠政策
		日本东京大手町商务区	不动产证券化
项目运营	多业权的协同共治	上海静安区	建立共治委员会
	专业化管理	北京新街高和	专业化商务楼宇运营机构

六、商务区更新面临的问题与难点

（一）商务区功能单一，缺乏活力

商务配套设施分布分散，业态较为单一，娱乐餐饮和健康休闲设施相对不足。例如，有些商务中心，临街商业设施严重缺乏，仅有零星分布的精品店铺，娱乐餐饮和健康休闲设施较少，无法满足现代多元商务需求。

缺乏多元选择的商务区配套住房。目前，商务区配套住房服务人群较为单一，过高的房价和过少的住房选择使得商务区居住成为富人的特权，不能满足在此工作的普通人群的需求。

（二）空间无法满足商务需求，缺乏吸引力

建设标准粗略，导致商务区内公共空间品质良莠不齐。规划设计过程中建设标准粗略，建设标准难以落实，导致建筑品质参差不齐，缺乏吸引力。同时，缺乏对公共开放空间建设和使用的管控机制，并且在空间更新之后缺乏完善的监督机制，难以保证空间品质。

老城区商务区的更新空间有限，地上和地下空间开发均受制约。有待更新

的商务区往往位于老城区核心位置，空间发展结构基本成形，可供开发的地块稀缺。存量地块拆迁、改造成本日益提高，增加了征地拆迁和存量土地整理的难度。有些商务区由于特殊的区位，有限高要求。此外，商务区地下空间涉及业主较多，沟通协调难，开发难度大。

商务区交通压力大，大运量公共交通、静态交通、慢行交通需求日益增加，初期的交通规划已经无法满足现实需求。中心商务区的运转往往以大规模的交通系统建设为先导，初期的交通网络规划已不能满足现代商务区的发展需求。随着企业、人流、物流的增加，商务区内和周边的交通均面临很大压力：大运量公共交通由于竞争力不足，难以吸引小汽车使用者转变出行方式，加上支路路网不完善，交通疏散能力较弱；静态交通方面，随着机动车辆保有量的快速增加，静态交通矛盾显得更为突出；慢行交通方面，步行、骑行与交通枢纽的连接欠佳、道路导识系统混乱、共享单车停放杂乱等问题层出不穷。

装饰性绿地功能单一，无法聚集活力。由于国内现行的规划法规中，对于建设用地范围内的绿化规定多是以绿地率而非绿化覆盖率作为衡量标准，加之未对绿化在建设用地之中的布局以及绿化植物的种类及配比等提出要求，造成了如今商务区内各建设用地之中的绿化普遍以草坪及低矮的灌木等作为主要的绿化植物，并且这些植物或是被见缝插针般地种植在建设用地内的零碎空间中，对于提升城市空间环境的舒适度没有丝毫帮助；或是沿着建设用地的边界通长栽种，被充作阻止公众踏入建设用地范围的屏障。[①]

（三）楼宇改造动力不足，实施推进缓慢

产权分散难统筹，拖延改造实施进程。商务楼宇内部往往由不同业主持有，即分散产权。分散产权中的小业主为了快速出租回笼资金，任意下降租金，导致同一地段的写字楼租金差异巨大；同时，很多小业主不考虑租户的性质是否符合写字楼整体基调，价格合适就出租，导致写字楼业态无法统一布局，租户与物业管理参差不齐，造成极差的体验感。在楼宇需要更新时，由于产权单位多，缺乏沟通协商机制，造成小业主为了维护自身利益意见不统一、实施和管理主体责任难以明确、整改资金难以落实等问题，致使很多更新项目因产权问题拖延改造实施。因此，能否从大量小业主手中回购产权，是项目成

① 颜雪寅.公共化的建筑外部空间城市设计导则研究[D].北京：北京建筑大学，2016.

中国
城
市
更
新

功更新的关键。

审批流程冗长且障碍多，削减改造实施主体积极性。由于重新报建需要完整的建筑方案设计，涉及规划、国土、消防、城管等诸多部门，尤其是各部门现行的审批要求和管理规定与老旧楼宇现状存在较大反差，审批流程长，会带给业主租金损失。另外，大型传统商务设施大部分为建成20年以上的地标性建筑，位置相对敏感，外立面改造方案影响大，需要市级层面决策，审批手续难度较大，从而拉长了改造周期。因此，很多有意愿的更新主体常常因审批流程耗时太长打退堂鼓，或为节省时间成本或规避成本风险，对建筑立面的改造方案进行折中或不进行改造，使项目改造的效果大打折扣。

商务楼宇改造技术标准滞后于评价标准，实施过程中缺乏技术指导。由于商务楼宇改造技术标准缺失，导致在更新项目实施过程中缺乏技术指导，影响改造效果。

整改资金落实难，融资路径不清晰。在目前的运作机制中，楼宇业主作为改造主体与出资方，负担所有的改造费用。更新资金主要来自业主自有资金，资金筹集渠道更多依赖贷款。目前建立的建筑维修改造保障基金，往往只能保障新建建筑的维修改造经费，对老旧楼宇作用不大[①]。市政府仅对市级重点项目给予资金倾斜，尚未形成对低效楼宇更新改造资金的支持体系。另外，银行与基金合作打通低效楼宇更新项目的全链条融资路径尚不清晰。

（四）楼宇空置率高，经济效益较低

前期产业准入和后期退出机制缺乏，导致楼宇招商和产业发展不一致。大部分楼宇主要以获取租金为主要目的，对入驻企业所属产业、行业、贡献程度并不十分关注。因此，引进企业不符合产业规划，而且大多业态低小散，楼宇入驻企业之间关联度低，难以形成产业链生态链，无法肩负引导城市产业发展重任。另外，由于缺乏后期退出机制，导致不符合楼宇产业发展目标的企业无法被淘汰，影响楼宇经济的提升。

监管不足导致现有物业管理不到位。政府对物业管理主体的监督和奖惩机制尚未建立。很多乙级写字楼物业仅包含安保、收发信件和快递、日常维修、卫生打扫等基本服务，尚未达到《商务楼宇等级划分要求》GB/T 39069—2020中对于乙级写字楼物业服务要求，例如，为楼宇客户提供商务服务不少于4项，

---

① 洪祎丹.基于管理视角的宁波老城区商务楼宇改造更新研究[D].杭州：浙江大学，2016.

如人力资源、营销推广、展会服务、国际会议服务、法务咨询、财税服务、商旅服务、媒体合作等。

商务服务运营市场弱，缺乏综合性运营公司。部分楼宇产权主体虽有意愿，但缺乏改造提升能力，缺乏综合性平台运营公司来统筹相关职能、整合楼宇资源、创新发展模式、推动特色发展。对运营管理人员的重视程度不足，相关人员缺乏专业培训和再教育机会，导致运营公司专业化服务水平普遍不高。

政府与楼宇、企业间缺少对接平台，导致招商受挫，优质资源导入滞后。楼宇招商手段较为传统，基础调研不足，专业化分析不够，楼宇招商的精准度、专业性和市场化程度不高，政策、资源等信息与企业需求不能及时准确对接，楼宇信息共享不及时。第三方机构的协同作用发挥不充分，忽视诸如中介招商、代理招商等对外承包工具，平台招商等政府采购工具。

商务区数字化管理有待提升。目前，关于商务区的管理数据分散在各部门，各部门之间存在数据共享障碍，且现有数据没有与市级统一的数字化平台进行对接。另外，楼宇运营智能化有待提升，大多数存量商务区尚未依托数字科技应用激发入驻企业生产力和生产效率，与新建商务区之间存在较大差距。

七、商务区更新体制机制及政策支持

（一）推动建立商务区功能复合保障机制

1.通过规划引导，鼓励多元功能复合

创新产业用地细分，并允许一定比例的各类设施配套，例如人才公寓、专家楼、公共服务设施等。

专栏6

创新用地类型政策经验

上海把M4统一到C65（科研设计用地）用地，放大"研发总部通用类用地"的外延，研发总部类用地中可允许兼容不大于10%的各类设施，包括人才公寓、专家楼、公共服务设施等。北京为配合科技创新、科技研发、高精尖产业发展，推进研发设计用地（B23）的落地。

南京2011年以来综合工业和商业办公用地，推出了三类创新型产业用地，在 B 类的 B29 项（其他商务设施用地）下细分 B29a 用地（科研设计用地），将经营性科研设计用地与科研事业单位用地相区分。

落实一定比例用地用于留白增绿，补充周边区域基础设施、市政设施、公益事业等公共设施建设，并按合同或协议约定移交所在区政府统筹安排。

专栏7

留白用地政策管理经验

苏州工业园区结合新加坡"留白"理念，形成功能混合的商务聚集区。在园区开发初期，引入新加坡"白地""灰地"等概念，形成兼备国际化水准和实用性、可操作性的规划指标体系。在对"生活化"的处理上，合理分配产居用地比例，引入"邻里中心"概念，统筹分布生活性公共服务设施，实现生产区与生活圈的内部融合。

允许建筑物内分层设权，提高土地集约节约效率。规定对轨道车辆段、轨道交通站点等有条件的用地，允许建筑物的不同楼层或不同区域进行合理的功能垂直兼容，并允许按照分层设权的方式对各类土地产权进行分割。

2.通过容积率奖励完善地区公共服务设施

对补充社区配套服务、提升交通功能、提升城市绿色化建设等带动区域品质提升的楼宇产权主体和运营主体进行容积率奖励或税收减免，实现商务办公楼宇内的业态多元混合，并提升地区竞争力。通过将容积率奖励纳入法定文件、探索创建城市更新容积率体系、细化容积率奖励的条件，对补短板和提升型的商务楼宇更新均进行奖励，实现区域公共服务设施的完善。

专栏8

容积率奖励政策管理经验

将容积率奖励纳入法定文件，例如，上海在《上海市城市更新条例》

中明确了容积率优化的条件：对零星更新项目，在提供公共要素的前提下，可以采取按比例增加经营性物业建筑量、提高建筑高度等鼓励措施。

探索创建城市更新容积率体系，例如，深圳以法定图则和《深圳市城市规划标准与准则》为基础，允许城市更新项目按照定好的规则适度提高容积率。

细化容积率奖励的条件，对补短板和提升型的商务楼宇更新均进行奖励。日本对提升地区薄弱功能的项目进行奖励。在日本的城市再生特别地区中，除了通常城市设计中采用的"确保公共开放空间"的做法之外，"强化地区的薄弱功能"也可以作为"城市贡献"的评价对象。涩谷站街区以"交通枢纽功能的强化""引入提高国际竞争力的城市功能"和"防灾与环保"为贡献项目，争取到了增加容积率的奖励。新加坡对已使用超过20年的写字楼项目均进行容积率奖励，受益者主要为地处黄金地段的老旧资产业主，业主将更有可能通过抛售物业或自主更新改造以释放额外的建筑面积，从而促进片区的更新。

3.在规划中引导更多元的居住选择，促进保障性租赁住房政策落地，推动商务区产城融合

加强在总体规划层面对商务区多元居住选择的引导。将商务区内的商业功能大幅置换为混合功能已成为国际共识，伦敦CAZ地区、新加坡滨海湾地区均在其商务区的规划中导入了更多元的居住功能。

专栏9

商务区融合居住功能政策管理经验

伦敦在其2011版规划中增加了"满足当地和全市需求的各种住房"的功能需求；2016版补充规划指南中提到了对CAZ中住宅与办公功能混合开发的需求与实施措施；2017版规划中明确规定了CAZ多样化的综合战略职能，并且在不损害战略功能的前提下，还应注重住房和社会基础设施等社区居民需求，作为确保CAZ片区活力的基础。

进一步落实在商务区内增加保障性租赁住房的供给政策，并明确规定商务楼宇内兼容保障性租赁住房的退出机制。目前，北京、厦门与郑州等地规定符合条件的改建项目可申请使用中央财政补贴资金；北京鼓励宿舍型租赁住房改建项目业态混合兼容，同一项目内可兼容租赁住房、研发、办公、商业等多种功能。郑州与厦门均明确了"非改租"项目的运营时间，及运营期限满后的退出机制，值得其他城市借鉴。

专栏10

厦门保障性租赁住房退出机制

厦门按照改造项目是否享受中央财政奖补资金来区分最低运营年限，并且允许未满改建运营年限提出退出申请。郑州规定改造租赁项目运营期不少于8年；满最低运营年限确需退出的提出申请并恢复原有用途，同时取消水电气暖优惠价格，修改不动产权登记簿关于"非改租"的登记内容。

（二）优化商务区空间发展环境

1.编制商务区更新城市设计导则，提升公共空间品质

商务区更新的城市设计导则是用于指导和控制商务区内建筑外部空间品质的重要工具。该导则需包含公共空间和建筑单体的控制性要求，例如，地块出入口、机动车禁止开口路段、机动车及非机动车停车设置、地下步行系统、地面景观一体化、末端物流设施、导向标识、商业设置、连廊设置、公共服务设施、市政设施、综合防灾、无障碍设施、生态可持续策略等；建筑退线、建筑贴线、建筑高度细化、建筑体量、建筑功能、建筑衔接、建筑出入口、地下空间出入口、地下空间退线、建筑立面、建筑色彩、建筑材质、建筑附属物等。另外，需做好与CBD广告牌匾标识，核心区导向标识、夜景照明、公共艺术等设计导则的统筹吸纳。

导则需对建筑用地红线范围之内、建筑实体之外的空间的性质、利用方式及设计作出规定性管控，例如，要求不可沿边界设置生硬的阻拦设施，要求将该部分作为供公众进入、停留、进行交往与休闲的公共空间，让步行者获得更好的步行体验。

导则需对绿化方式和绿化布置进行管控，要求采用可参与式的绿化方式，

例如，绿植与座椅相结合、硬地密植乔木等方式，使用者可以步入、融入绿化当中，切实享受到绿化带来的舒适与阴凉。

2.制定商务区交通专项规划，以TOD为导向，倡导绿色交通，改善交通体系

应优化现状路网结构，从"超大街区"转向"窄马路、密路网"模式。充分发挥次干路的集散功能，增加支路形成网络化的交通体系，提高路网运行效率。

统筹各类交通基础设施，不断提升绿色交通出行率。区域内应统筹各类交通基础设施，多种交通方式紧密衔接，打造安全、便捷、高效、绿色的现代化的综合交通枢纽。对停车配建标准适当降低，以鼓励绿色出行。对步行、自行车、公共交通、智能交通进行规划，进一步落实绿色交通总体指标，提升绿色交通出行品质。倡导绿色出行，促进公共交通出行占比提升，道路完全林荫化，所有河道两侧公共空间完全贯通。

3.编制商务区地下空间开发利用详细规划，鼓励支持商务区利用地下空间，明确地下空间土地使用权

在已建商务区揳入地下空间，由于地面空间形态已定型，地下空间开发滞后于地面空间，开发将受到众多因素的影响，难度远超新建区域。

在规划管理方面，编制商务区地下空间开发利用详细规划。住建主管部门应当会同相关部门，依据地下空间开发利用专项规划确定的重点区域，组织编制重点建设区域地下空间开发利用修建性详细规划，明确开发范围、开发深度、开发规模、使用性质、互联互通、出入口设置、公共空间布局、大型市政基础设施安全防护以及地下与地上建设之间的协调等要求。

鼓励地下空间多层开发，建筑面积单列，不计入建筑用地的容积率指标。例如，《上海市城市规划管理技术规定（土地使用建筑管理）》《成都市地下空间开发利用管理条例》《福建省人民政府关于加快城市地下空间开发利用的若干意见》中都有相关规定。

在地下空间用地管理方面，规定同一主体开发的结建式地下空间应当随其地表建筑一并取得地下空间建设用地使用权。地下空间用于工业、商业、旅游、娱乐等经营性项目的，或者同一土地有两个以上意向用地者的，应当采取招标、拍卖、挂牌等公开竞价的方式出让地下空间建设用地使用权。其他情形，例如不能独立开发但因公共或功能性需求，需要与毗邻地块整合使用

的、连接轨道交通站点及出入口、穿越公共绿地等地下公共连接通道的，可以采用协议方式出让。

（三）创新商务区更新管理机制，解决更新实施堵点

1. 用政策和金融工具引导产权集中

通过政策奖励引导使用权和经营权由多主体整合为单一主体。上海在市级层面出台政策引导产权集中，并在实践中通过地产基金方式实现大楼产权归集，其他各城市的措施主要体现在区级的奖励政策。通过总结分析国内各城市的奖励政策，奖励条件分为六个方面：单一业主、统一经营管理、在本地注册纳税、运营年限、面积要求和经济贡献要求。

专栏11

各地楼宇产权集中政策经验

2016年，上海市出台《关于进一步优化本市土地和住房供应结构的实施意见》（沪府办〔2016〕10号）指出：上海市新增商业办公用地，相关区县政府要在出让条件中明确商业、办公物业的持有要求，一般地区商业物业的持有比例为不低于80%、办公物业为不低于40%，且持有年限不低于10年；近阶段商业办公楼宇供应量较大的区域，商业物业的持有比例提高到100%，办公物业持有比例不低于60%或100%，持有年限不低于10年或长期持有。

北京西城区、广州海珠区、深圳福田区、青岛市南区、成都市新都区、西安市碑林区等区级政府通过政策奖励，对承租方、业主和物业管理企业，进行一次性奖励或分层级奖励或按比例奖励（设上限）。

通过探索地产基金方式，以自有资金收购原项目及原业主，实现租户业态的相对集中与优质。例如，上海城市地产投资控股有限公司与嘉实基金管理有限公司设立城市嘉实有限合伙基金，基金规模达11.9亿元。其中嘉实客户出资8.33亿元占股70%，上海城市地产出资3.57亿元占股30%，上海城市地产作为劣后LP保证优先级收益。项目单位利用基金参与大楼收购、改建及运营全过程。通过地产基金方式，以自有资金收购原项目公司及小业主物业，改造过程采用边运营边改造模式，并通过租户调整，实现大楼租户业态相对集中且优

质，三年后项目运营成熟，赎回基金，实现大楼物业产权的相对完整，并实现了项目各参与方的投资增值。

2.提升对各方权利人的利益保障

政府主管部门应建立公正、开放、透明的协调机制，一方面为利益纠纷调解提供平台，提供咨询和顾问服务；另一方面，在充分尊重个体利益和保障公共利益的前提下平衡利益分配。楼宇内部，建立利益平衡机制，获利较大者应更多承担公共部分的付出，而承担损失的一方应获得多途径的补偿，如资金补偿、费用减免、设施选择或使用的优先权等，此外，政府应帮助建立业主委员会，为其提供咨询。

3.明确更新审批的流程和方式

审批程序的简化方向应是将审批重点聚焦到方案的技术可行性、方案外部性与城市公共空间利益的冲突、施工安全等方面。对于不改变规划使用性质、不增加现状建筑面积、仅对现状合法建筑进行内外部装修改造的，可不用办理规划审批手续，仅申办施工许可即可。对于识别为低风险工程的，按照简易低风险工程进行审批，并在办理环评手续、供水排水接入方面享受便利。在机制上应寻求多部门联合审批的合作方式，建立审批时间和效率的保障机制，避免审批时间因部门工作的低效而延长。

专栏12

北京老旧楼宇更新审批要求

北京在《关于开展老旧楼宇更新改造工作的意见（京规自发〔2021〕140号）》中规定，对于不改变规划使用性质、不增加现状建筑面积，对现状合法建筑进行内外部装修、改造的，由实施主体向区住房城乡建设部门申请办理施工许可，无需办理规划审批手续。但重要大街、历史文化街区、市政府规定的特定地区的现有建筑物外部装修，需向规划自然资源部门申请对外立面设计核发规划许可。涉及相关权利人的，实施主体应在开工前征求相关权利人意见。不改变既有建筑结构，仅改变建筑使用功能的，由负责牵头审查实施方案的区行政主管部门出具意见后，有关部门可为经营主体办理工商登记等经营许可手续。涉及局部翻建、改建的，在实施方案经区政府同意后，由区相关部门办理备案、规划、用地和施工许可手续。翻建、改建的设计方案需进行结构安全论证，并进行必要的施工图审查，以确保工程安全。老旧楼宇更新改造属于低风险工程建设项目的，按照本市低风险工程建设项目审批相关规定执行。

4.制定商务楼宇更新技术规范，鼓励绿色化更新改造

各地应建立低效楼宇的修缮技术导则和实施导则。对商务楼宇更新的全生命周期中从设计、施工、物业管理、资产管理等全流程面临的技术要点进行规范，明确不同等级商业商务楼宇的更新改造技术标准。

专栏13

各地楼宇更新技术标准规范

上海于2020年3月颁布上海市工程建设规范《既有建筑幕墙维修工程技术规程》（征求意见稿），对既有幕墙修理与局部改造设计、材料、临时设施与施工机具、施工、验收、安全和环境保护等方面进行明确规定。

辽宁于2021年颁布了《城市既有建筑顶升改造技术规程》DB21/T 3405—2021、《既有建筑幕墙工程维修技术规程》DB21/T 3383—2021、《辽宁省既有建筑绿色改造评价标准》DB21/T 3410—2021等适应城市更新的系列技术标准。《城市既有建筑顶升改造技术规程》DB21/T 3405—2021中规定了顶升程序及其工作内容，并对材料、检测鉴定、设计、施工、检测、验收进行了明确规定。

要鼓励建筑的绿色化更新改造。对商务楼宇的升级改造进行指导，以免由于产权方自发开展更新造成楼宇发展和区域经济的不可持续。目前，国家已发布《既有建筑绿色改造评价标准》GB/T 51141—2015，但内容多基于住宅和公共楼宇。各地需在该评价标准的指引下，进一步出台对商业商务楼宇绿色化改造的技术规范和政策奖励，对甲级写字楼和超甲级写字楼的绿色化升级提出更具体的要求，并在设计、采购、施工及运营管理的全过程推行绿色建筑标准，践行低碳环保的可持续发展理念。

5.出台金融税收扶持政策，吸引社会资本积极参与

通过出台金融税收政策，积极引导相关利益主体共同推动对低效商务楼宇的改造实施。例如，为其提供资金融通，对促进楼宇升级改造的楼宇主体进行投资补助、贷款贴息、融资担保、资金抵押、税收返还奖励等资金支持和保障，吸引更多的社会资本进入"腾笼换鸟"的赛道中来，共同解决改造资金缺乏的问题。

专栏14

各地楼宇更新资金扶持政策

专项资金补助方面，各地对楼宇税收高、促进高精尖产业发展的老旧楼宇更新予以不同程度的补助。北京市在《关于印发加强腾退空间和低效楼宇改造利用促进高精尖产业发展工作方案（试行）的通知》（京发改规〔2021〕1号）中规定：对于腾退低效楼宇改造项目，按照固定资产投资总额10%的比例安排市政府固定资产投资补助资金，最高不超过5000万元。宁波市鄞州区在《2020年宁波市鄞州区商务楼宇经济发展扶持专项资金使用管理办法》（鄞商〔2020〕79号）中提出：对楼龄在10年（含）以上，投入改造资金200万元（含）以上，楼宇税收在1000（含）万元以上或单位面积产出高于区平均水平的商务楼宇，按不超过实际投入的30%给予补助。

贷款贴息方面，可根据地方实际给予贴息支持，例如北京规定，对于改造升级项目发生的银行贷款，可以按照基准利率给予不超过2年的贴息支持，总金额不超过5000万元。

融资担保方面：《北京市西城区发展和改革委员会关于印发〈西城区支持低效楼宇改造提升的若干措施〉的通知》（西发改文〔2022〕113号）中提出一系列奖励政策，全方面吸引社会资本参与。在促进楼宇改造升级方面，西城区将给予改造主体实际投资额30%的改造资金支持，每平方米补贴金额最高1500元，补贴金额最高600万元。对于获得市级空间改造支持资金的项目，西城区按照1:1的比例给予最高600万元的区级配套资金。

6.建立更新基金，借助国资平台进行资产运营

建立商务区更新基金。发挥财政杠杆作用，撬动银行贷款，吸引保险基

金等长期稳定资金注入城市更新项目。为了吸引多元主体筹集资本金，加快建立资本退出机制。目前，广州、上海、无锡均已落地城市更新基金，北京、重庆等地发文鼓励和探索设立城市更新专项基金。

借助国资平台进行资产运营。通过国资公司对低效载体进行改造，同时围绕主导产业实施市场化、定向招商，盘活存量资源，有效推进城市有机更新，提高楼宇经济密度和产出效率。例如，北京市通过搭建资产运营平台和委托资本平台两种进行资产运营。

专栏15

北京楼宇运营管理平台经验

北京新动力金融科技中心项目中，区政府+国企（北京金融街资本运营集团有限公司）+产权单位（北京公交集团）共建资产运营平台。北京金融街资本运营集团有限公司作为西城区区属唯一一家国有资本运营企业，依托金融街产业集群优势，积极发挥自身各类资源优势。于2019年1月17日，与西城区、海淀区（后退出）、北京公交集团三方共同组建了北京新动力金科资产运营管理有限公司（新动力金科公司）。在市、区两级政府领导下，积极开展新动力金融科技中心项目装修改造工程，推动楼宇升级改造以及招商运营等相关工作。运营单位自行通过银行贷款的方式，利用社会资本提供改造租金。运营公司将通过近20年的长期运营最终盈利。

在北京的首创·新大都项目中，经首创集团批准，首创股份将整个园区委托给创元汇资本，对园区进行改造、招商和运营，以实现不动产增值收益和运营收益。创元汇资本为入园企业打造良好的生态服务环境：以金融科技创新、研发、孵化、路演、投融资的产业共生发展的产业体系。

（四）提升商务区运营管理能力

1.健全对楼宇产业的准入和退出机制

加强更新规划阶段对楼宇产业发展的引导。对楼宇企业实行准入机制，确保承租企业符合产业发展规划和方向。明确对运营管理、物业持有、违约责任的要求，例如，对物业持有比例和违约金额写入出让合同。

商务区更新全生命周期管理经验

在《上海市人民政府关于印发〈上海市城市更新实施办法〉的通知》（沪府发〔2015〕20号）中，明确指出土地出让合同中需要约束更新项目功能、改造方式、建设计划、运营管理、物业持有、持有年限和节能环保等内容。上海将效益要求、功能业态、引入行业、运营管理等要求纳入地块出让合同，实现对入驻楼宇的产业调控和后期监督。

上海市青浦区《青浦区商务委 区规划资源局印发〈青浦区商业办公用地全生命周期管理实施办法（试行）〉的通知》（青商发〔2020〕130号）文件，明确就地块出让合同中约定的效益要求、功能业态、引入行业、运营管理等要求开展综合评估，如未达成要求，则由评估小组提出整改意见，并抄送相关监管部门，落实监管措施。其中，罚收违约金、列入失信名单、收回土地使用权等违约处罚须报经区土地领导小组批准实施。该办法还根据不同地区的经济水平，对于单位面积税收产出强度进行明确规定。

完善更新后产业评估与监督退出机制。对效益要求、功能业态、引入行业、运营管理等要求开展综合评估，落实监管措施。针对商业商务楼宇普遍存在的混业经营问题，对区位相近、功能相似、配套相同的商业商务楼宇内相关产业进行摸底，对入驻率低、注册率低、贡献率低以及与主导产业定位不相符的楼宇进行功能置换和业态整合。根据不同商圈明确单位面积税收产出强度，对于不符合产出标准的企业进行淘汰，以实现商务办公楼宇的全周期管理。

2.加强对物业管理企业的规范和奖励

对物业服务企业及人员、楼宇管理制度、楼宇服务机制、管理与监督进行规定，并建立奖励机制，鼓励物业管理企业主动管理。

上海楼宇物业管理政策

上海市普陀区于2022年3月发布了《普陀区商务楼宇物业管理实施办法》(试行)，对商务楼宇物业管理的各个方面进行规范。另外，普陀区着重激活楼宇物业延伸管理的主动性，监管部门通过"以奖代补"、考核评估等工作抓手，推动物业企业更主动参与楼宇重点信息的动态采集和上报，做实楼宇管理前端发现机制。

3.搭建楼宇管理平台，完善多方参与机制

成立楼宇联盟、商会，充分发挥楼宇党组织作用，搭建党建引领下的多方参与协商共治平台，畅通企业和政府之间的沟通，为企业提供高效便捷贴心的服务。

专栏18

深圳楼宇物业管理政策

深圳福田区成立街道商会和全市首家纯写字楼物业联盟。2021年11月，福田区福田街道商会正式成立。福田街道商会是深圳第一个以CBD民营企业为主体的商会，商会注重加强会员单位与各级政府的联系，引导民营经济听党话跟党走，支持服务民营经济高质量发展，及时反馈解决商会会员及民企的诉求，为会员提供融资、信息、法律、技术、人才等服务，助推企业创新发展。另外，福田街道成立全市首家纯写字楼物业联盟，目前已成为福田街道服务企业、服务辖区青年的重要平台。现有成员单位70家，物业公司57家，覆盖59栋写字楼、9个商业综合体和5家优质酒店，纵向服务6985家企业，横向辐射143283名企业青年白领。

4.培育发展办公空间运营市场

加强楼宇服务专业人才队伍建设，对楼宇管理人员进行培训和经验交流。通过建立联系机制、加大楼宇管理人才的政策奖励力度，强化对楼宇专业人员的管理。此外，为提高楼宇人员的工作效率，提升其专业化服务水平，积极开展培训和交流活动。

专栏19

楼宇运营

北京CBD管委会举办"楼宇金牌管理员培训班"，邀请政府及行业顶尖专家从宏观经济形势与政策、写字楼运营管理实务、优秀实践经验这三个模块对楼宇管理人员进行培训及经验交流，提高了楼宇管理专业人才队伍的工作效率，为区域产业空间提质增效打下坚实基础。

吸引专业物业企业运营，对金牌运营企业进行奖励。

专栏20

楼宇运营奖励政策

深圳福田区建立"1+9+N"产业发展专项资金政策。其中，"1"是指1个产业资金管理办法，"9"是指9个产业发展政策，"N"是指N个支持措施。其中，商协会发展支持措施包含：设置活力评估、人才支持、招商引智、平台建设等11个项目。每两年根据活力评定结果，按照三个档次分别给予商协会50万元、30万元、15万元一次性奖励。每引进一家高层次团队给予最高50万元支持。同一社会组织，年度内享受产业资金支持总额最高达300万元。

青岛市南区对引进国内外知名专业化服务运营机构，合同服务期满3年及以上，建立楼宇综合服务中心，为驻楼企业提供公共性、专业化、个性化增值服务。每年评选五家优秀运营商，给予每家最高20万元奖励。经评审，对招引总部型、集团型、功能型等优质企业入驻的，在"双招双引"、涵养税源、楼宇品牌、品质提升等方面有重大贡献的品牌运营商，给予不超过100万元奖励。

5.加强数字化管理等措施，提升楼宇精细化服务

推动政府楼宇经济管理的数字化，将各部门数据进行整合，并在大数据支撑下实现围绕楼宇企业的全生命周期监测、管理、服务。

推动楼宇运营的智能化。鼓励楼宇业主和运营方开展智慧楼宇建设，打造一批以数据融合、数据运用为依托的"数字化""智能化"新型楼宇建筑，依托数字科技全面应用，激发入驻企业生产力和生产效率。鼓励一线城市发展数字孪生系统，其他城市通过数据融合、数据运用，激发入驻企业生产力和生产效率。

专栏21

楼宇数字化改造

上海静安区依托静安区市北高新园区大数据产业技术优势和"新基建"政策导向，通过数字化技术的应用推广，打造静安区楼宇经济面向未来发展的新优势。依托静安区智慧城市建设和"一网统管"平台打造，推动政府管理数据的跨部门打通和地理、商业、交通、载体等综合信息的数字化整合。

第四节　小　结

商业商务区更新是城市发展模式转型、经济提升的重要契机，其中不仅蕴含着土地增值、产业提升带来的巨大经济价值，同时也是对城市历史、文化的保护与传承，但由于涉及多元利益主体且更新内容较为复杂，更新中不仅要注重空间规划设计与管理的适应性和精细化，还应关注产业的综合提升，采取多种措施推动功能、产业更新。

商业商务区更新"增值"特征较为明显，相当一部分商业商务项目更新会带来可观的增值收益，使得政府和市场主体具有较强的参与动力。但由于现阶段更新实施运营管理尚有堵点，一部分更新项目未能顺畅推进。因此，在政策制定上，一方面，要理顺市场主体更新的实施路径，进一步优化政府职能，完善审批机制与部门协商机制；另一方面，要强化对商业商务存量开发的市场监管，合理地进行增值收益分配。关于商业商务区更新制度机制的完善，本文提出以下几点建议：

一是更新前进行公共设施、产业发展等要素的全面评估与专题论证。更新前进行区域评估，列出商业商务区内功能结构、公共服务设施、开发容量、公共开放空间等公共要素清单。建立评估准入机制，对产业功能、改造方式、运营管理、物业持有等提出更新要求。在更新规划方案编制中增加文化保护、产业引入、业态引导的专题论证。

二是编制商业商务存量空间更新的技术标准、设计导则。完善产业规划与更新规划的衔接。编制存量空间更新技术标准，在既有建筑修缮、楼宇绿色改造、智慧化改造等领域研究出台专项技术标准。强化对商业商务区各类空间的专项设计引导，在户外商业空间、广告标识、交通一体化、地下空间改造与利用等领域出台专项规划设计导则。

三是创新商业商务区空间管理手段。鼓励商圈特色化更新，适度放宽历史建筑活化利用限制，建立业态引导正负面清单，支持本土文化特色经营与品牌塑造。结合相关文化产业扶持政策，在税收减免、财政补贴、帮扶运营等方面予以支持。创新管理手段，弹性化管理公共空间使用。完善对商业外摆、户外广告、文化活动等各类空间使用的管理细则，明确商业商务区各类存量空间的使用权、经营权、管理权。

四是鼓励地方探索功能适度混合的用地模式。建立与商业商务区多元化需求匹配的功能复合化的空间结构，可对提供公共服务、公共空间的更新项目给予适度的容积率奖励，在规划调整、公共服务设施配套、改扩建用地保障等方面予以支持。支持商业办公建筑功能合理转型，鼓励非居住建筑改建为保障性租赁住房，允许租赁住房、研发、办公、商业多业态混合兼容。创新土地供应政策，通过优化新型产业用地类型和增加留白用地的方式支持城市长远发展预留空间。利用存量商业建设公共设施和民生项目，明确各类用途比例，合并分割利用方式、多种供地方式等要求，推进产城融合。

五是划定特别政策区，在政策区内给予建筑量容积率、混合用途等支持措施。在满足城市历史文化保护、基础设施等建设要求的基础上，在城市商业商务活动集中的地区划定特殊政策区，在政策区内的商业商务建筑更新可适度提升容积率，政策区内建筑容积率可互相转让，激发市场主体参与城市重要商业商务区更新的动力。设置不同类型的"混合用途开发区"，在区域内允许商业商务功能与居住、办公、基础设施等用途的适度混合，土地与建筑物用途在商业大类中变更简化规划许可。

六是优化商业商务区更新工程项目建设审批监督机制。结合优化营商环境相关政策，分级分类优化各类更新项目审批流程，如针对是否变更权利人、是否变更新规划管控条件、是否认定简易低风险等不同类型的更新项目制定相应审批标准，简化审批程序。联合政府各个部门，建立更新项目联审机制，提供报批报规、工商注册等"一站式"审批服务，降低企业审批成本。强化更新项目审批后的监管，对不符合产出标准的功能业态制定淘汰和退出机制，提升商业商务区更新效能。

七是完善商业商务片区整体更新的统筹与利益平衡机制。探索推进片区内多业权主体的协商统筹机制，向基层政府赋权，建立片区更新指挥部等基层政策协调机构，协助属地政府推动部门协调与联合执法。明晰市场主体责任，鼓励国有企业等市场主体承担片区统筹主体职责，对片区统筹主体适度授权，统筹片区内所涉的土地产权、业主意愿、各类设施容量、权益分配方式等，推动商业商务区整体更新。以政府投入带动社会资本参与片区更新，可借鉴日本的经验，以国有土地作为"种子基地"或政策前期资金投入建设基础设施作为更新锚点，带动市场主体投入资源参与更新。

八是建立商业商务区自下而上自主更新机制。鼓励成立商会、行业联盟等组织统筹片区更新，联合属地管理部门与党建部门形成类似"市、区、街道、中心、公司"多级联动的工作机制。支持相关组织制定自治公约，日常联络机制，建立日本式的"街区营造登录制度"等，对区域环境品质、服务质量、环境复合、运管能力进行自主规范，简化利用公共空间举办活动的申请流程。同时，可借鉴欧美"商业促进区（BIDs）"制度，逐步探索整合政府资金与企业税收，用于更新区持续运营维护的机制。

九是培育存量商业商务专业化运营市场。提升楼宇服务水平，强化对物业管理企业的管理与奖励。鼓励传统开发企业生产模式向"轻资产运营"转型。培育发展办公空间运营市场，通过补贴、奖励政策引导商业商务楼宇运营品牌化建设。

十是商业商务区更新智慧化。结合智慧商圈建设，借助信息化手段，加强商业区建设指导与运营监管。鼓励建设商区网点动态地图，对消费、供给、便利性等方面进行动态管理。同时，在更新项目中推动智慧化基础设施建设，发挥其对商业商务区更新项目的电子服务、实施监管、信息公开、辅助决策等产生作用。

第五章 | 城中村改造：现代功能重塑

摘　要

　　城中村是我国城乡二元体制下城镇化的产物，已发展成为我国城乡二元体制向一元化演进过程中的典型问题集结地，处理好城中村问题是关系到我国城乡统筹发展、形成城乡一体化新格局的重要内容，也是破解城乡二元体制的关键所在。

　　在城乡二元管理体制下，城中村虽然在地域范围内已经属于城镇，但在管理体制上仍然是农村体制和农村建制，城中村内村民虽不用再从事农业生产劳动，但在教育、医疗、卫生等方面都无法享受到和城市居民一样的社会保障。当前，城中村所引发的一系列环境、社会等问题不但已成为各大中城市在城市更新和治理方面最难解决的问题之一，也成为制约城市发展的瓶颈。城中村的出现是城镇化进程中一个绕不开的结，积极稳步推进城中村改造有利于消除城市建设治理短板、改善城乡居民居住环境条件、扩大内需、优化房地产结构，是各地政府必须关注的大事。

　　城中村改造政策的制定，应关注城中村发展模式的转型，优化更新改造模式，由大拆大建转向有机更新；创新改造管理机构，明确城中村改造市区两级职责和联动机制；深化城中村改造规划编制，注重城中村规划动态弹性及可操作性；完善市场机制，关注新市民、低收入群体的利益，充分调动政府、市场主体、村集体、新市民、低收入群体等多元主体的积极性；完善资金保障机制，拓宽融资渠道，建立多元投融资模式。

第一节　城中村改造的政策背景

　　2023年以来，城中村改造多次被中央重要会议提及。2023年7月21日，《关于在超大特大城市积极稳步推进城中村改造的指导意见》在国务院常务会议上审议通过。2023年7月28日，在超大特大城市积极稳步推进城中村改造工作部署电视电话会议在北京召开，会议指出，城中村改造是一项复杂艰巨的系统工程，要从实际出发，采取拆除新建、整治提升、拆整结合等不同方式分类改造。实行改造资金和规划指标全市统筹、土地资源区域统筹，促进资金综合平衡、动态平衡。必须实行净地出让。坚持以市场化为主导、多种业态并举的开发运营方式。建设好配套公共基础设施，做好历史文化传承保护。

2023年9月，自然资源部印发《自然资源部关于开展低效用地再开发试点工作的通知》（自然资发〔2023〕171号），落实在超大特大城市积极稳步推进城中村改造的有关要求，聚焦盘活利用存量土地，提高土地利用效率，促进城乡高质量发展，在43个城市开展低效用地再开发试点，探索创新政策举措，完善激励约束机制。

近年来，北京、上海、天津、广州、深圳等地加强在城中村改造中的探索和实践，推动城中村改造工作取得成效。

一、城中村的概念

城中村是城市化发展过程中特有的现象，不仅指物理空间的建筑布局形态，也指社会生活形态。不同学科背景对城中村的概念定义稍有差异。地理学定义"城中村是指在地域调度上已被纳入城市范畴的局部地区，其社会属性仍属于传统农村的特殊社区"。规划学定义"城中村是城市建成区或发展用地范围内处于城乡转型中的农民社区，内涵是市民城市社会中的农民村"，"是已纳入城市总体规划发展区内的，且农业用地已经很少或没有，居民也基本上非农化的中心村落"。社会学定义"城中村是急剧城市化过程中原农村居住区域、人员和社会关系等就地保留，没有参与新的城市经济分工和产业布局，仍以土地及土地附着物为主要生活来源，以初级关系而不是以次级关系为基础形成的社区"，"是生活方式和社会心理受到了城市影响，但仍保持独特生活习惯和传统交往模式，有别于一般城市社区的、兼有村庄和城市两种特征的社区"。

综合而言，城中村是指农村耕地被国家收走后，剩下的宅基地被快速发展的城区包围形成的城市中的农村聚落，在当下，通常被理解为城市中滞后于周围地区发展、缺乏公共设施的低收入阶层所在社区。

二、城中村的特征

在过去数十年我国快速城市化进程中，大量村庄被包纳入城市建成区中，同时还保留村庄的部分特性，形成城与村对立交错在一起的"城中村"现象。

在空间特征方面，城中村建筑密度较高，通常利用露天空间进行拓展建设，形成"握手楼""一线天"等独特景观；村容脏乱，基础设施匮乏，消防隐患严重；居住、工业与商业用地分布混乱，缺乏有效规划。

在经济特征方面，城中村的耕地大多已被征收，房产出租、村集体分红以及经营性劳动收入成为村民的主要经济来源。粗放型"租金经济"的土地产出效率很低，造成城市土地收益的严重耗散。

在社会特征方面，城中村外来人口较多，异质性强，流动性高，存在明显的社会分层现象。村民文化素质普遍不高，作为"食利阶层"容易引发社会治安问题。城中村的思想观念、生活方式容易与城市文明发生冲突。

在管理体制方面，城中村仍保留了原有的农村管理方式，即由村委会自治，土地产权归集体所有，村集体承担公共服务和社会保障的供给。在城中村外来人口迅猛增加的趋势下，村集体提供的公共物品难以满足需求。

三、城中村的成因

城中村诞生于我国"城乡二元结构体制"与"城市化、工业化进程快速推进"的适配过程。

第一，城乡二元体制是城中村产生的制度基础。城镇化增量扩张过程的本质是城市郊区土地不断被征收为国有土地的过程，由于我国实行城乡二元分割的土地管理制度，农业用地的低成本性通常导致其成为政府和开发商的优先选择项，而用于非农建设的村庄及宅基地，则由于征收的高成本性和社会成本的复杂性，往往选择被绕过，使其成为被城市包围的"孤岛"，形成"都市中的村庄"，即城中村。

第二，市场需求刺激了城中村的发展。首先，失去耕地的原村民在谋生的压力下，转向对宅基地上的房屋不断加建、改建、扩建，扩大用于出租的房屋面积，获得新的就业和收入途径。同时，由于大量新市民无法负担城市住房，也难以获得公共住房安置，城中村则承担起提供廉价住房的责任，大量非正规用房需求也由此固化了城中村问题。在土地和租金快速增值的情况下，村民大量抢建私宅，使城中村进一步发展成为"水泥巨物"。一边是不具备在城市正规商品房市场租赁或购买住房、商铺实力的新市民，一边是租金水平相对较低的城中村，二者联动形成了城中村"廉租房"经济和非正规经济需求与供给的完整闭环。

第三，集体经济强化了城中村的博弈能力。村落长期以来形成的社会网络、文化认同以及集体经济的福利保障等功能促进了"村落单位制"的形成。这种利益内聚强化了村民的内在认同，使城中村拥有更强的博弈和发展能力。

第四，城市监管待加强导致城中村问题积重难返。城乡二元管理体制下，城市政府对城中村的监管有待进一步加强，管理有待进一步完善，现状情况下很难约束城中村的土地利用，导致城中村的违法建筑积重难返。

从历史的角度看，城中村在城市的发展中起到了一定的作用，城中村为城市的快速发展提供了大量廉价的土地，较好地实现了农村地区向城市化发展的快速转化。同时，城中村以低廉价格出租的私房承担了城市廉租房的功能，解决了大量的外来劳务工人员的居住问题，为城市发展作出了较大的贡献。但是，随着城市进入高质量发展阶段，城中村的负面影响也逐步暴露和恶化，城中村社会治理难、居住环境恶劣等一系列问题引起了普遍的关注，亟须更新改造。

一是社会问题。因城中村人口结构复杂、居住密度过高，给城市管理带来巨大压力。城中村由保留宅基地的原村民、租住在村中的市民和流动人口混合构成，造成两个方面突出的社会问题：就业问题和社会治安问题。

就业方面，城中村聚集大量的外来人口，面临就业、待遇、收入来源等的不稳定性，不稳定性决定了城中村外来人口行为规范和诉求的低水平以及群落的离散性、流动性，增加了城中村社会管理的难度。同时，城中村原住民的经济收入主要来源于房屋出租，长期的依赖使他们缺乏或丧失了其他的生存技能，很难在其他岗位就业，为确保自身利益，原住民对已有生存方式的依赖成为城中村改造、治理的阻力之一。

社会治安方面，城中村由于流动人口过多，人员构成复杂，催生了出租屋和小旅馆经济，由于村民和外来人员的素质相对较低，加上城中村旅馆、出租屋的分散、隐蔽，容易形成一些无人管理的盲区，城中村往往成为犯罪嫌疑人的隐匿之处和高危人群的聚居点，成为"黄""赌""毒""恶"事件的高发区，社会治安压力大。

二是建设问题。首先，城中村用地功能高度混合，宅基地与集体用地管理与建设不符合政府规定，居住用地、工业用地、商业用地等相互交织，用地权属较为混乱。另外，在市场选择与利益的驱使下，城中村村民都在自己的宅基地上尽可能地建满房子，"握手楼""贴面楼"等普遍存在，长期的"见缝插针"建房行为，使城中村构筑物拥挤且蔓延，建筑物高密度低强度拥挤不堪。同时，由于缺乏科学有效的规划引导和管理机制，原村民往往按照自己的方式建设房屋，使得城中村建设无序、混乱。

三是环境问题。城中村中道路、供水、供电、垃圾处理等配套设施往往不足，各种管道、线路杂乱无章，缺少公共绿地、医疗教育及休闲娱乐设施。加之城中村建设的无序蔓延，带来严重的消防隐患和采光通风问题，环境卫生问题突出，空间环境"脏乱差"。城中村空间形态和品质与周围格格不入。

四、我国城中村改造的必要性

城中村作为中国特色城镇化下的历史产物，有着纷繁复杂的成因，"剪不断、理还乱"的产权关系，且外部效应巨大的城市更新又将衍生出许多潜藏的利益纠葛，这些都是现有法律机制所不能解决的，给城中村改造增加了巨大的成本，甚至激化了社会矛盾（"钉子户"、家庭与邻里纷争等），让政府、企业等主体望而却步，成为导致城中村改造相对进展较慢的内因。但如今，我国城市发展都相继进入到存量乃至减量发展阶段，城市更新进入"新常态"，如何快速高品质推动城中村改造，助力大城市实现现代化并引领新时代，是必须回答的课题。

在此背景下，城中村改造成为必然是建设适宜人居环境的必然要求，是改善社会治安环境的必然要求，是城市经济发展的必然要求，是完善社会保障制度的必然要求，是完善城市公共服务覆盖体系与提升公共服务设施水平的必然要求。

推动城中村改造的关键在于改变治理模式与机制，即作为城中村改造的主体，"政府""开发商""居民""外来人口"如何参与改造决策过程。现有城中村改造实践的模式主要有两种：一种是拆迁重建型，由政府方面征收土地，并将征收后的土地一部分用于建设城中村原住民的回迁房，另一部分则通过土地出让方式用于商业开发，根据是否引入社会资本、让企业或村集体代替政府成为城中村更新的主导力，可进一步细分为政府主导型、开发商主导型和村集体主导型；另一种是就地整改型，在保留原住民自建房的前提下，不进行大规模拆迁，主要对城中村的基础设施和公共服务配套进行完善，并对城中村的非正规经营活动进行规范和疏导。相较于拆迁重建，就地整改的优点在于投资规模小，对非户籍常住人口的包容性强，但由于不涉及土地征收，社会资本难以进入，很大程度上会成为一项财政负担沉重的政绩工程。

城中村是以职业为纽带的城市社会网络、以家族血缘为纽带的传统乡村社会网络和以地缘为纽带的外来社会网络交流碰撞的重要场所，是城市社会多样性的集中体现。城中村不仅仅是一个区别于一般城市建设景观的空间实体，同时是一个较为独立的经济实体、居住人口实体、文化团体和社会群落。因此，对城中村的改造将不仅是城市建设实体重建的过程，也是产业经济、人口结构、组织管理、社区文化等发生解构、重组的过程。在此过程中，政府不但要制定科学合理的改造计划，还要制定能够保证改造计划顺利实施的法律法规以及相应的管理条例，从而保障城中村改造工作的正常运行。

五、我国城中村改造模式总结

我国城中村改造已经过20多年的实践，各地进程不同，大致可概括为全面推倒重建——辩证开发利用——现代功能重塑三个阶段，呈现出更新内容立体化、主体多元化、方式多样化趋势。

第一阶段，全面推倒重建（1993—2001年）。初期的更新改造旨在推动城中村从空间形态、管理体制、土地使用等方面融入城市，实现消灭城中村的目标。此阶段改造实践由政府强势主导，侧重改善物质空间，集中于规模化拆迁，重点运用物质性手段消除城中村。在此阶段，城中村更新改造对社会、精神文化层面考虑有所欠缺，改造模式及思路相对单一，忽视了城中村问题的复杂性，未能很好地缓解城中村问题，一定程度上造成了城乡原有风貌特色丧失、社会关系网络断裂、外来人口边缘化等问题。

第二阶段，辩证开发利用（2002—2012年）。转型阶段的城中村更新改造关注点逐步从"物"转向"人"，探索通过多主体协同改造、加强村民精神文明建设、完善城中村廉租房体系等措施，保障村民及租户权益，推动人的城市化进程。其改造目标向改善城中村物质景观环境和保障村民利益转变，政府、开发商、村集体三方主体协调推进城中村改造，开始注重三方主体利益均衡。在具体实践中面临协调制度建立与完善、公众参与等难点。此阶段的改造思路逐渐摒弃大规模跃进式改造方式，期望通过渐进式改造等措施减小对原村内社会关系的冲击，实现城中村的自然过渡。

第三阶段，现代功能重塑（2013年至今）。在经历了以消除、开发利用为主的改造研究之后，城中村多元文化保护与重塑成为新阶段重要的研究方向。对外来文化的关注主要体现在对城中村出租屋体系的构建与实践上，2017年广州市发布了《广州市加快发展住房租赁市场工作方案》，将城中村作为住房租赁市场主体之一，提出发展"城中村"现代住房租赁；在实践中，广州市还出现了针对特定外来人群的城中村改造方式，如深圳福田水围柠盟人才公寓。此阶段，改造模式从政府单一主导逐渐走向多元参与、协商共治。改造思路转向内涵式更新，注重保留城中村城市功能、重塑城中村价值。比较典型的案例包括鲛尾场运用城市彩绘实现景观更新，大芬村引入油画定制产业实现新功能植入。

现行城中村改造模式包括政府主导模式、市场主导模式、村集体主导模式和多元合作模式，不同模式有不同的优点和缺点。政府主导模式强调政府行使行政权力，通过行政权力和公共资本实现整村拆迁改造和安置，从城市规划角度，有序推进城中村改造活动，最大限度地整合土地资源，改善城市面貌。但是，一旦政府角色错位，容易产生土地寻租行为，滋生不良风气。市场主导模式即由政府公布改造方案，将建设用地与开发用地统筹，通过市场一并招标，开发商将获得主体改造资格承担改造任务。该模式一方面因开发商直接参与，避免了行政权力干涉改造，而政府只需提供优惠的投资政策，不需要投入较多的财政资金，使得有限资金能够用于公共基础设施完善上，提高了政府服务水平；另一方面开发商在利益驱动下，容易侵犯村民利益，引发与村民的矛盾。村集体主导模式是指政府不需要投资进行改造，仅提供相应的优惠政策指导，由村民通过民主协商，通过自筹资金的方式对城中村进行改造，该模式不仅有利于政府发挥服务功能，而且能够调动村民积极性，但该模式面临村集体建设经验不足，城市建设品质不足，融资困难，流动人口被驱赶等问题。多元合作模式主张政府、市场、村集体和新市民共同参与城中村改造和治理，通过将新市民纳入治理主体，最大化保证和平衡各方利益，使城中村改造能够实现良性循环，但该模式存在主导方不明确，模式存在独特性难以复制等问题（表5-1-1）。

城中村更新模式分析一览表　　　　　　　　　　　　　　表5-1-1

更新模式	政府主导模式	市场主导模式	村集体主导模式	多元合作模式
含义	政府完成征地和前期开发，再通过"招拍挂"出让给开发商完成后期建设	政府和市场主体合作，引入市场资金实现更新	村集体和村民在政府指导下，自筹资金，自我安置，自行完成更新	"政府—市场—村民/村集体—新市民/社会组织"治理结构，主张包容性和多元性

更新模式	政府主导模式	市场主导模式	村集体主导模式	多元合作模式
优点	过渡期短，运作简单；保障公共利益和秩序；政府可提供政策支持	开发商资金雄厚，经验丰富，能够缓解政府资金压力	政府无须进行财政投入；村民由被动变为主动，积极性提高；村集体收益较高	将新市民纳入治理主体，提出多元主体合作治理的更新路径
缺点	政府财力有限，难以平衡拆迁安置成本；村民被动参与，可能导致抵触情绪；可能导致政府寻租行为	市场主体容易突破控制性详细规划；村民利益容易被损害、忽视，导致村民产生抵触情绪	更新资金难以筹集；村集体很难具备组织能力；各村补偿标准不一，引起村民心理不平衡	多元主体合作治理缺乏系统性理论指导，实践经验存在客观性和局限性
适用性	政府财政能力较强时采用	政府财力有限、村庄筹资能力不足时采用	集体经济发达、筹资能力强、村规模较小时采用	一村一策，经验适用性不足，需积极探索

六、我国部分城市既有的城中村改造政策

（一）北京"疏解腾退、留白增绿"

北京的城中村改造有一个重要的时间节点，即2008年北京奥运会。奥运前三年的"城中村"集中整治，时间紧、任务重，相应的政策配套也表现出"特事特办"的特征。2008年以后，北京加强了城乡结合部的整治，通过绿隔地区的村庄改造和土地整备收储，保障城市发展的土地供应。2021年11月3日，北京市城乡结合部建设领导小组印发《北京市"十四五"时期绿化隔离地区建设发展规划》，提出深入推进非首都功能疏解工作，持续提高绿色开敞空间占比。制定实施全市城乡结合部减量发展三年行动计划，有序推进绿隔地区减量提质增绿。该政策表明北京绿化隔离地区将会迎来大规模的城中村改造。2023年9月，自然资源部印发《关于开展低效用地再开发试点工作的通知》，决定在北京等15个省（市）的43个城市开展为期4年的低效用地再开发试点，探索城中村改造地块除安置房外的住宅用地及其建筑规模按一定比例建设保障性住房，探索利用集体建设用地建设保障性租赁住房。

（二）上海"城中村"改造与乡村振兴战略、新城建设、区域功能提升有机结合

上海市于2014年3月26日发布《上海市人民政府批转市建设管理委等十一部门〈关于本市开展"城中村"地块改造的实施意见〉的通知》（沪府〔2014〕24号），提出了"城中村"改造的范围、指导思想和基本原则、改造方式、主要目

标、政策措施、组织保障，其中明确"城中村"改造地块由农村集体经济组织开发建设，或引入合作单位开发建设的，经营性土地形成净地后，可采取定向挂牌出让，以及减费、企业发债等政策支持。此后，上海市又陆续出台了《关于本市开展"城中村"地块改造规划土地管理要求》《关于进一步推进本市"城中村"改造工作的通知》等一系列指导文件，对"城中村"地块的改造主体、资金平衡和出让价格作了具体规定。自2014年启动试点以来，上海市依据实施意见已批准"城中村"改造项目共48个。

2020年《关于进一步推进本市"城中村"改造工作的通知》提出，将"城中村"改造与乡村振兴战略、历史文化名镇名村保护和利用、文化遗产保护、撤制镇改造、区域功能强化、租赁住房建设、"无违"创建、生态廊道建设等紧密结合；确立了"公开招标、邀请招标、竞争性磋商等方式选择合作改造单位"的竞争性准入机制；明确了城中村改造项目认定标准及实施方案的认定程序；明确了定向出让的土地价格确认方式，即"采用定向挂牌出让的经营性土地价格，应经市场评估并通过区政府集体决策确定，原则上不低于出让时'城中村'项目周边或同等地价级别区域公开出让成交地价"，城中村改造支持政策进一步明晰。2021年，《上海市住房发展"十四五"规划》中提出，加大"城中村"改造推进力度，先将涉及历史文化名镇名村保护、撤制镇改造等的"城中村"列入改造计划，加快推进已批实施方案及新城区域内的"城中村"项目改造。优化工作机制，加强项目监管，将"城中村"改造与乡村振兴战略、新城建设、区域功能提升有机结合。《上海市人民政府办公厅关于印发加快推进旧区改造、旧住房成套改造和"城中村"改造工作支持政策的通知》（沪府办〔2022〕43号），对城中村改造范围、目标任务、全过程管理、支持保障政策进行了明确，提出上海的"城中村"改造方式多样，包括土地储备、合作改造、公益性项目、集体组织自行改造等；支持区域更新，异地资源地块捆绑开发，并通过协议出让土地方式，落实改造资金平衡问题。

（三）天津"政策统一、一村一案"

天津市城中村改造早在2006年就已经拉开序幕，只是当时没有形成明确的概念。在此期间，各项管理政策发生了很大变化，特别是土地政策。城中村居民安置房的土地权属性质，早期规定保留集体土地，后期规定按照经济适用房政策征收为国有土地。由此造成一部分启动较早的村子希望享受新政策，补办征地手续。2007年，天津市出台《天津市市政基础设施建设涉及的城中村改造暂行办法》，明确城中村改造应符合城市总体规划和土地利用总体规划，按照"政策统一、一村一案"的原则，实行整村测算，统一规划，全面实施。2010年6月，天津市人民政府决定成立天津市保障性住房建设和"城中村"改造领导小组。2019年，天津市北辰区城中村改造工作取得阶段性进展，城中村改造项所涉及的15个城中村中有13个村拆迁基本清零。2021年，天津市制定《天津市老旧房屋老旧小区改造提升和城市更新实施方案》(津政办规〔2021〕10号)，实施方案中主要包括老旧厂区、老旧街区(包含相应老旧房屋老旧小区改造提升)和城中村等存量片区的城市更新改造项目，以及市、区人民政府主导的补齐基础设施短板和完善公共服务设施项目。

（四）广州重"集体经济组织决策"

2002年，广州市政府公布了《中共广州市委办公厅　广州市人民政府办公厅关于"城中村"改制工作的若干意见》(穗办〔2002〕17号)，由此，广州的城中村改造开始走上历史的舞台。2008年，广州市政府发布了《中共广州市委办公厅　广州市人民政府办公厅关于完善"农转居"和"城中村"改造有关政策问题的意见》(穗办〔2008〕10号)，文件中明确了责任划分，由市政府负责"城中村"改造的指导和协调，区政府、街道办事处负责统筹组织，村集体经济组织具体组织实施，在"城中村"改造中，村民和村集体原有合法产权部分的物业，原则上由改造主体按1:1进行等面积复建补偿，并由原村集体统筹安置。2009年，广州市出台《广州市人民政府关于广州市推进"城中村"(旧村)整治改造的实施意见》，意见中明确了用10年时间基本完成全市在册的138条"城中村"的整治改造目标任务和职责分工，全面改造和综合整治的改造模式。值得一提的是，此实施意见中确定了住宅房屋拆迁补偿安置基准建筑面积，由区政府或其会同村集体经济组织根据改造范围内村民现状住房面积、整治改造成本等因素综合确定。住宅房屋被拆迁人选择复建补偿的，被拆迁房屋的建筑面积在基准建筑面积以内的按"拆一补一"给予安置，不足基准建筑面积部分，被拆迁人可以按安置住房成本价购买，超出基准建筑面积部分不再实行安置，按被拆迁房屋重置价给予货币补偿。在村民自愿的基础上，超出基准建筑面积部分的货币补偿可折算成股份参与集体物业收益分红。实施意见还提出了其他保障措施，如整治改造规费优惠政策。按照"拆一补一免一"的原则，在市政府的权限范围内，实行税费减免和返还优惠政策，吸引社会资金参与全面改造，激励村集体经济组织和开发建设单位建设旧城更新改造安置房，引导现代产业在"城中村"改造区域集聚发展。2015年2月，广州市城市更新局成立，是国内第一个专门的城市更新职能机构，也标志着广州的"三旧改造"时期进入城市更新时期。2015年12月，广州市政府出台了《广州市城市更新办法》，提出具有文化历史意义的街道或社区，不再采取大拆大建的做法，而是采用"微改造"的方式。在城中村改造方面广州市政府也积极响应，于2018年出台了《广州市城中村综合整治工作指引》，提出了城中村"微改造"内容与方式等，其中明确，改造对象为全市城中村的公共区域和集体物业，不包含拟实施全面改造的城中村。通过城中村综合整治，消除安全隐患，补齐配套短板，改善人居环境，促进文化传承和产业升级，营造良好创新创业环境；探索完善城中村综合整治相关政策，形成城中村有机更新的常态机制；探索完善城中村长效治理体系，使城中村居民获得感、幸福感、安全感更加充实、更有保障、更可持续。

为保障农村集体经济组织及其成员的合法权益，顺利推进旧村改造，2022年5月，广州市政府发布了《广州市旧村改造村集体经济组织决策事项表决指引（修订稿）》。此版指引修订稿相对于2021年4月30日出台的《广州市城中村改造村集体经济组织决策事项表决指引》（穗建规字〔2021〕5号）在决策事项、表决方式、表决比例等均做出调整：第一，改造意愿表决方式删除"成员代表会议"，仅保留"成员大会"进行改造意愿的表决，更大程度保障了每一位村民的知情权，有效避免村民"被代表"，有效降低后续旧改的异议风险；第二，强调审定权，即在改造实施方案提交有审定权的城市更新工作领导小组审议前，由村集体经济组织召开成员大会对旧村改造实施方案进行表决；第三，删除合作意向企业有关表述；第四，合作企业选择表决方式调整为"成员大会"，从表决效力强度来看，成员大会为村集体的最高权力机构，其表决结果效力最强；第五，增加"村集体物业拆补方案表决"的规定，即增加了"村集体物业的拆迁补偿安置方案需由村集体经济组织召开成员大会表决通过"的内容；第六，增加"成员大会可分组表决"；第七，表决比例由"1/2以上"调整为"2/3以上"。

（五）深圳"高度重视城中村保留"

深圳市政府于2004年出台了《深圳市城中村（旧村）改造暂行规定》，其中对清查违法建筑、违法用地工作作出部署，并对城中村改造的条件方式和目标、优惠政策、改造计划、拆迁和补偿、监督管理与争议处理等相关的工作作出了详细规定，标志着深圳旧村改造正式开始。2005年，深圳市政府发布了《深圳市人民政府关于深圳市城中村（旧村）改造暂行规定的实施意见》（深府〔2005〕56号），提出"成熟一个改造一个，改造一个成功一个"的要求。之后，深圳市政府又编制了《深圳市城中村（旧村）改造专项规划编制技术规定（试行）》及《深圳市城中村（旧村）改造规划指引—技术通则（试行）》。2009年12月，国内首部关于城市更新的政府规章《深圳市城市更新办法》出台，深圳城市更新进入全面铺开阶段。《深圳市城市更新办法》明确，城中村是城市化过程中依照有关规定由原农村集体经济组织的村民及继受单位保留使用的非农建设用地的地域范围内的建成区域，并规定了城中村拆除重建的地价补缴政策和产权归属。此后，深圳市政府于2016年对《深圳市城市更新办法》部分内容作了修改，并重新公布。2019年，深圳市出台了《深圳市城中村（旧村）综合整治总体规划（2019-2025）》，表示要转变城中村改造的思路，规划中明确写道："不急功近利""不大拆大建""高度重视城中村保留"。推进城中村有机更新，将城中村改造工作与全市住房保障、公共配套设施和重大项目落地等工作相结合。控制城中村改造节奏，确定未来6年内保留的城中村规模和空间分布。

深圳市作为全国重要的一线城市，也作为全国最大的移民城市，大量外来务工人员的子女就读于城中村学校，城中村学校的学生在学习和生活等方面面临诸多问题。深圳市近年来率先针对城中村学校实施了一系列的整体提质行动，于2022年颁布了地方标准《城中村学校提升实施规范》DB4403/T 260—2022，形成一套规范化的城中村学校提质升级的方式方法和流程，进一步发挥名校和名师的引领、示范和辐射作用，帮助城中村学校提升教育教学水平，持续推进本市义务教育均衡优质发展，以期形成深圳特有的教育经验，并在全国起到示范、引领及辐射作用。

（六）杭州建设"生活品质之城"

杭州市从1998年就开始推进城中村改造，2004年，杭州市政府颁布了《中共杭州市委办公厅 杭州市人民政府办公厅关于继续深入开展撤村建居与城中村改造的实施意见》（市委办〔2004〕5号），明确了撤村建居与城中村改造是推进杭州市城市化进程的重要举措，是市委、市政府确定的"新十大工程"之一。2005年，在《杭州市人民政府办公厅关于完善撤村建居和城中村改造有关政策的意见（试行）》（杭政办〔2005〕8号）中对农转居多层公寓中高层和小高层住宅建设和安置工作、农转居多层高层和小高层住宅的上市交易、撤村建居村用地指标、拆复建用地指标等内容作出了详细的规定。2007年,《中共杭州市委 杭州市人民政府关于加快杭州市区推进撤村建居和城中村改造工作的若干意见》(市委〔2007〕16号)提出解决好"四农一村"问题,着力破解市区撤村建居和"城中村"改造工作中的"筹资难、征迁难、审批难、安置难、管理难、配套难、兑现难"等"七难"问题,建设"生活品质之城"。到"十二五"末,杭州市主城区范围内286个城中村中已有246个完成了撤村建居,其中68个城中村在2015年底前已改造完成,改造完成率为27.6%,剩余的178个村尚未启动改造或正在改造过程中。2016年杭州市出台了《关于开展杭州市主城区城中村改造五年攻坚行动(2016—2020年)的实施意见》,要求至"十三五"期末,基本完成主城区城中村改造,将主城区城中村打造成配套完善、生活便利、环境优美、管理有序的新型城市社区,城中村居民"获得感"明显提升。

"十三五"期间,杭州市主城区城中村改造主要的改造方式有三种,分别为拆除重建、综合整治和拆整结合。根据各城区自主选择,并由市规划部门最终确定,尚未完成改造的178个城中村中,有155个村采取拆除重建的方式进行改造,有14个村采取综合整治的方式进行改造,有9个村采取拆整结合的方式进行改造,其中选择拆除重建方式进行改造的村占了87%。各类改造方式,均采取政府主导方式。

城中村改造对更新城市空间,提升环境质量,优化产业布局有着重要意义。《杭州市人民政府办公厅关于对2019年市政府民生实事项目进行绩效考核的通知》(杭政办函〔2019〕10号)于2019年2月27日正式发布,"推进城中村改造拆迁安置房和配套设施建设"被列为2019年度市政府十大民生实事项目之一,由市城乡建设委员会统筹推进,具体工作任务为安置房开工600万平方米、竣工260万平方米,回迁7000户,学校、农贸市场等配套设施开工50个。2023年5月,《杭州市人民政府办公厅关于全面推进城市更新的实施意见》(杭政办〔2023〕4号)公布,提出深化城中村改造工作,打造生活便利、环境优美、管理有序的新型城市社区。

(七)南京"推进有温度的更新"

2005年11月,南京市人民政府发布了《市政府关于加快推进"城中村"改造建设的意见》(宁政发〔2005〕214号),制定了"城中村"改造的三阶段目标。2012年，为顺利推进危旧房、城中村改造工作，南京市政府发布了《市政府关于印发南京市主城区危旧房、城中村改造工作实施意见的通知》(宁政发〔2012〕222号)。2013年，为加快推进新一轮危旧房、城中村改造，保障被征收人（被拆迁人）的居住条件，南京市政府发布《南京市危旧房改造产权调换、城中村拆迁安置暂行办法》(宁政规字〔2013〕4号)。在此基础上，各区政府相继颁发了《雨花台区危旧房、城中村改造实施方案》《关于印发〈南京市江北新区直管区棚户区（城中村）改造项目推进实施意见〉的通知》(宁新区管综发〔2018〕12号)。江北新区对城中村改造过程中的主要工作流程、购买主体和承接主体、预算及财务管理、绩效和监督管理等作出了进一步的规定。

2019年，南京市提出"不让群众在危房里奔小康"的承诺，南京市及秦淮区政府不断努力，探索破解"老旧散"片区改造以及不具备征收条件的城中村危旧房改造难题，瞄准"急盼难愁"等迫切问题，推进民生改善。南京市在2023年城乡建设计划中提出，以秦淮区为示范引领，推进石榴新村等更新改造项目。2023年7月31日，南京连发两条征求意见稿，即《南京市征收集体土地涉及房屋补偿安置办法》(征求意见稿)及《南京市征收集体土地涉及住宅房屋房票安置暂行办法》(征求意见稿)，分别对集体土地拆迁的适用范围、补偿方式、最小面积保障、住宅房屋货币补偿以及集体土地房票安置有关的票面金额计算、发票有效期限、契税问题、房票购买商品房等问题进行了建议规定。其中指出，针对集体土地的征收补偿安置办法，不仅包含住宅房屋，还包含非住宅房屋。被征收人可使用"房票"购买安置房或商品住房，后者由开发企业自愿报名参与。

（八）成都"拆旧建新"与"综合整治"并重

2007年以来，成都市积极推进城中村改造工作。2015年成都发布《成都市人民政府办公厅关于进一步加快推进五城区城中村改造的实施意见》(成办函〔2015〕81号)，在规划管理、土地利用、财政金融方面提出支持政策推进城中村改造，提出力争在2017年底前，基本完成五城区城中村改造工作，通过城中村改造，破解城市二元结构，推进城乡统筹发展，完善城市功能，提升城市形象。

2020年，成都市编制完成《成都市城中村改造三年行动方案（2020—2022年)》，提出采取"拆旧建新"及"综合整治"两种方式推进城中村改造。其中提出，2020年将在五城区、高新区和天府新区范围内启动城中村改造项目24

个，涉及改造户数9963户。2023年6月，成都市住房和城乡建设局发布《成都市城市更新建设规划（2022-2025）》（公开征求意见稿），提出将成片推进城市更新，按照"少拆多改，注重传承"的原则，推进31片城中村改造。

截至2021年底，成都市已完成棚户区改造65246户，基本消除集中连片棚户区，完成城中村改造60480户，完成率达到90%，显著改善了居民居住环境，提升了旧城区功能品质。2023年内，成都计划用好城中村改造引导资金池，改造城中村2448户，新启动片区有机更新项目20个。

（九）石家庄"统筹兼顾、市场运作"

2002年，石家庄人民政府发布了《石家庄市人民政府关于加快"城中村"改造的实施意见》（市政〔2002〕14号）。该实施意见中就土地出让金、城中村改造用地、收费项目、标准和减免程序、房屋契税的缴纳和房屋交易、拆迁补偿、已建多层村民住宅补办手续等具体问题作出了详细的规定。2009年，河北省政府为进一步推动城中村改造，发布了《河北省人民政府办公厅转发省住房和城乡建设厅等部门关于进一步加强城中村改造工作的意见》（冀政办〔2009〕43号），其中明确城中村改造的工作目标及原则、完善城中村改造的政策措施，积极推行政府主导与市场化运作相结合的城中村改造方式，按照规划不应建设和一时不能建设的要做"留白"处理。2010年，石家庄市人民政府发布了《石家庄市人民政府办公厅转发关于进一步规范城中村改造的实施意见的通知》（石政办发〔2010〕18号），提出继续按照"统筹兼顾、市场运作"的工作思路，坚持政府主导、规划先行、村民自愿、资源整合、严格标准、适度控制和四个转变同步完成的原则有序推进。2018年《石家庄市人民政府关于城中村改造用地的实施意见》（石政函〔2018〕43号）发布，明确城中村改造规划用地范围，提出了"占补平衡"原则以及城中村改造按照"整案制"的方式进行，"整案制"改造的城中村必须先确定城中村改造范围，确定后，除政府公益性项目占地外，一律不再调整。

2021年，为深入贯彻落实石家庄市第十一次党代会精神和市委、市政府有关工作要求，建设现代化、美丽化省会城市，加快推进城中村试点项目改造工作，石家庄市人民政府发布了《石家庄市城中村改造试点项目推进方案》的通知，该推进方案确定长安区店上和西庄屯、桥西区等8个城中村为试点项目，遵循二环以内做减法，还空间于城市，还绿地于人民，还公共配套服务于社会；二环以外做乘法，实施拥河发展战略，拉开城市"框架"和"土地

一、二级市场断开"的城市发展理念。

（十）哈尔滨"分类而治"

相对于其他一线城市而言，哈尔滨的城中村更新改造启动得较晚。2021年，在学习广州、深圳先进经验基础上，哈尔滨市政府根据以往的工作经验，出台了《关于哈尔滨市城中村改造工作指导意见》，成立了市城中村改造工作领导小组。根据"自拆自建、原汤化原食、就地平衡、一村一策"的改造原则，对全市城中村改造工作进行了全生命周期、全要素保障的研究和部署，从不留死角地划定改造范围、科学合理地规划布局、切实可行的改造政策等方面深入研究。《关于哈尔滨市城中村改造工作指导意见》弥补了哈尔滨市城中村改造政策空白，充分保障了村集体经济组织和村民的合法权益，对村民长远生计起到了积极推动和引导作用。

综上所述，各个城市和地区的城中村更新改造并非按同一种模式、同一种运行机制进行。城中村的治理和改造需要确定适当的类型、分类而治，一刀切增加了城中村改造的社会成本，延缓了城中村改造进程。

第二节　城中村改造面临的问题及难点

城中村现象是困扰我国城镇化进程的特有问题，任何一种模式的城中村更新改造都会面临各种障碍及难点。无论从新型城镇化的政策背景，或是从城中村内部的利益格局来分析，都既存在着推动城中村更新的积极因素，也同时存在着阻碍或者影响改造的不利因素。

一、城中村改造政策支持力度不足

在引导城中村更新改造的过程中，各地政府先后出台了一系列针对原村民和原农村集体经济组织的土地管理和房屋建设等方面的政策性文件，包括规划建设指引文件、违法建筑查处文件、城中村更新改造指引政策等，对城中村的管理和更新改造起到了非常重要的作用。但就各地实践情况来看，城中村改造面临的最大问题是政策之间的衔接问题，以及政策与上位法律法规的协调问题。政策之间不平衡，主体无所适从；政策中出现的真空地带未及时"打补丁"，一些问题长期无法解决；政策与市场的调节作用无法有机契合，在更新改造的同时带来一些新的社会问题等。

例如，城中村在土地管理方面存在一定的制度障碍，首先，在土地征用政策方面，征地返还用地普遍无法落到实际地块，随着土地价值不断上涨和城市不断发展，无具体实操指引的用地指标返回到用地上越来越难，目前，这一问题尚未得到很好的解决。其次，城中村土地市场化方面虽然出台了相关政策，但城中村土地和房屋的市场化问题解决得始终不到位，原农村集体土地参与市场化的通道始终不畅，在市场化方面推动力度不够，政策创新不能很好地满足市场需求，城中村土地的市场价值仍无法彻底实现。

二、城中村改造规划制度体系缺失

城中村改造缺少中观层面规划，导致整体与局部断裂。当前，对于城中村改造实践指导，大多都停留在"自上而下"的政府宏观层面，主要是从总体以及宏观层面进行规划的编制，从市级层面进行定性的控制和指引，对于具体项目的指导和控制力度不足，导致总体层面的内容难以完全落实。另一方面，改造主体编制的微观层面的城市更新规划又缺少中观层面规划的指导和控制，缺乏与周边城市规划之间的衔接，规划可操作性有待增强。

城中村规划管理总体呈现较混乱的局面。受传统城市规划二元体制影响，各地对城中村规划管理的理解不一，做法也各不相同。由于城中村在规划管理上缺乏明确的具有可操作性的法理依据，城中村规划管理容易出现弱化与断层现象，具体表现为城市规划行政主管部门对城中村规划介入较弱，管理主观意愿不强，对城中村规划存在不敢批的情况。

三、城中村改造资金筹集渠道不畅

城中村改造面临的融资困局包括改造资金的筹集与改造主体的选择，即城中村更新改造中风险规避问题。项目融资是城中村更新改造实施的关键因素，一方面，当前城中村的改造以政府引导、市场化运作为主，政府难以有直接对城中村项目提供的资金支持，关于城中村改造的资金支持政策有待进一步完善。另一方面，城中村的拆迁和补偿费用是一笔巨大的开支，包括拆除旧屋费用、规划设计费用、土地出让费用、土地使用费用、安置费用等，高昂的拆迁安置成本、巨额的投资、回迁安置面积大、可用于销售的面积小导致的投资回报小等原因，常常导致建设主体不愿涉足城中村改造。同时，由于城中村更新改造谈判过程长、项目运行周期长等原因，使得投资者在资金募集、投入和收益、回收阶段都存在不同程度的困难，因而市场对城中村更新改造的融资方面常常抱审慎态度。在这种情况下，如何降低城中村改造的成本，保证合理的投资回报率，是城中村改造能否顺利推进的关键因素。

四、城中村改造利益再分配的矛盾突出

城中村改造是调节和平衡政府、村民和改造单位三者利益关系的过程，存在的一大主要困难是利益再分配上的矛盾，即政府、村集体和原村民利益的再分配和调整之间的矛盾，这个矛盾包括三个方面：一是如何分配原有级差地租的问题。由于城市经济发展的需要，政府大大改善了城中村及周边的道路、交通、通信和绿化环境，使城中村的公共所有土地得到了大幅度增值。城中村更新改造之后，如何合理分配现金或实物资产成为核心问题。二是如何将村集体土地转为国家所有土地所带来的可观收入进行分配。由于制度的变化，集体土地被改为国有土地，除了以公益为目的使用的土地外，其中一些土地必须以市场为导向，这将带来巨额利润。如何对该巨额利润进行分配成为城中村改造的难点之一。三是集体所有土地和宅基地用于自建商业和自建房屋，一旦转化为国有土地，房地产就成为可以流通的商品，不可避免地会升值。城中村改造之后，村民就会失去这一经济来源。能否处理好该出租利益，也是城中村改造能否顺利推进的关键。

五、城中村改造重塑社会管理平衡的难题

城中村改造将重建城中村的社会结构，使其与城中村外的城市发展同步。为达到此目标，城中村改造将对城中村的社会管理架构进行重构，即村集体或股份公司由改造前的承担经济职能和社会职能转化为改造后的仅承担经济发展职能，社会职能则改为城市治理机构管理社区的方式。其中存在一定的困难，一是城中村特有的村集体组织向现代化股份公司转型困难，二是协调街道办事处与居民委员会、股份合作公司三者的关系比较困难，仅通过城中村改造难以理顺三者间的关系。

城中村更新改造同时也存在着排斥外来务工人员的可能。城中村普遍边缘化特征明显，主要体现在两类人群上，一类为城中村的原住民，其生活方式和意识形态与现代化的都市生活相对脱节，就业方式具有边缘劳动力的特征；另一类为租住在城中村内的外来流动人口，这些人在有一定的积蓄能稳定生

活后通常搬离城中村，是城中村的"过客"。城市的发展需要各层次人员的多元存在，但城中村改造通常以拆除重建的方式开展，将原来比较多元的、自组织特征明显的城中村改造成现代都市小区，提高了居住和生活成本，对外来务工人员无疑是打击和排斥。

现有城中村更新改造模式破坏了其经济运行机理，导致经济维度的不可持续。城中村传统的"廉租房"经济和非正规经济为村内各类人群提供了生活空间和就业机会，大规模推倒重建的拆改模式，一方面剥夺了失地农民在被动城市化过程中利用宅基地获取资产性收入的机会，失去了相对稳定的收入来源；另一方面也让大量非正规经济从业者失去了可负担的低价租房，造成被改造城中村及周边地区经济活力丧失以及大量人口失业，成为社会不稳定的潜在因素。

六、城中村改造影响人文内涵存续

城中村文化是农村文化与城镇化大潮相互作用而形成的，原村民在传统的生活空间里逐渐形成一套适应农村社区的文化传统、生活方式、交往方式、风俗习惯、道德规范等。生活在城中村的原村民，尤其是年长的村民对村落文化有着强烈的认同感和归属感。城市化的过程使得村民转为市民，但其生活方式和价值观并没有得到根本的改变，虽不再务农，但由于经济上没有压力，没有外出工作的动力，再加上平均文化程度偏低，从而形成与都市文化的差距，使得城中村文化独立于都市之外。以城中村更新改造的典型模式拆除重建为例，由于规划、污染、噪声、重大项目布局需要、经济社会凋敝等原因，城中村在物理形态上完全消失或在异地完全新建，与其一同消失的还有承载城中村文化的院落、古树、祠堂等城中村的文化烙印空间，对城中村文化的破坏性比较大。

七、城中村改造存量土地难以盘活

如何盘活城中村的存量土地，是城中村改造的核心问题。盘活城中村的存量土地，难点在于如何将城中村支离破碎的闲置土地以及被列为农田保护地但实际上未得到保护的农田利用起来。在珠三角等地区，大量的城中村存在于城市建成区内部，不少城中村甚至坐落于城市中心区位，占用了宝贵的城市建设用地，这些区位价值较高的城中村土地往往拥挤杂乱、人居环境品质低下，形成了土地资源的浪费与低效配置。此外，城中村中往往存在大量的违规违章建筑，难以根治。如何根据新的区域定位，调整规划布局，利用回收、合并、征用、租赁等多种形式，盘活存量土地，发挥出土地的规模效益，是城中村改造的难题。

八、城中村改造中村民思想观念滞后

村民、村集体等主体对城中村改造的种种思想疑虑，直接或间接地对改造形成了一定的阻力。一些村民存在等待、观望的思想，有"看周边的村怎么做，等上面安排"的想法；一些村民仍思想保守，比较注重实惠，看重眼前利益，对世代生存的村庄有着深厚的感情，希望继续守护属于自家的宅基地，不太愿意土地变为国有土地；一些村民对改造效益如何，有没有好处，会不会影响今后的生活等存疑；支持更新的村民普遍希望借助城中村更新改造的契机，改善自己的生活环境、生活质量，甚至获取高额的土地价值回报。村民怕变求安的心态导致集体经济发展缺乏后劲，在短期内无法快速实现观念和知识更新，无法参与市场竞争。当城中村改造趋势尚未明了时，村民是不会轻易同意拆迁，也不会随便同意征地。此外，城中村居民的内部社会联系复杂而紧密，他们的生活习惯、交际需求、心理感受等因素也可能导致对改造的抵制。

九、城中村改造中对新市民考虑不足

当前，城中村改造的主体主要包括政府、开发商、村民或村集体，政府提供平台和政策依据，实施主体进行建设，村民及村集体获得利益补偿。而受城中村更新改造影响最大的群体——租户往往被排除在更新改造的考虑之外，大量的城中村政策仍缺乏对这些"隐形群体"的关怀。在更新实践中会有各种关于物质指标的要求与讨论，政府比较关注改造后能获得多少持有物业，新增了多少保障房；开发商比较关心如何在更新改造项目中获得最大利润；村民主要关心如何才能争取到最大收益的赔付；而专业规划设计团队则反复计算拆建比，想尽办法在满足规范的前提下获得更高的有效容积率。多年来村民的主要收入来源为租户贡献的租金，周边城市空间的日常服务也是由城中村内的租户来提供，他们为城中村自身发展以及城市建设都作出了巨大贡献。然而，无论是更新计划的提出、更新方案的实施还是更新后的利益分享，租户常常是被"无视"的那个群体，只能被动接受，在缺失对租户权益的保护以及租户与其他主体信息不对称情况下，租户遭受着切实的损失，也是受到负面影响最大的群体。

第三节　城中村改造制度体系与政策支持

中国的城市发展迅速，进入21世纪后，城中村改造问题突出。为了规范城中村改造，相关政策相继出台，明确改造办法和补偿方法，一定程度上规范了改造过程。城中村改造政策由政府制定，政策的出台会受到制度环境的影响。在城中村改造过程中，制度环境的变化，会引起城中村改造政策的变化。放眼未来，城中村改造政策的制定，应更关注城中村发展模式的转型，即由大拆大建转向有机更新；同时，既要考虑达成交易、降低交易成本，又要考虑政策的复杂情况，以及政策变化有可能带来的利益集团的对抗。

一、优化更新改造模式，分类弹性控制

转变城中村改造思路，对城中村一味地拆除重建不仅是对城市资源的浪费，还破坏了其核心价值，拆建后的城中村化身为高端住宅和商业综合体，虽然改善了人居环境，提升了城市形象，但却丧失了原有空间尺度下的生命力与包容性，不利于城市可持续发展。从价值延续的角度来看，城中村改造后应该在一定程度上继续提供和保护城市中低收入人口的生产、生活空间，应由大拆大建转向有机更新。因此，有必要在启动城中村更新改造前，科学确定城中村更新改造的模式，进行分类引导控制。

首先，摸清城中村现状家底，对城中村现状用地功能、建筑物质量、建设年代、开发强度和不可移动的文物保护单位等基本情况进行全面的评估；其次，结合评估结论将城中村更新划分为规划留改拆型、规划拆迁型两大类，对应城市建设发展弹性变化要求，针对不同类型城中村，应采取不同的更新改造模式和安置方式；最后，注重城中村自身文化的传承与创新，在改善城中村居住环境的同时，也要留住传统文化的基脉，体现其独特的本土文化特质，如城中村的包容文化、共通文化、简约文化、自由文化、民俗文化等。

二、创新改造管理机构，市区联动推进

借鉴广州专设独立机构——城市更新局，统一管理城市更新工作的经验，

理顺与规土部门的权责分工与互动机制，创新城中村改造管理机构，集政策研究、监管、运作等职能于一身，从城中村改造的政策法规制定、资金安排、土地整备到项目设施与监督管理，由专设机构专责专权统一管理。

借鉴深圳市城市更新市区两级联动推进机制，明确城中村改造市区两级职责和联动机制，长远地提高城中村改造工作效率。建立市区两级联动机制，尊重各区在功能定位、发展阶段、土地供给等方面的差异性，强化区级行政主体更新管理的能动性。市一级更新主管部门制定政策法规和宏观规划，区政府和区级更新主管部门制定差异化的审批与管理细则、编制分区城中村改造规划、落实上位要求，并主导改造的立项和具体实施。

三、深化改造规划编制，规划管理一体

针对当前城中村改造规划宏观与微观断层的情况，需加强城中村改造中观层规划编制，在梳理各种已编规划基础上，增加现状建筑、权属情况、经济平衡等内容的研究，最终形成包括城中村改造的边界控制线、开发建设总量以及公共服务设施配套内容的城中村改造规划"一张图"。利用中观层规划衔接城中村改造宏观层面的整体规划和具体改造项目的内容，实现整体与局部关系的协调。

同时，在实施层面细化、深化村庄编制内容，城中村改造规划应包含建设方式、用地整理方案、安置方案、拆迁补偿情况、分期建设计划、资金来源等内容，并注重城中村规划动态弹性及可操作性，加强城中村改造规划前期沟通，与城市规划相衔接，以有效指导城中村规划管理。

四、完善改造市场机制，发挥市场作用

在城中村更新改造中，坚持政府引导、市场运作的基本原则，政府在资源配置过程中不过多干预。努力建立更有利于发挥市场作用的平台与环境，在市场失灵的部分发挥好政府的统筹作用。建立与市场决定资源配置相适应的更新改造政策体系：一是加快规则的制定，制定公开透明的市场运行规则，使拆迁、补偿、重建等有法可依；二是建立基于土地二次开发的利益共享机制，消除各方的博弈和投机心态，建立起有利于解决"钉子户"、拆迁价格暗箱操作等问题的市场机制，推动各利益相关方按照市场规范和一定规则运行；三是健全市场服务体系，最大限度地实现信息共享，培育项目市场化运作的

中介组织和社会组织，消除信息壁垒，促进改造效率提升，实现效率与效益并重；四是政府主动弥补市场失灵部分，如因城中村改造的面积赔偿而带来的非法抢建与合法建设间的巨大利益差、市场运作中意图抬高容积率以营利而带来的外部负效应、公共产品提供不足等问题。

五、调动多方积极性，探索渐进式（多元化）改造模式

通过建立政府、市场、村集体、村民、外来人口等参与者有效协作的机制，实现各得其所，形成多中心治理的更新模式。政府作为公共产品的供应者，主动担当并为各方的利益背书，在守住底线基础上为各方提供政策支持，保障各运作主体互信、高效开展各项工作；市场精心操作运营，发挥管理和建设优势；村集体和村民在保障自身合法权益上，为低成本、快速启动项目创造条件；外来人口积极参与，为村内城市环境和居住品质升级提供支持。

深圳作为全国城中村改造最早、经验最丰富的城市，探索形成了"政府引导、市场运作、规划统筹、集约节约、保障权益、公众参与"的城中村改造机制，并通过一系列政策保障，将城中村改造纳入法治化管理轨道。深圳城中村改造模式可称为"合作式城中村改造"，明晰了政府、市场和原村集体的利益分配，实现了多方利益的平衡，盘活了存量土地资源，找到了解决土地历史遗留问题的突破口，其更新改造经验可提供有益借鉴。

第一，更新改造主体多元化，政府、开发商、村集体和非户籍常住人口四大利益主体公平对话，各自的利益和诉求均得到反映和保护。其中，市政府制定规划和政策，区政府负责项目实施。鼓励村集体自行实施、市场主体单独实施或二者联合实施项目改造。

第二，建立城中村更新市场。政府的城中村改造规划覆盖全域，但是对具体村庄的具体改造时间不做决策，而是将该决策权让渡给村集体。村集体一旦在符合规划和相关政策的前提下明确改造意愿，则将信息在城中村改造市场上公布，为村集体和开发商协商决策提供对称的市场信息。推动村民改造意愿从"要我改"转变为"我要改"，改造而获利变得确定，城中村和城中村之间存在竞争，城中村和企业之间存在竞争，企业和企业之间也存在竞争，从而建构了双向多元竞争机制，市场在城中村更新的资源配置中起到了决定性作用，能彻底消除"钉子户"和"逆垄断"现象，极大降低改造成本，提升改造效率。

第三，明确村集体和村民承担公共空间和地块融资的义务。深圳规定城市更新单元应提供不少于15%和3000平方米的用地用于公共空间，需按规划要求配建公交首末站、幼儿园等公共设施，规定不少于住宅规模的一定比例配建保障性住房以及创新型产业用房，用于服务深圳大规模非户籍常住人口市民化需要以及产业结构升级的需要。

第四，推动村民和村集体主动参与更新改造过程。村民主动参与建设，实现多方互惠共赢。有序引导村民参与城中村改造附属工程建设，将村民的被动转为村民的主动建设，丰富村民参加城中村建设形式，让广大村民在主动建设中真正感受到城中村建设的意义；畅通村民诉求表达渠道，有疏有堵，正确对待村民的合理诉求，推动改造工作顺利进行，实现互惠共赢。村集体主动参与城中村改造能有效降低更新难度，确保整个城中村改造的顺利进行。同时，在城中村改造中，注重村民及村集体原始观念的转变。城中村的改造将转变村民的生活方式和行为，乃至社会意识。要在城中村改造中引入现代化的社会管理方式和物业管理，使城中村实现管理源头现代化、规范化。要重视村民的再就业，使他们在享受股份公司分红的同时开始拥有一技之长。要注重教育的均衡化，使村民的下一代与城市市民享受同样的教育资源。

六、完善资金保障机制，拓宽融资渠道

城中村更新改造需进行较大金额的一次性投入，政府部门难以单独支撑，需鼓励和吸引开发商积极进入。在此过程中，政府需统筹规划，利用法律、行政、经济等手段，加强对整个更新改造过程的调控。在政策制定上向城中村改造倾斜，使改造基金门槛有效降低，明确监管标准，制定清晰的土地出让金机制，按照减免缓的政策推进基础设施建设。在投资巨大、带动力强的项目上，加大财政补贴力度，引导银行推行低息贷款，吸引开发商投资城中村改造项目，实现政府、村民、开发商三者共赢，提升城中村改造质量。对城中村闲置土地进行统筹管理，制定城市土地储备制度，在实施土地拍卖交易中，将获得的收入纳入城中村改造中加以运用，弥补城中村改造资金不足的问题。

进一步拓宽融资渠道，包括向上级积极争取资金支持。财政拨款融资无需偿还，是一种无代价的理想融资方式，在城中村改造政策制定上，要吃透、用足、用活各项政策，努力争取更多的资金补助，加强与国家开发银行的联

系，加大与金融机构的合作力度，争取贷款扶持。寻求与证券类公司、基金信托公司以及各种投资公司的合作机会，鼓励商业银行加强金融产品开发，引导金融机构开展阶段性土地储备贷款，创新政府融资方式。设立试点地区，在试点地区内发行城中村改造专项债券，形成城中村改造项目资产收益的相关制度，将住房公积金、保险增值收益等方式在城中村改造中加以运用，并探索形成相应的政策机制。鼓励经济实力强的城中村自筹资金，并由政府部门做好管理服务工作。

七、开放包容，将新市民纳入城中村改造治理结构中

传统的城中村改造，未将城中村中占比较大的人群——新市民纳入考虑，城中村为新市民提供廉价租房的功能未被延续下来，导致城中村改造陷入"城中村改造——新市民迁移"的恶性循环中，城中村的不断重生导致更新治理治标不治本。未来的城中村改造中，建议将新市民、社会组织纳入城中村更新治理结构，形成"层级政府——开发商——村民/村集体——新市民/社会组织"的治理结构。在城中村更新规划中，必须正视和解决城中村改造带来的廉价住宅消失的问题，重视低收入群体的住房需求，将为新市民提供可负担住房作为城中村改造的重要目标，避免新市民大规模向外迁移，避免外围地区产生新的城中村，把城中村问题彻底解决在城中村改造的过程当中。

八、关注低收入群体，鼓励更新与公租房建设联动

城中村作为城市经济缓冲地带，一直以来发挥着降低外来人口生活成本的作用，积累了巨大的人力资本，其土地利用模式看似减少了城市土地集约利用的效益，却发挥了政府目前所不能、市场力量所不愿的作用，即为大量城市流动人口提供了廉价住房，减缓和避免了类似西方或东南亚、南美等地贫民窟的出现，社会综合效益明显。因此，不谋利益，尤其是不谋"城中村"的区位利益；只谋福利，尤其是为低收入流动人口的居住水平谋福利，这才应当是城中村改造的根本出发点。将集体土地或房屋建设和改造为保障性廉租房，一方面具有提高土地利用效率与增加土地收益的作用，另一方面也能满足日益增长的租赁居住升级需求，为城市转型和可持续发展奠定良好的基础。

西方国家自助住宅的实践通常与棚户区和贫民窟相联系，国际经验显示，采取改造升级并合法化的方式有助于解决低收入群体的居住问题，而采用完

全拆除重建的方式难以满足城市贫困人口需求。城中村与城市社区在空间上相互混杂，大部分城中村位置较好、靠近就业岗位，是不同收入阶层居住混合的天然底板。将城中村改造与公租房建设联动，通过旧村整治、升级为主的更新改造方式，将大规模的法外出租屋转化为纳入政府管控的公租房，获得产权和经营的合法性，提供给新市民价格可接受的公租房，确保新市民能"就地回迁"，维持已形成的职居关系和社交网络。通过政策支持城中村更新与公租房建设联动，既解决公租房供应的土地困境，又可避免大规模拆建对房地产市场和建成环境的冲击。

基于已有的研究和实践，在城中村公租房供应中，政府、开发商、村集体之间的合作至关重要，只有建立政府有效管制下的多元共治改造模式，才能促进公租房项目的成功。

首先，政府需组织编制城中村改造规划，对基础设施、公共环境、改造容量进行规划管控；改造过程中，投入资金改善公租房外部的公共环境和配套设施。此外，政府需对改造后的公租房制定公平合理的分配规则，对租金进行管控，必要时给予开发商和租客适当的租金补贴。要进行大规模的公租房改造必须吸引市场资本，通过税收减免、政府补贴、低息贷款等方式，建立多元投融资模式，吸引专业化的建设与运营主体参与。

第六章 | 老旧小区改造：
实现可持续宜居

摘　要

城镇老旧小区改造是重大民生工程和发展工程，对满足人民群众美好生活需要、推动惠民生扩内需、推进城市更新和开发建设方式转型、促进经济高质量发展具有十分重要的意义。为更好地推动全国范围内老旧小区改造工作，本书在政策梳理的基础上，重点分析了上海市老旧小区改造推进情况及重点案例，提出总结了老旧小区改造在组织机制、投资机制、支持机制、保护机制方面面临的问题。

借鉴新加坡、我国香港地区、厦门、重庆等城市在老旧小区改造机制政策上的经验，提出我国老旧小区改造的思路及对策建议。在组织机制方面，一是强化党建引领，注重基层党建建设；二是进一步明确老旧小区权利人的责任，推动责权匹配；三是深化物业管理制度改革，为老旧小区改造提供业主自主决策基础；四是明确政府作为老旧小区改造的牵头和组织单位，逐步提升业主自治和自我组织的能力；五是关注承租人的诉求，与区域租赁市场的发展相联系。在投资机制方面，一是明确基础类、完善类、提升类的更新改造具体内容，以模块式的方式供居民选择；二是明确居民付费的责任与标准，由暗补变为明补；三是建立多层次的财政补贴和资金统筹政策，实现补贴的精准性；四是探索社会资本进入老旧小区改造的模式，实现多元筹资；五是支持老旧小区原拆原建。在支持机制方面，一是明确跨小区资源统筹的推进机制，提高各类公有房屋资源的配合度；二是加大对老旧小区改造的金融支持力度，推动金融支持政策的落地；三是区别于房地产开发政策，制定老旧小区改造的税收优惠政策；四是在功能用途和规划设计标准上给予弹性，为激活老旧小区社区功能提供支持；五是深化公有非居住用房改革，助力老旧小区改造，充分发挥国有资源在城市更新中的促进作用；六是推广"三师"进小区等经验，为老旧小区更新改造注入专业力量。在保护机制方面，一是保留保护的老旧住宅应回归原始设计格局，注入历史灵魂；二是对于优秀历史建筑给予征收政策支持。在长效机制方面，一是明确产权人中长期的维修养护责任，将建立维修资金作为强制性的要求；二是通过多样化的方式加大对老旧小区改造效益的宣传，提升居民的决策意愿和能力；三是探索推进数字化手段在老旧小区改造中的运用，通过技术升级解决改造的难点。

中
国
城
市
更
新

第一节 老旧小区改造的政策背景

城镇老旧小区改造是重大民生工程和发展工程，对满足人民群众美好生活需要、推动惠民生扩内需、推进城市更新和开发建设方式转型、促进经济高质量发展具有十分重要的意义。2017年底，住房和城乡建设部在厦门、广州等15个城市启动了城镇老旧小区改造试点，截至2018年12月，试点城市共改造老旧小区106个，惠及5.9万户居民。国家重视老旧小区改造工作，自2019年以来每年发布老旧小区改造的指导意见及支持政策。2020年，《国务院办公厅关于全面推进城镇老旧小区改造工作的指导意见》（国办发〔2020〕23号）发布，明确了老旧小区改造任务、组织实施机制、改造资金、配套政策、组织等内容。国家重视试点建设，提出建设一刻钟便民生活圈、完整社区等，重视老旧小区改造，加强试点建设和推广。

一、2019年，《住房和城乡建设部办公厅 国家发展改革委办公厅 财政部办公厅关于做好2019年老旧小区改造工作的通知》（建办城函〔2019〕243号）

明确了五项主要工作：一是摸清老旧小区基本情况和群众意愿，明确形成改造标准和对象范围；二是按照业主主体、社区主导、政府引领、各方支持的原则推进工作；三是创新投融资机制，吸引社会资本；四是积极发展社区养老、托幼、医疗、助餐、保洁等服务；五是推动建立小区后续长效管理机制。

二、2020年，《国务院办公厅关于全面推进城镇老旧小区改造工作的指导意见》（国办发〔2020〕23号）

明确五个基本原则：一是以人为本，把握改造重点。通过征求居民意见确定改造内容，重点聚焦小区配套和市政基础设施；二是因地制宜，做到精准施策。不搞一刀切，不下指标，量力而行；三是居民自愿，调动各方参与。强调居民和关联单位、社会力量的参与；四是保护优先，注重历史传承；五是建管并重，加强长效管理，将社区治理能力建设融入改造过程。

明确改造对象：2000年底前建成的老旧小区。改造内容分为基础类、完善类、提升类3类。

建立健全组织实施机制：一是建立统筹协调机制；二是健全动员居民参与机制；三是建立改造项目推进机制；四是完善小区长效管理机制。

建立资金共担机制：明确谁受益、谁出资原则，落实居民出资责任；加大政府支持力度；提升金融支持力度；推动社会力量参与，支持社会资金参与；落实税费减免政策，加强社区服务机构的税收优惠力度。

完善配套政策：一是加快改造项目审批；二是完善适应改造需要的标准体系，对于涉及日照间距、占用绿化的可以一事一议；三是建立存量资源整合利用机制，推进跨小区联动改造，充分利用小区内及周边存量土地和房屋资源；四是明确土地支持政策，涉及闲置资源利用的，可在一定年限内暂不办理用地变更手续。

三、2020年，《住房和城乡建设部等部门关于开展城市居住社区建设补短板行动的意见》（建科规〔2020〕7号）

将"因地制宜补齐既有居住社区建设短板"作为重点任务之一。结合城镇老旧小区改造等城市更新改造工作，通过补建、购置、置换、租赁、改造等方式，因地制宜补齐既有居住社区建设短板。优先实施排水防涝设施建设、雨污水管网混错接改造。充分利用居住社区内空地、荒地及拆除违法建设腾空土地等配建设施，增加公共活动空间。统筹利用公有住房、社区居民委员会办公用房和社区综合服务设施、闲置锅炉房等存量房屋资源，增设基本公共服务设施和便民商业服务设施。要区分轻重缓急，优先在居住社区内配建居民最需要的设施。推进相邻居住社区及周边地区统筹建设、联动改造，加强各类配套设施和公共活动空间共建共享。加强居住社区无障碍环境建设和改造，为居民出行、生活提供便利。

四、2021年，《住房和城乡建设部关于在实施城市更新行动中防止大拆大建问题的通知》（建科〔2021〕63号）

在明确底线要求方面，一是严控大规模拆除，提倡小规模、渐进式的改造，原则上城市更新单元（片区）或项目内拆除建筑面积不应大于现状总建筑面积的20%；二是严控大规模增建，原则上城市更新单元（片区）或项目内拆建比不应大于2；三是严控大规模搬迁，鼓励就地、就近安置，城市更新单元（片区）或项目居民就地、就近安置率不宜低于50%；四是确保住房租赁市场供需平稳，城市住房租金年度涨幅不超过5%。

在保留城市记忆方面，一是保留利用既有建筑；二是保持老城格局尺度；三是延续城市特色风貌。

在具体推进上，一是加强统筹谋划，坚持城市体检评估先行，与规划衔接，探索适用于城市更新的规划、土地、财政、金融等政策；二是探索可持续更新模式，由开发方式向经营模式转变，鼓励产权人出资参与；三是加快补足功能短板，不搞面子工程，聚焦居民诉求；四是提高城市安全韧性。

五、2021年，《国家发展改革委 住房城乡建设部关于加强城镇老旧小区改造配套设施建设的通知》(发改投资〔2021〕1275号)

在项目内容上，突出存在安全隐患的燃气、电力、排水、供热等设施，将养老、托育、停车、便民、充电桩等民生设施作为重点内容，优先改造。

在资金保障上，提出政府投资、专业单位支持以及多渠道资金筹措（具体体现在金融机构支持、社会资本参与以及居民出资）。

在监管上，突出事中事后监管，包括工程质量安全监管、项目建设统筹协调、项目竣工验收。

在长效机制上，明确地方政府完善水电气热设施的管理制度；发挥党建引领，提高社区治理能力；推动物业管理专业化，保障小区后续管养资金需求。

六、2021年，《住房和城乡建设部办公厅 国家发展改革委办公厅 财政部办公厅关于进一步明确城镇老旧小区改造工作要求的通知》(建办城〔2021〕50号)

提出了居民对小区实施改造达成共识的，即参与率、同意率达到当地规定比例的，方可纳入改造计划；改造方案应经法定比例以上居民书面（线上）表决同意后，方可开工改造。

居民就结合改造工作同步完善小区长效管理机制达成共识的，方可纳入改造计划。居民对改造后的物业管理模式、缴纳必要的物业服务费用等，集体协商达成共识并书面（线上）确认的，方可开工改造。

强调相邻小区及周边地区联动改造。小区的改造需要纳入社区进行整体考量，重点解决一老一小问题。同时明确了城镇老旧小区改造工作的衡量标准。

七、2021年,《商务部等12部门关于推进城市一刻钟便民生活圈建设的意见》(商流通函〔2021年〕176号)

明确了一刻钟便民生活圈的含义,提出按照试点先行、以点带面、逐步推开的思路,建立部、省、市、区、街道联动机制,以城市为实施主体,充分调动地方积极性,重点任务科学优化布局、补齐设施短板、丰富商业业态、壮大市场主体、创新服务能力、引导规范经营。指出结合城乡社区服务体系建设、城镇老旧小区改造等,开展广泛调研和排查,摸清底数,制定方案,明确新建和改造提升项目,推动便民商业设施进社区,打通"最后一公里"。

文件发布后,2021年10月,商务部办公厅等11部门公布全国首批城市一刻钟便民生活圈试点名单,共计30个试点城市入选;截至2023年9月,共计公布了三批试点城市,三批试点共计150个城市,涵盖了我国31个省及直辖市。2023年9月,《商务部办公厅关于开展全国首批城市一刻钟便民生活圈试点评估工作的通知》发布,对30个全国首批城市一刻钟便民生活圈试点地区展开评估。2023年7月,《商务部等13部门办公厅(室)关于印发〈全面推进城市一刻钟便民生活圈建设三年行动计划(2023-2025)〉的通知》(商办流通函〔2023〕401号),提出到2025年,在全国有条件的地级以上城市全面推开,推动多种类型的一刻钟便民生活建设。支持菜市场(菜店)标准化、智慧化改造,拓展服务业态;鼓励按照适老化标准建设改造社区养老服务设施,支持养老机构利用配套设施提供社区养老服务;改造传统商业载体,引导邻近居民区的传统商场向社区商业中心转型。加强组织、政策保障,优化营商环境。扎实做好全国试点,发挥典型带动作用。

八、2022年,《住房和城乡建设部办公厅 民政部办公厅关于开展完整社区建设试点工作的通知》(建办科〔2022〕48号)

文件要求结合城镇老旧小区、老旧街区、城中村改造等工作,统筹推动完整社区建设试点,因地制宜探索建设方法、创新建设模式、完善建设标准,以点带面提升完整社区覆盖率。组织本地区每个城市(区)选取3～5个社区开展完整社区建设试点,重点围绕完善社区服务设施、打造宜居生活环境、推进智能化服务、健全社区治理机制四方面内容探索可复制、可推广经验。2023年7月,《住房城乡建设部办公厅等关于印发完整社区建设试点名单的通知》（建办科〔2023〕28号），决定在106个社区开展为期2年的完整社区建设试点，健全试点工作机制，解决群众急难愁盼问题，加强全过程指导评估。

九、2023年，《住房和城乡建设部办公厅关于印发城镇老旧小区改造可复制政策机制清单（第七批）的通知》（建办城函〔2023〕136号）

从2020年12月开始，为扎实推进城镇老旧小区改造工作、及时总结推广地方经验做法，住房和城乡建设部印发了《城镇老旧小区改造可复制政策机制清单（第一批）》。截至2023年5月底，项目清单已陆续发布七批。第七批可复制清单从项目改造内容、项目管理、资金筹措及保障、共建共治共享等方面，总结了北京市、重庆市、深圳市、滁州市、深圳市、宁波市、青岛市等多个城市十二类的改造经验，例如，建立"先体检、后改造"工作机制、完善"一老一小"服务设施、推进连片联动改造、落实管线专营单位责任等。

十、2023年，《住房和城乡建设部办公厅等关于扎实推进2023年城镇老旧小区改造工作的通知》（建办城〔2023〕26号）

文件要求有序推进城镇老旧小区改造计划实施，牢牢抓住让人民群众安居这个基点，以努力让人民群众住上更好房子为目标，从好房子到好小区，从好小区到好社区，从好社区到好城区，聚焦为民、便民、安民，持续推进城镇老旧小区改造，精准补短板、强弱项，加快消除住房和小区安全隐患，全面提升城镇老旧小区和社区居住环境、设施条件和服务功能，推动建设安全健康、设施完善、管理有序的完整社区，不断增强人民群众获得感、幸福感、安全感。

第二节　老旧小区改造存在的主要问题与难点

老旧小区普遍存在楼本体破损和老化严重、基础设施老化、公共区域维护及管理不到位、社区公共服务缺乏等问题。老旧小区改造是重大民生工程和发展工程，对满足人民群众美好生活需要、推动惠民生扩内需、推进城市开发建设方式转型、促进经济高质量发展具有十分重要的意义。

在重点分析上海老旧小区改造实践的基础上，充分梳理老旧小区更新改造中存在的问题（表6-2-1）。

表 6-2-1

序号	老旧小区特点及问题	具体表现
1	楼本体破损、老化严重	1.外立面不规整、不清洁、脱皮，屋面渗漏，外窗玻璃破损； 2.楼内暖气、给水、排水设施普遍老化严重，排水管径小，出现不畅、堵塞情况；楼内电线规格较小，不能满足目前生活用电需要； 3.未完成外墙保温，未完成抗震加固
2	基础设施老化	1.住宅共用设施设备：二次供水、避雷针、配电、消防、维护维修不到位； 2.水、电、气、热、通信、有线等六个系统管线杂乱、老化严重，尤其是管网和阀门等出现糟朽、腐蚀情况
3	公共区域维护及管理不到位	1.卫生保洁不到位，垃圾分类引导不到位，再生回收管理缺失； 2.绿化管理不到位，出现土地裸露、死株、杂乱、虫害等问题； 3.小区道路坑洼不平、裂缝，维修维护不到位； 4.小区交通与停车管理混乱； 5.小区内部导识系统与应急避难导识系统缺失； 6.私占公共资源现象严重（地桩地锁、违法建设）； 7.小区保安不到位，技防设施缺乏
4	社区公共服务缺乏	1.无电梯，老年人上下楼不便，其他养老设施及服务缺乏； 2.商业共享设施缺乏
5	老龄化严重、出租率高	1.长期居住习惯等导致小区居民中老年人较多； 2.租金较低吸引了较多的租户，导致老旧小区出租率较高

资料来源：张国宗.三重驱动老旧小区有机更新与长效治理机制 [Z].2020.

一、组织机制方面

（一）老旧小区改造存在公共产品决策的困境，"政府做居民看"的现象还比较普遍

老旧小区的更新改造是在小区层面的一个公共产品决策事项，在推进上与物业管理的业主自治是一脉相承的。正如老旧小区物业管理目前是一个难题，老旧小区的更新改造同样存在集体议事难的困境。

其背后的主要原因是相比其他一般或者高档小区，在老旧小区中对公共产品需求敏感的人（往往收入条件较好）都已搬离，居住在老旧小区中的往往是经济能力较弱、对公共产品付费不敏感的人群，比如租赁群体较多、老年人群较多。特别是老年人群一般经历过计划经济，现有住房可能就是当年政府分配的，对政府的依赖度极高，因而除非有很高的回报（如房产本身的增值或者提租的空间较大），否则很难吸引他们关注或付费。

（二）区分所有权的强制责任无法落实，多数人同意后少数人成为难题

目前，上海的拆除重建以及里弄内部整体改造都是采用的100%居民同意才得以推进的模式，从而能最大程度避免居民矛盾。但这一做法的问题就是居民的组织和劝说解释工作非常复杂，项目推进的效率较低。但根据建筑物区分所有权理论，建筑物区分所有权设立的初衷在于通过少数服从多数、尊重绝大多数业主的意愿来推动建筑物区分所有权范围内的业主自治事项，即多数人同意后少数人必须服从。但从立法层面来看，《中华人民共和国民法典》中只对业主共同决定事项及议事规则作了明确规定，对于达到通过议事规则确定的比例后，应当遵循少数服从多数原则，但不配合的居民如何处置及大多数居民权益保护未有明确的规定。从目前改造意愿征询的通过比例来看，区级政府通常在制定政策时，采用100%的征询通过率来解决这一问题，未发挥建筑物区分所有权制度的真正意义。由此可见，老旧小区改造居民自治的模式还没有真正意义上的形成，居民自治能力有待进一步提升。

（三）老旧小区存在产权责任不对等、职责落实不到位和产权不清的情况，大大制约了改造工作的推进

除了20世纪90年代以后建成的商品住房，20世纪90年代之前建成的住房多是公房、系统房和售后公房，在产权关系和业主（承租人）责任界定上并不严谨和清晰，甚至还有产权不清的情况，产权单位、市政线路单位、物业公司、业主职责落实不到位、履约不到位，需要加强社区治理、加强法治社区建设。

具体来看，对于公有住房小区，公房承租权是一种准产权，在房屋征收的时候承租人能获得房屋评估价值80%的补偿比例，但在房屋的日常管理、维修养护、更新改造上，目前是政府承担了100%的责任，承租人的责任并没有按收益权的比例去分摊。

对于系统房小区，产权人并不如政府在住房更新改造上有动力和主动性，有些系统房的小区甚至存在产权人不清或无法找寻的情况。

对于售后公房小区，目前从法律上看，售后房的产权已经属于业主个人，按理应该跟市场化商品住房一样，通过业主自治推进房屋的日常维修养护和更新改造。但在实践中，售后公房小区的业主（尤其是居住人依然是第一批的业主）还是公房居住人的心态，在主动承担产权人责任上存在惰性。而政府往往又为了尽快取得更新的效果，会通过各种补贴推进售后公房小区的更新，居民付费部分可能只需要从维修资金或者公共收益支出部分资金，导致一些小区的

更新从居民层面看好像还是政府做的，居民的自主责任无法被感知和唤起。

除此之外，老旧小区历经福利分房的单位制，目前处于从房改房形式的过渡期到商品房形式的社区制过渡阶段（图6-2-1），大量小区存在公房、售后房、系统房、商品房混合的情况，在改造必须得到产权房业主100%同意才能推进的情况下，成为制约混合小区改造进度的一大因素，进一步增加了更新改造的难度。

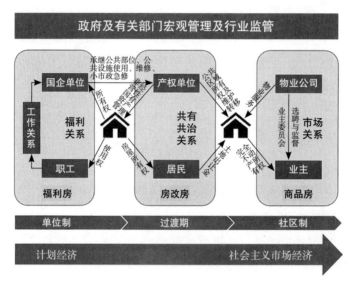

图6-2-1　老旧小区改造历程[①]

（四）跨小区更新资源统筹机制尚未成熟，可复制模式正在探索

目前，老旧小区的更新改造绝大多数还是集中在小区层面的更新，多个小区的联动以及更大区域的资源统筹的案例相对较少。现有的跨小区资源利用主要还是将区或街镇的房屋改造为小区配套服务的公共空间或公共服务资源，在推进上基本是基层政府独立推进，并不是在一个区域的概念上进行区域评估、资源排摸、需求发掘、资金平衡和推进计划的整体性思路。

《上海市城市更新条例》在思路上体现了这种整体性的要求，但具体实践的案例还比较少。具体来看，上海愚园路商业街的更新改造在一定程度上体现了资源的整体统筹，但其推进主体为区级层面的领导办公室，一般的商业街或者住宅小区更新若没有更高层面的统筹，也很难达到愚园路商业街更新

———————
① 资料来源：张国宗.三重驱动老旧小区有机更新与长效治理机制[Z].2020.

改造的效果。可见，要实现跨区域的资源统筹，目前主要依靠的还是行政力量，在制度建设上尚未成熟。

（五）主要征集产权人（公房承租人）的意愿，对市场化承租人的关注度较低

目前的老旧小区更新改造征求的仅是业主或者公房承租人的意见，往往忽略了市场化承租人的意愿。但从以人为本、延续小区社会组织、提升小区发展活力的角度来看，需要关注承租人的意愿以及去向，并在更新改造过程中体现对租户的关注和关怀。

二、投资机制方面

（一）多渠道的资金筹措机制尚未完善，政府出资依然是主力

从上海的情况看，一方面是因为居民付费的困难，另一方面也因为纳入改造的老旧小区都是公房小区或售后房小区，目前的改造资金来源主要还是政府，尚未形成政府、居民、市场多方出资的良性模式。从"谁受益谁投资"的角度看，首先，需要明确的就是居民出资的责任并需要以强制性的要求落实下来，否则居民付费难的问题很难突破。其次，从市场出资的渠道看，需要找到小区更新过程中可以形成的商业模式或者营利点，从而吸引社会主体进行投资。

（二）公有非居住房屋资源在区域资源统筹中的作用有待发挥

目前，街镇在推进跨小区的更新资源统筹时，主要能使用的还是街镇自身的房产资源。但从上海的情况看，还有大量是公有非居住用房，虽然其定位是公有，但在实际运作中承租人把自己默认为与公有住房承租人有类似权利属性，不会主动去配合区域更新的资源统筹，甚至在征收或者改造过程中形成阻力。根据上海市的相关规定，公有住房的产权人不能腾退承租人，而且在改革方向上公房承租权是一种准产权；相比之下，上海市对于公有非居住用房并没有不能腾退的明确规定，如果从改造方向上能可以更好地体现公共政策要求、体现区域发展的需要，并要求其配合区域更新的工作将有利于项目的实施。从这个层面看，公有非居住用房的制度还需要深化改革。

三、支持机制方面

（一）对居民的补贴标准尚不明确，补贴的精准性和有效性有待提升

目前，上海的老旧小区改造补贴机制是市一级对区一级、针对项目的特征、根据项目面积确定补贴金额，区一级对项目层面的补贴并无公开的、明确的标准，居民在资金上的决策空间比较小。

正是由于缺乏对居民层面的具体资金责任要求和补贴标准，当一个项目顺利推进后，小区内所有的产权人得到的政府支持是一致的，但这些产权人的住房状况不同、经济状况不同，却享受同样的政府扶持，在补贴上缺少精准性。

（二）现有金融税收支持力度不足，专门的支持措施尚需建立

目前，在老旧小区更新改造的资金支持上，主要还是财政资金的补贴，在税收方面的优惠力度不足，缺少对更新改造本身的支持性措施；在金融支持方面也缺少具体的举措，更多关注对推进更新改造的开发单位的支持，对于如何体现对居民的具体支持还存在空白。

（三）现行标准规范有关小区的主要针对新建项目，在城市更新领域需要有针对性的弹性空间

老旧小区建成年代久远，建造时很多方面没有标准规范的强制要求，或者要求比现行标准规范低。如果直接套用新建建筑标准对老旧小区进行改造，在消防、绿化、日照、通风等方面均无法满足要求，加装电梯、增建配套设施等项目也无法实施。虽然，目前的一些政策明确可以对这些规划建设标准有所放宽或者要求不低于原先水平，但在具体操作过程中还是会遇到阻碍。

四、保护机制方面

（一）以保留保护为主的老旧小区存在的问题尚未彻底解决，容易出现"冰棍效应"

近两年，上海在里弄保护性改造上主要采用的是内部整体改造，总体思路是在不拆房屋的基础上提高现有居民的住房条件。但从改造效果来看，一方面，居民对住房条件的改善程度并不十分满意，另一方面，里弄的超负荷运作现状没有彻底改变；从中长期看，改造的效果会随着时间的流逝出现"冰棍效应"，效果是否能持续尚需验证。要实现保留保护建筑的彻底更新，需要重新调整更新思路和理念，既要恢复原始建筑的设计格局，也要确保居民的满意和支持。

（二）对以保留保护为主的建筑在更大范围内的资源统筹机制尚未明确

目前，对于具备一定保护价值、采取保留保护方式的老旧住宅在市级层面的支持还存在一定的空白，市一级的补贴也没有体现出对不同保护等级的建筑的差异。对这部分老旧住宅的改造，应首先恢复到房屋原始的设计格局和

负载，这就意味着大量的居民需要迁出，会大大地提高改造成本。在资金筹措困难的现状下，有必要统筹城市的整体资源去支持更新保护工作，也能在更大区域内实现资金的筹措，目前，这种大范围资源统筹机制需探索和明晰。

五、长效机制方面

（一）多数老旧小区无业主大会和业主委员会，或业主委员会未能有效发挥作用

由于业主、物业等各方利益协调难度大，业主委员会（以下简称业委会）成立往往较难。一方面，很多业主还没有相关的意识和习惯；另一方面，部分居民缺少公共空间理念，扩院、私搭乱建、停车收费等矛盾突出，小区管理难度很大，居民担心成立业委会会影响其现有利益，拒不配合业委会成立的相关工作；此外，物业担心自己权益受到约束，担心被更换，也会阻碍工作推进。

业委会筹备过程中需要各种各样的经费支出，包括材料打印费、车马费、大会召开场地租赁费用等，这些经费筹集也存在一定困难。虽然《北京市住宅区业主大会和业主委员会指导规则》明确"建设单位承担筹备及召开首次业主大会会议所需费用，建设单位拒不履行承担的，相关费用可先由业主垫付"，但在实际工作中往往很难实现。

有的老旧小区业委会未能有效发挥作用。业委会应当负责召集业主大会会议或者全体业主会议，组织业主筹集、管理和使用专项维修资金，组织业主决定共用部分的经营方式等。可现实中，由于居民协调、组织困难等种种原因，有的业委会不能发挥实际作用，从而影响老旧小区公共区域后续的长效维护和管理。

（二）物业管理的基础格局不变，长效管理机制有待完善

老旧小区中很多居民未签订物业服务合同和业主公约，存在物业公司服务范围、权力、责任不清晰的情况；此外，物业公司存在着服务质量较差，履约不到位，部分业主欠缴物业费的情况。物业单位和居民之间形成了恶性循环。

虽然目前老旧小区改造前会提出后期的管理要求，但由于现有物业管理制度的基本格局不变，区分所有权的责任无法强制性地落地，这些前期约定的管理要求是否能实现是不确定的。如果没有长期运营管理和维护，老旧小区改造后的效果也难以长期保持。因此，需要实现物业管理制度上的突破，明确业主的责任，真正提升老旧小区长效管理能级。

（三）对居民宣传教育培训的广度、深度、有效性有待提升

目前，对居民关于老旧小区改造的宣传教育和培训还远远不足。一方面，老旧小区中大部分居民自治能力不高，不能自发推进改造，仍处于依靠政府牵头推进的状态；另一方面，现有老旧小区改造更多关注项目的推进和实施，较少关注对居民的培训和宣传。不仅需要对业主责任和义务进行宣传，更需要对更新改造的益处、改造的内容、成本的分摊以及项目如何具体推进、遇到问题如何解决等具体内容进行较为深入的宣传和教育，让居民更全面地了解项目改造内容，激发居民参与改造、维护成果的动力。

第三节　老旧小区改造的制度机制及政策支持

一、总体发展思路

从基础制度层面看，对于商品住房，推进其改造的基础制度是物业管理制度，要实现更好的改造效果，需要居民提升自治能力，有效地推进小区保护和修缮工作。对于公有住房，推进其改造的基础制度是公房制度，需要进一步明确公房承租人在日常管理、修缮、改造过程中的责任和义务。物业管理和公有住房制度是老旧小区更新改造的法治基础，由此来明确业主（公房承租人）在集体决策改造后的责任。

从政策思路层面看，在明确业主（公房承租人）改造责任的基础上，首先通过更清晰的政策设计和效果宣传，激发居民对老旧小区更新改造的需求；其次，通过各个层面的改造补贴以及针对居民的精准补贴，加上配套的金融信贷支持，使居民的需求转化为有效需求；再次，通过更清晰地设计和讲解政府政策，以及专业力量全程性地深度介入，规划设计指标可以更符合现实的需要，老旧住房更新改造得以实现有效供应；最后，通过跨区域的资源统筹，进一步助力老旧小区更新改造，并带动更大区域范围的整体更新。

从实施思路层面看，以共同缔造为宗旨，实行项目"共谋、共担、共治、共建、共享"，形成老旧小区有机更新"八步法"机制（图6-3-1），涵盖项目评估、方案编制、计划安排、立项与财政评审、建设实施及项目移交等过程。坚持自下而上和自上而下相结合的原则，小区居民、产权单位、物业公司和政府等所有相关主体，共谋共商小区改造任务内容，共同维护小区的公共环境，共同推动小区的改造和监督管理。

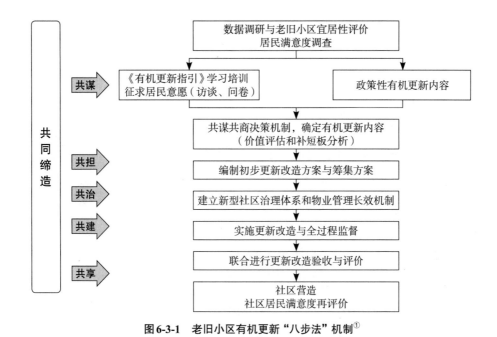

图6-3-1　老旧小区有机更新"八步法"机制①

二、组织机制方面

（一）强化党建引领，注重基层党建建设

为了切实推进老旧小区改造的组织工作，建议充分使用好党建工作的平台，通过强化地区、项目党建工作，使优秀的党员干部能充分深入到老旧小区改造工作中，推动资源统筹、组织效率。从区、街镇层面看，需要建立全面推进老旧小区改造的党建服务平台，对于市级层面或者区级层面特别重要的项目，可以另外成立移动党群服务站，使市级、区级的重要资源和人才充分下沉，切实助力具体项目的开展和推进。

对于改造后老旧小区的管理，可以通过"党建＋物业"的方式，破解老旧小区物业管理"无人员、无资金、无管理"的难题。重庆双钢路小区改造，通过实施"党建＋物业"，社区党委、居委会、祥佳物业、城管与社区成立的非营利性社会组织——大溪沟街道双钢路诗苑物业服务中心，形成了"五方"主体，并建立了"五方"联席会议制度，汇集居民诉求，研究解决问题。通过充分发挥党的政治优势和组织优势，用党的组织体系和工作体系，理顺、规范和支撑小区物业管理工作体制。

---

① 资料来源：张国宗.三重驱动老旧小区有机更新与长效治理机制[Z].2020.

（二）进一步明确老旧小区权利人的责任，推动责权匹配

一是明确公有住房承租人的使用、管理、修缮、改造责任，其责任要与住房权利匹配。根据中华人民共和国最高人民法院《刘某、北京市西城区人民政府再审审查与审判监督行政裁定书》〔（2017）最高法行申3851号〕，最高法院认为公有住房承租人享有的租赁权具有准物权性质。从实践来看，公有住房承租权的属性与产权几乎接近，其相关的责任和义务也应该匹配。特别是在住房更新改造中，应明确承租人需要承担相应的责任。即使可以享受政府补贴降低居民的实际负担，该补贴也应该根据居民的特征和需求有针对性地发放。同时，在推进老旧小区更新改造时，当同意改造方案的承租人超过一定比例（如90%），对于剩余不同意的承租人，产权人可以强制解除租赁关系并按规定给予补偿。在补偿过程中，针对承租人的具体情况，如是否住房困难、是自住还是转租等，设定差异化的补偿标准。

二是明确系统产住房产权人在住房更新改造上的责任与具体落实机制。以上海为例，系统产住房产权人的权利主要是按公房标准收取租金，由于租金收入本身就无法满足日常管理和修缮的需要，当房屋纳入征收补偿时产权人仅能得到20%的补偿额，而要求产权人承担更新改造的全部责任并不合理。建议进一步落实承租人的责任，明确产权人按照政府的要求推进改造需承担20%的改造成本，若产权人无力实施，可以委托政府代为组织推进。

三是对于产权人不明确的老旧住房，可以直接由政府代为组织推进改造。

四是对于纳入老旧小区更新区域范围内的公有非居住用房，产权人和承租人需要配合更新的要求，并按区域更新的功能定位和要求对房屋进行改造或腾退；对于现有业态符合改造需求的，产权人和承租人可以继续保持经营但需要按要求进行改造；若现有业态需要调整的，产权人和承租人可以保持对房产的收益权，但需要按照更新要求腾退房屋。

（三）深化物业管理制度改革，为老旧小区改造提供业主自主决策准则

一是明确产权人在房屋安全上的强制性责任。从《上海市房屋使用安全管理办法》来看，房屋使用安全的责任已经明确为房屋所有权人承担，但是具体实施细则及操作办法尚未落实，在罚则中只规定了破坏承重结构、违章搭建的处罚内容。建议细化房屋产权人在房屋安全使用上的具体责任，如房龄到达一定年限的，需要对房屋按周期进行强制性的检测和维修；当小区纳入更新改造范畴时，必须先对危及房屋安全方面的事项进行改造。

二是根据建筑物区分所有权制度表决事项，事先明确居民后续责任和义务，切实提高居民自我改造的动力。建议在征询意见的同时，告知居民通过建筑物区分所有权制度表决的意义，明确对于多数业主决策通过的改造事项，少数业主需要按要求配合进行改造并分摊相应改造成本；并通过协议的方式，将居民在表决事项通过后的责任和义务明确下来。

三是根据改造项目的具体类型，确定不同类型的集体决策生效比例。对于基础类的改造项目，可以适当降低决策生效比例；对于完善类和提升类的改造项目，决策生效的比例可以较高。

（四）明确政府作为老旧小区改造的牵头和组织单位，逐步提升业主自治和自我组织的能力

政府需建立专门的部门具体推进老旧小区的更新改造，负责项目的牵头和组织。在具体推进过程中，需要让居民明确自身的责任和自治的必要性，在工作中逐步培育其自治和自我组织能力。

建议在区或者街镇层面成立老旧小区改造中心或工作专班，统筹老旧小区各类资源，组织实施改造工作，对于需要征集居民意见的事项，及时告知居民并请居民协作配合。目前，北京市在市级层面设立了老旧小区综合整治处负责推进全市老旧小区综合整治改造和老楼加装电梯等工作，各区例如西城区、朝阳区等设立了专门的老旧小区综合改造相关科室负责推进项目推动及相关工作。

现阶段老旧小区改造工作的推进主要依靠政府部门，从中长期来看，需要转变这种工作思路，转为由居民自主参与和推动改造。政府制定的政策要加强可读性，深化对政策的宣传和解释，总结矛盾问题的处理和回应方式，加强对居民的引导、培训、告知，逐步实现居民以自治的方式推动更新。例如，厦门市通过出台业主自主更新政策，引导居民通过自治方式对房屋进行更新改造，在此过程中，政府通过增加套内面积等激励机制激活居民自主更新意愿，在协商过程中，居民创新探索将增量面积抵押给新成立的公司进行融资、采取共有产权方式等，解决资金筹集问题，充分发挥市场的动力。

将老旧小区的更新纳入社区综合治理的框架中，当然，这并不是一个推行式的项目，而是作为社区综合治理工作中的一部分，会有一个随着居民的需求变动而不断发展和持续的过程。要秉承"持续融入、不断优化"的理念，直到老旧小区的改造可以在有效的社区治理的架构中可持续地推进和发展。

（五）关注承租人的诉求，与区域租赁市场的发展充分联系

一是在老旧小区改造的前期要进行充分调研，分析小区中承租人的特征以及工作及生活现状；二是在更新方案制定的过程中，需要明确对现有承租人的安排，保障区域内租赁市场的稳定；三是在评估更新方案的同时需要对区域租赁市场在改造前后的变化、改造后对租赁市场的影响进行评估；四是需要特别关注租赁人群中弱势群体的诉求，特别是老年人群、低收入人群、外来人群。

三、投资机制方面

（一）明确基础类、完善类、提升类更新改造的具体内容，以模块式的方式供居民选择

以上海为例，目前上海市老旧小区的改造分为成套改造、厨卫综合改造、屋面及相关设施改造、小区综合整治四大类，并规定了每平方米的补贴单价。但这一政策主要的领受对象是区级政府或者相关的政策执行单位，居民对政策的理解往往不够深入。因此，政策的可读性以及政府对政策的解读、宣传需要进一步加强，从而帮助居民理解改造的相关政策，自己选择待改事项。

建议按住房的特征（产权性质、房龄、结构等情况）划分改造类别，如改造项目可以分为厨卫综合改造、成套改造、楼宇公共部位改造、小区内公共部位改造，还可具体细分为停车改造、游乐设施改造等，并可具体划分为基础类、完善类和提升类，三类项目的政府补贴程度可逐步降低。其中完善类和提升类的改造项目需要居民出资，对于一些特殊的项目，需要有社会资本出资支持。改造方案需要详细介绍预期改造效果，提供政府对小区建筑改造、公共部分维修的补贴标准、改造成本估测公式，便于居民自己评估改造的收益及需要支付的成本。可以在街镇社区建立一站式服务窗口，居民只需要提供小区特征和住户情况，就可以得知所有适用的政策（模块），并自行决策。

（二）明确业主（居民）付费的具体责任与标准，由暗补变为明补

明确业主（公房承租人）是老旧小区更新改造的责任主体。公房承租人、售后公房业主和产权房的业主需要按照享受的权力相应地承担改造的责任、负担改造的成本。政府可以根据小区、房屋和业主的具体情况提供补贴，以降低居民负担。

政府目前的补贴主要针对具体项目，后续政府的补贴可以有两种推进思

路：一是采取直接补贴给具体业主的模式，即根据房屋的产权、房龄、建设标准等，结合业主的特征（自住、出租、空置、是否为弱势群体等）实行差别化的补贴标准；二是依然保留现有的项目补贴机制，适当降低对项目的补贴额度，将一部分资金转为直接补贴给业主。两种模式均提升了政策的透明度。

（三）建立多层次财政补贴政策，提高补贴的精准性

一是在业主（居民）层面，政府可以结合项目的属性、项目改造的必要性等因素，给予业主（居民）基本补贴；此外，进一步设置保障性补贴，主要提供给住房、收入、资产条件较差的业主（承租人）。

二是在项目层面，政府可以依据小区的建设年代和建设标准、建筑的历史文化价值、公共服务的建设水平等情况，有针对性地提供对项目层面的补贴。对于基础类的改造项目，需要更多地体现政府托底的原则，完善类和提升类的改造项目可以更多地体现"谁收益、谁付费"的原则。

从区级和市级层面的补贴来讲，区级政府可以根据区内各个项目的情况与需求，给予一些特色补贴；市级政府可以重点关注具有全市影响力的项目，尤其是具有历史文化价值的项目，并从市级层面统筹资金和资源，进行重点补贴和支持。

（四）探索社会资本进入老旧小区改造的多维和创新模式，实现多元筹资

借鉴国内社会主体参与老旧小区改造的成功案例经验，如北京玉桥街道老旧小区综合整治与街区公共服务设施建设相统筹的模式，政府给予综合整治改造专项资金支持，社会资本在街道授权委托下，投资资金用于示范区的改造提升，并与产权单位合作负责提升类设施的运营。又如北京的鲁谷小区改造项目，基础类改造项目由政府出资，提升类改造项目由社会资本出资。街道授权社会资本方通过运营区域内低效闲置空间、停车管理权、广告收益等来获取回报，社会资本方将一部分收益反哺物业缺口，从而使得社会资本与社区成为"命运共同体"。

建议在政府牵头的项目组织实施平台中，充分引入市场化的合作单位，建立专家委员会，从项目本身的特征出发，为社会资本引入提供专业见解，为项目本身设计有针对性的社会资本进入渠道，实现政府、居民、社会资本多元筹资的态势。

（五）支持老旧小区原拆原建

政府可鼓励居民内部协商、自筹资金，实现原拆原建。与房地产开发项目

相比，由于没有地价因素，原拆原建资金需求量少，考虑到产权人在改造后会获得明显收益，可以按照"受益者付费"的原则，在自愿基础上，主要由产权人提供改造资金，也可以使用住宅专项维修资金和住房公积金等用于更新改造。对此，政府要做好引导方、协调者、支持者，在"不（少）增户数"的前提下，综合考虑改造小区实际情况，在容积率、间距等规划指标上适当放宽，在土地用途上适当调整，在土地使用年限上重新计算，在税费上给予减免，对户外市政设施改造提供资金支持，对部分困难群众采用共有产权机制等，以调动业主积极性，增强改造效果，促进项目落地。对于租住直管公房和自管公房的住户，可考虑允许其出资后可拥有部分或全部房屋产权，提高他们的参与意愿。

四、支持机制方面

（一）明确跨小区的资源统筹与推进机制，在更新区域内实现资源整体统筹

在区一级建立老旧小区改造统筹与推进中心，具体推进跨小区的更新项目，实现区级层面的资源调动和统筹。更新区域内的公有房屋产权人、承租人需要配合区域更新的需要，按要求进行改造或腾退房源。由专业团队全程参与更新项目，从利益相关群体的意见收集、区域更新方案的形成、项目更新的设计和具体推进的整个过程，一方面提供专业的支持，另一方面与居民、商户等社区内的主体进行有效互动，使改造工作可以深入人心。最后，需要建立资源统筹平衡的机制，对于普通的项目，需要在更新区域内实现资源的整体统筹；对于存在需要保留保护的建筑或者需要特别提供公共空间和公共资源的项目，需要建立跨项目的资金平衡机制，主要以区改造统筹与推进中心为平台，实现区内项目资金的综合平衡；对于建筑保留保护要求级别特别高、公共效应涉及全市范围的，需要建立市一级的专项资金或者专项资源，用于推进项目的实施。

（二）加大对老旧小区改造的金融支持力度，推动金融支持政策的落地

一是明确业主（公房承租人）在住房改造中的主体责任和需要分摊的成本，在此基础上，对其提供相对优惠的信贷支持，例如，公积金贷款或者银行提供的优惠的商业贷款。

二是对于在社区中运营养老、托育、家政服务等业务的改造项目，提供利率优惠的信贷支持。后期探索以 REITs 的方式实现资金流动，逐步拓展社区服

务业与城市更新的联动发展，提升产业能级。

三是对于涉及的公益性项目的改造，提供低息或无息贷款。鼓励地方债的额度更多向老旧小区改造项目倾斜，如德阳市已经有相关的做法值得借鉴。

四是充分发挥银行、保险、基金、国有企业等带动作用，建立市级老旧小区更新改造专项基金，为推进改造的业主提供资金支持。

（三）制定区别于房地产开发的、针对于老旧小区改造特点的税收优惠政策

一是老旧小区改造不属于传统意义的房地产开发，应取消老旧小区改造中的关于房地产开发的限制，并适当给予税费减免，如在搬迁环节适用土地增值税的减免。

二是将因老旧小区改造导致的置换搬迁定性为政策性搬迁，搬迁企业获得的补偿可以享受企业所得税优惠，搬迁个人可以享受个人所得税优惠。

三是针对更新区域内的非居住用房的更新改造，若因房屋涉及历史建筑保护而需要付出较大投入的，改造投入可以加速折旧；修缮改造后首次转让的土地增值税可以减免。

（四）在功能用途和规划设计标准上给予更大弹性的空间，为激活老旧小区社区功能提供支持

在功能转换上，在老旧小区更新过程中，允许居住用房转为非居住用途，为老旧小区引入新业态、吸引年轻人提供空间，通过空间功能的重塑实现对老旧社区的激活和更新。

在消防要求上，针对老旧小区的具体情况，倡导采用新设备、新理念、新技术，通过制定防火安全保障方案、提升管理手段等方式，适当在消防的硬件要求上给予一些弹性。

在绿化要求上，以不降低原有要求为前提，鼓励采用屋顶绿化、垂直绿化、吊装绿化、阳台绿化等方式。

在推进小区改造的过程中，政府相关审批部门应就具体情况提出建议，并加快项目审批速度，在确保安全底线的情况下，参考居民集体决策的建议，给予适当的弹性空间。

在具体实践中，逐步探索形成适合老旧小区更新改造的规划设计标准，并不断进行动态完善，既体现标准的刚性，也体现出具体小区改造的特殊性。

（五）深化公有非居住用房改革，助力老旧小区改造

全国各地对于公有非居住用房的政策要求差异较大。一些城市规定公有非居住用房不得转租且只能进行公益性的使用，在这种政策背景下，公有非居住用房承租人比较容易配合推进小区更新改造工作；相比之下，上海的公有非居住用房可以转租，可以用于市场化，如改造用于小区的配套服务，对承租人而言是一种亏损，因而在改造中可能会存在一定的阻力。考虑到各地不同的政策背景以及未来公有非居住用房的走向，建议明确公有非居住用房逐步回归公益属性，特别是当存在城市更新需求时，需要配合相关更新进行资源统筹，若承租人不愿参与或配合更新工作，承租人需要退出。

（六）推广"三师"进小区，为老旧小区改造注入专业力量

为了实现老旧小区自下而上的更新，使居民认识到小区更新可能实现的程度和获得的益处，也为了充分反馈居民的诉求并将诉求转化为可实现的项目，需要有专业的力量深入社区。重庆市采取了"三师"进社区的做法，从市级层面实现了专业力量与社区对接，并将专业力量进入小区作为一项制度要求进行落实，从制度上保障专业力量进入小区的持续性。这一制度使更新改造的方案能真正贴合居民的诉求，一方面向居民传递老旧小区改造的可能性，激发居民的更新需求；另一方面，通过收集居民的更新诉求，寻找改造可能实现的路径。

五、保护机制方面

（一）以保留保护为主的老旧小区应回归原始设计格局，注入历史的灵魂

属于保留保护建筑的老旧小区，其改造的定位和机制应与普通小区不同。对于一般的老旧小区，改造的目的是服务小区内的居民，完善居住功能，提升居住品质；对于需保留保护的老旧小区，改造的目的除了服务本小区的居民，还涉及保护城市记忆。这类小区的改造受到的约束更多、付出的成本更大，获得的是更大区域的历史传承收益，因而，在改造定位和机制设计上应与普通小区有所区分。需要同时将历史建筑的保护与居民住房条件的提升两个目标适度分离，在更大范围内统筹资源，支持历史建筑的保护。

上海在里弄改造中采用了内部整体改造的模式，如春阳里和承兴里，其改造思路是在建筑物保留的约束下，尽可能提高居民的住房条件，但从改造效果来看，对建筑物本身的保护还有待完善，居民的住房条件尚未得到彻底改善。

建议对于保留保护的老旧小区，给予区一级甚至市一级的资金支持，使建筑物的负载能回到原始的设计要求。对于现有居民数量远多于原始设计要求

的，需要让部分居民迁出，为建筑可持续保护提供空间。同时，适当扩大更新范围，在历史建筑周边通过更新等方式筹措部分房源，用于居民安置，为不愿意采用异地安置或者货币安置的居民，提供就近安置的选择。

（二）对涉及优秀历史建筑保护的，给予征收政策支持

根据《国有土地上房屋征收与补偿条例》的相关要求，目前仅文物建筑适用征收政策。但在具体实践中，特别是市一级的优秀历史建筑，要实现彻底可持续的保护，就必须对居民进行腾退。目前，在操作中只能采用协议置换的方式，不仅成本高，成功的概率也小。根据目前的规定，对于属于优秀历史建筑的公有住房，当95%以上的承租人同意改造，就可以推进改造，但对剩余5%的承租人并没有强制性措施。建议对涉及优秀历史建筑保护的，且95%承租人同意改造方案（改造或者搬迁）的，可以适用于征收政策，便于实现更高标准的保护，居民住房也能实现更彻底的改善。

六、长效机制方面

（一）明确产权人在中长期的维修养护责任，将建立维修资金作为强制性要求

对于以政府资金为主推进改造的项目，在改造前就应与居民约定改造后的长期维修养护责任，对于后期的物业管理模式、物业费缴纳、维修资金的筹集等要形成集体决策并进行约定，事后违约的可以纳入诚信记录甚至依法追究责任。对于确实无法按规定缴纳物业费或维修资金的，在房屋交易环节，可以一并收取需要补缴的费用或资金。

（二）通过多样化的方式加大对小区改造的效益宣传，提升居民的决策意愿和能力

老旧小区改造，不论是从居民组织、推进流程上，还是从项目内容、项目实施、后期管理上都需要专业能力。居民是重要的参与者之一，但现实中相当部分的居民并不具备专业知识和能力。在中短期内，政府可以牵头推动项目实施；但从中长期看，必须提升居民的决策意愿，以及专业能力，要加强对小区改造的效益宣传，鼓励居民"自我更新"。

在宣传内容上，需要加强对居民如何自我组织、如何对接政府相关部门、如何具体组织实施、具体的改造项目有哪些内容、可以实现哪些改造效果、如何确定改造成本、资金如何筹措和分摊、改造实施过程中的注意事项、改

造实施后的长期管理要求等具体事项的宣传。

在宣传方式上，需要创新采用针对本小区居民特征的有效方式，可以邀请专业的社会化团队组织各类活动或者培训，也可以通过典型案例的宣传、改造成功后小区亲历者的讲述等方式来提升宣传效果。

（三）探索推进数字化手段在老旧小区改造中的运用，通过信息技术提高城市的保障能力

推动数字化手段在老旧小区改造中的运用，用科技赋能城市更新。推动5G、物联网等现代信息技术进家庭、进楼宇、进社区，推动建设数字家庭、智慧城市。

建立楼宇基础数据与基础管控平台，一是对供水、排水、燃气、热力、桥梁、管廊等进行实时监测，及早发现问题和解决问题，提高城市的保障能力；二是在平台上统计楼体情况、户数情况、车辆情况、周边配套等，为智慧运维提供数据支撑，推动解决老旧小区改造后中长期可持续的维修养护机制缺失的问题。

建立服务居民的共建共治平台，提高居民协商议事的决策效率。居民可通过平台，全过程参与老旧小区改造，包括前期规划、项目实施和后期管理，通过在线读政策、看公示、作表决、提意见、收回复，充分保障每一位居民在老旧小区改造中的知情权、参与权、表决权和监督权。